科学出版社“十三五”普通高等教育本科规划教材
安徽省“十三五”规划教材
大学数学系列教学丛书

线性代数（经管类）

范益政　郑婷婷　陈华友　主编

科学出版社
北　京

内 容 简 介

本书共六章，内容包括：矩阵、行列式、线性方程组、矩阵的特征值与特征向量、二次型、线性空间与线性变换. 每节配有适量习题，每章配有复习题，书末附有习题参考答案. 本书脉络清晰，以矩阵为线索并贯穿全书始末，内容深入浅出，简明扼要，阐述详细. 本书引入数字技术，每章设有自测题，读者扫码可以详测所学知识.

本书可供高等院校经管类专业学生使用，也可供自学者和科技工作者阅读.

图书在版编目(CIP)数据

线性代数：经管类/范益政，郑婷婷，陈华友主编. —北京：科学出版社，2019. 1

(大学数学系列教学丛书)

科学出版社“十三五”普通高等教育本科规划教材·安徽省“十三五”规划教材

ISBN 978-7-03-057496-1

Ⅰ. ①线… Ⅱ. ①范… ②郑… ③陈… Ⅲ. ①线性代数-高等学校-教材 Ⅳ. ①O151.2

中国版本图书馆 CIP 数据核字 (2018) 第 107900 号

责任编辑：张中兴 蒋 芳 梁 清／责任校对：杨聪敏

责任印制：赵 博／封面设计：蓝正设计

科学出版社 出版

北京东黄城根北街 16 号

邮政编码：100717

http://www.sciencep.com

涿州市般润文化传播有限公司印刷

科学出版社发行 各地新华书店经销

*

2019 年 1 月第 一 版 开本：720 × 1000 1/16

2025 年 1 月第八次印刷 印张：10 3/4

字数：212 000

定价：32.00 元

(如有印装质量问题，我社负责调换)

使 用 说 明

亲爱的读者：

您好，很高兴您打开这本教材，和我们一起开启学习线性代数的旅程，《线性代数 (经管类)》是一本新形态教材，如何使用本教材的拓展资源提升学习效果呢，请看下面的小提示吧.

您可以对本书资源进行激活，流程如下：

刮开封底激活码的涂层，微信扫描二维码，根据提示，注册登录到中科助学通平台，激活本书的配套资源.

激活配套资源以后，有两种方式可以查看资源，一是微信直接扫描资源码，二是关注“中科助学通”微信公众号，点击页面底端“开始学习”，选择相应科目，查看科目下面的图书资源.

下面，您可以进入具体学习环节，使用本书的数字资源，在每章知识学习完毕后，扫描章末二维码进行测试，自查相关知识掌握情况.

让我们一起来开始线性代数学习旅程吧.

编　者

2025 年 1 月

FOREWORD / 丛书序言

数学是各门学科的基础, 不仅在自然科学和技术科学中发挥重要作用, 因为“高技术本质上是一种数学技术”, 而且在数量化趋势日益明显的大数据背景下, 在经济管理和人文社科等领域也发挥着不可替代的作用. 大学本科是数学知识学习、实践应用和创新能力培养的基础阶段. 如何提高数学素养和培养创新能力是当前大学数学教育所关心的核心问题.

党的二十大提出, 教育、科技、人才是全面建设社会主义现代化国家的基础性、战略性支撑. 大学数学教材建设是高等教育教学改革的重要内容, 是培养基础学科拔尖创新人才的迫切需要, 也是提升基础研究原始创新能力的重要保障. 基于此, 我们编写此套大学数学系列教学丛书. 该丛书根据使用对象的不同、教材内容的覆盖面和难易度, 分为两类: 一类是主要针对理工类学生使用的《高等数学 (上册)》、《高等数学 (下册)》、《线性代数》、《概率论与数理统计》, 另一类是针对经管类学生使用的《高等数学 (经管类)》、《线性代数 (经管类)》和《概率论与数理统计 (经管类)》.

上述丛书所覆盖的内容早在三百多年前就已创立. 例如, 牛顿和莱布尼茨在 1670 年创立了微积分, 这是高等数学的主要内容. 凯莱在 1857 年引入矩阵概念, 佩亚诺在 1888 年定义了向量空间和线性映射, 这些都是线性代数中最基本的概念. 惠更斯在 1657 年就发表了关于概率论的论文, 塑造了概率论的雏形, 而统计理论的产生则是依赖于 18 世纪概率论所取得的进展. 当然, 经过后来的数学家的努力, 这些理论已形成严谨完善的体系, 成为现代数学的基石.

尽管如此, 能够很好领会这些理论的思想本质并不是一件容易的事! 例如, 微积分中关于极限的 ε-δ 语言、线性代数中的向量空间、概率论中的随机变量等. 这些都需要经过反复练习和不断揣摩, 方能提升数学思维, 理解其中精髓.

国内外关于大学数学方面的教材数不胜数. 针对于不同高校、不同专业的学生, 这些教材各有千秋. 既然如此, 我们为什么还要继续编写这样一套系列教材呢?

我们最初的设想是要编写一套适合安徽大学理工类、经管类等学生使用的大学数学系列教材. 我校目前使用的教材由于编写时间较早、版次更新不及时, 部分例题和习题已显陈旧. 另一方面, 由于新的高考改革方案即将在全国实施, 未来高中文理不分科将直接影响到大学数学教学. 因此, 我们有必要在内容体系上进行调整.

在教材的编写以及与科学出版社的沟通过程中, 我们发现, 真正适合安徽大学等地方综合性大学及普通本科学校的规划教材并不多见. 安徽大学作为安徽省属唯一的双一流学科建设高校, 本科专业涉及理学、工学、文学、历史学、哲学、经济学、法学、管理学、教育学、艺术学等 10 个门类, 数学学科在全省发挥带头示范作用, 所以我们有责任编写一套大学数学系列教学丛书, 尝试在全省范围内推动大学数学教学和改革工作.

本套系列教材涵盖了教育部高等学校大学数学课程教学指导委员会规定的关于高等数学、线性代数、概率论与数理统计的基本内容, 吸收了国内外优秀教材的优点, 并结合安徽大学的大学数学教学的实际情况和基本要求, 总结了诸位老师多年的教学经验, 为地方综合性大学及普通本科学校的理工类和经管类等专业学生所编写.

本套系列教材力求简洁易懂、脉络清晰. 在这套教材中, 我们把重点放在基本概念和基本定理上, 而不会去面面俱到、不厌其烦地对概念和定理进行注解、对例题充满技巧地进行演示, 使教材成为一个无所不能、大而全的产物. 我们之所以这样做是为了让学生避免因为细枝末节而未能窥见这门课程的主干和全貌, 误解了课程的本质内涵, 从而未能真正了解课程的精髓. 例如, 在线性代数中, 以矩阵这一具体对象作为全书首章内容, 并贯穿全书始末, 建立抽象内容与具体对象的联系, 让学生逐渐了解这门课程的思维方式.

另一方面, 本套系列教材突出与高中数学教学和大学各专业间的密切联系. 例如, 在高等数学中, 实现了与中学数学的衔接, 增加了反三角函数、复数等现行中学数学中弱化的知识点, 对高中学生已熟知的导数公式、导数应用等内容进行简洁处理, 以极限为出发点引入微积分, 并过渡到抽象环节和严格定义. 在每章最后一节增加应用微积分解决理工或经管领域实际问题的案例, 突出了数学建模思想, 以培养学生应用数学能力.

以上就是我们编写这套系列教材的动机和思路. 这仅是以管窥豹, 一隅之见, 或失偏颇, 还请各位专家和读者提出宝贵建议和意见, 以便在教材再版中修订和完善.

PREFACE / 前言

线性代数是研究线性空间和线性变换的理论, 是处理线性问题的重要工具, 也是作为处理非线性问题的一阶近似. 它不仅在工程技术领域有着广泛的应用, 而且在经济管理等领域具有显著的应用效果, 如马尔可夫模型、市场均衡模型、投入产出模型等.

本教材是依据教育部颁发的教学大纲, 参考大量国内外相关教材, 并结合安徽大学多年来在线性代数中的教学实践经验编写而成. 在本书的编写过程中, 我们注重经管类学科的特点, 并力求脉络清晰, 深入浅出, 简洁易懂, 以及与经管模型的密切联系.

本书的最大特点在于以矩阵作为本书首章内容, 并贯穿全书始末. 第 2 章是矩阵的行列式 (视为矩阵的函数), 并应用行列式求解一类线性方程组 (克拉默法则). 第 3 章是应用矩阵的秩, 给出线性方程组的解判别与解结构. 第 4 章探讨矩阵和实对称矩阵的可对角化问题. 第 5 章则引入二次型, 应用实对称矩阵的正定或负定性讨论二次型的性质. 第 6 章则引入线性空间, 建立线性变换和矩阵的联系, 与前面所学内容对照, 以较为抽象的手段讨论线性变换的性质.

在本书的编写过程中, 我们参阅了国内外许多教材, 在此谨表诚挚谢意. 限于编者水平, 书中难免有疏漏或不妥之处, 敬请读者批评指正.

编　者

2018 年 1 月

CONTENTS / 目录

Chapter 1

第1章 矩　阵

第1章课件

矩阵是数学中重要的基本概念, 是代数学的一个重要研究对象, 在数学的很多分支和其他学科中有着广泛的应用. 本章将介绍矩阵的概念、矩阵的运算、矩阵的初等变换、分块矩阵等基本理论, 它们是学习本课程的基础.

1.1　矩阵的概念

1.1.1　引例

本节中的两个例子展示了如何将某个数学问题或实际应用问题与一张数表 —— 矩阵联系起来, 其中第二个例子是对实际应用问题进行数学建模.

例 1.1.1　设线性方程组

$$\begin{cases} 2x_1 - 2x_2 + 6x_4 = -2, \\ 2x_1 - x_2 + 2x_3 + 4x_4 = -2, \\ 3x_1 - x_2 + 4x_3 + 4x_4 = -3, \\ 5x_1 - 3x_2 + x_3 + 20x_4 = -2. \end{cases}$$

这个线性方程组未知量系数及常数项按方程中的相对次序组成一个数表如下:

$$\begin{pmatrix} 2 & -2 & 0 & 6 & -2 \\ 2 & -1 & 2 & 4 & -2 \\ 3 & -1 & 4 & 4 & -3 \\ 5 & -3 & 1 & 20 & -2 \end{pmatrix}.$$

这个数表决定着给定方程组是否有解, 以及有解时解是什么等问题, 因而研究这个数表很有必要. □

例 1.1.2　某航空公司在 A,B,C,D 四城市之间开辟了若干航线, 图 1-1-1 表示四城之间的情况, 若从 A 到 B 有航班, 则用带箭头的线连接 A 与 B, 其他连线可作类似解释. 用表格表示为表 1-1-1.

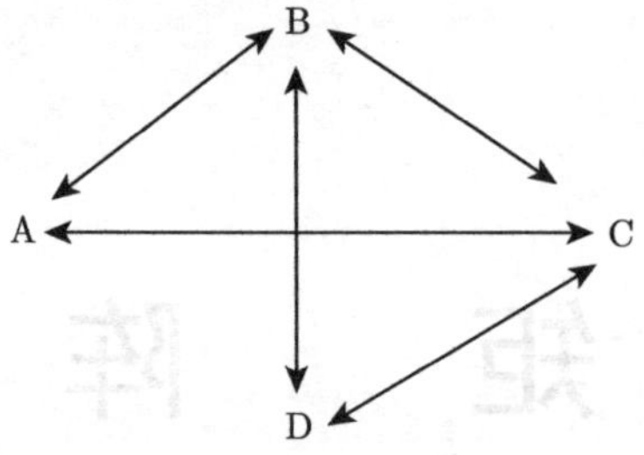

图 1-1-1

表 1-1-1

		列标表示到站			
		A	B	C	D
行标表示发站	A		√	√	
	B	√		√	√
	C	√	√		√
	D		√	√	

为便于讨论, 记表 1-1-1 中 √ 为 1, 空的为 0, 则得一个数表

$$
\begin{pmatrix}
0 & 1 & 1 & 0 \\
1 & 0 & 1 & 1 \\
1 & 1 & 0 & 1 \\
0 & 1 & 1 & 0
\end{pmatrix}.
$$

该数表反映了四城市间的航班往来情况. □

1.1.2　矩阵的定义

定义 1.1.1　由 $m \times n$ 个数 $a_{ij}(i = 1, 2, \cdots, m; j = 1, 2, \cdots, n)$ 排成的 m 行 n 列的矩形数表

$$
\begin{pmatrix}
a_{11} & a_{12} & \cdots & a_{1n} \\
a_{21} & a_{22} & \cdots & a_{2n} \\
\vdots & \vdots & & \vdots \\
a_{m1} & a_{m2} & \cdots & a_{mn}
\end{pmatrix}
$$

称为 **m行n列矩阵**, 简称 **$m \times n$阶矩阵**, 其中, a_{ij} 为该矩阵的第 i 行第 j 列元素 $(i = 1, 2, \cdots, m;\ j = 1, 2, \cdots, n)$.

通常用大写的英文字母 $\boldsymbol{A}$, $\boldsymbol{B}$, $\boldsymbol{C}$, $\cdots$ 表示矩阵. 有时为指明矩阵的行数与列数, 也将 $m\times n$ 阶矩阵 $\boldsymbol{A}$ 写成 $\boldsymbol{A}_{m\times n}$. 如果 $\boldsymbol{A}$ 的元素为 a_{ij} $(i=1,2,\cdots,m;$ $j=1,2,\cdots,n)$, 也将 $\boldsymbol{A}$ 记为 (a_{ij}) 或 $(a_{ij})_{m\times n}$. 当 $\boldsymbol{A}$ 的行数与列数都是 n 时, 称 $\boldsymbol{A}$ 为 n 阶方阵或 n 阶矩阵, 一阶矩阵就是一个数即 $(a)=a$.

所有元素是实数的矩阵称为**实矩阵**, 所有元素是复数的矩阵称为**复矩阵**. 本书中的矩阵除特殊说明都指实矩阵. 元素全为零的矩阵称为**零矩阵**, 记为 $\mathbf{0}$.

如果两个矩阵具有相同的行数与相同的列数, 则称这两个矩阵为**同型矩阵**.

定义 1.1.2 如果矩阵 $\boldsymbol{A}$, $\boldsymbol{B}$ 为同型矩阵, 且相同位置上的元素均相等, 则称矩阵 $\boldsymbol{A}$ 与矩阵 $\boldsymbol{B}$**相等**, 记为 $\boldsymbol{A}=\boldsymbol{B}$, 即若 $\boldsymbol{A}=(a_{ij})$, $\boldsymbol{B}=(b_{ij})$ 且 $a_{ij}=b_{ij}$ $(i=1,2,\cdots,m;\ j=1,2,\cdots,n)$, 则 $\boldsymbol{A}=\boldsymbol{B}$.

例 1.1.3 设 $\boldsymbol{A}=\begin{pmatrix}1&2&x\\0&3&-5\end{pmatrix}$, $\boldsymbol{B}=\begin{pmatrix}y&2&-5\\z&u&-5\end{pmatrix}$. 若 $\boldsymbol{A}=\boldsymbol{B}$, 则 $x=-5$, $y=1$, $z=0$, $u=3$. □

1.1.3 几种特殊的矩阵

1) 对角矩阵

形如

$$\begin{pmatrix}a_1&0&\cdots&0\\0&a_2&\cdots&0\\\vdots&\vdots&&\vdots\\0&0&\cdots&a_n\end{pmatrix}$$

的 n 阶矩阵称为**对角矩阵**, 其中 a_1, $a_2,\cdots,a_n$ 称为**主对角元**, 位于矩阵的对角线上 (即从左上角到右下角). 对角矩阵也可记为

$$\mathrm{diag}(a_1,a_2,\cdots,a_n).$$

2) 数量矩阵

当对角矩阵的主对角元均相等时, 称该对角矩阵为**数量矩阵**, 即形如

$$\begin{pmatrix}a&0&\cdots&0\\0&a&\cdots&0\\\vdots&\vdots&&\vdots\\0&0&\cdots&a\end{pmatrix}.$$

特别地, 当 $a=1$ 时, 称为 n 阶单位矩阵, 记为 $\boldsymbol{I}_n$ 或 $\boldsymbol{I}$.

3) 上 (下) 三角矩阵

形如

$$\begin{pmatrix} a_{11} & a_{12} & \cdots & a_{1n} \\ 0 & a_{22} & \cdots & a_{2n} \\ \vdots & \vdots & & \vdots \\ 0 & 0 & \cdots & a_{nn} \end{pmatrix}$$

的矩阵, 即主对角线左下方的元素全为零的 n 阶矩阵称为 n**阶上三角矩阵**. 类似地, 主对角线右上方元素全为零的 n 阶矩阵

$$\begin{pmatrix} a_{11} & 0 & \cdots & 0 \\ a_{21} & a_{22} & \cdots & 0 \\ \vdots & \vdots & & \vdots \\ a_{n1} & a_{n2} & \cdots & a_{nn} \end{pmatrix}$$

称为 n**阶下三角矩阵**.

4) 对称矩阵与反对称矩阵

如果 n 阶矩阵 $\boldsymbol{A} = (a_{ij})$ 的元素满足 $a_{ij} = a_{ji}$ $(i, j = 1, 2, \cdots, n)$, 则称 $\boldsymbol{A}$ 为 n**阶对称矩阵**.

例如,

$$\boldsymbol{A} = \begin{pmatrix} 3 & 5 & -2 \\ 5 & -4 & 6 \\ -2 & 6 & 1 \end{pmatrix}$$

就是一个 3 阶对称矩阵.

如果 n 阶矩阵 $\boldsymbol{A} = (a_{ij})$ 的元素满足 $a_{ij} = -a_{ji}$ $(i, j = 1, 2, \cdots, n)$, 则称 $\boldsymbol{A}$ 为 n**阶反对称矩阵**. 显然, 反对称矩阵的主对角元均为零, 如

$$\boldsymbol{A} = \begin{pmatrix} 0 & 2 & 4 \\ -2 & 0 & -3 \\ -4 & 3 & 0 \end{pmatrix}$$

就是一个 3 阶反对称矩阵.

习　题　1.1

1. 有 6 名选手参加乒乓球比赛, 成绩如下:

选手 1 胜选手 2, 4, 5, 6, 负于 3; 选手 2 胜选手 4, 5, 6, 负于 1, 3; 选手 3 胜选手 1, 2, 4, 负于 5, 6; 选手 4 胜选手 5, 6, 负于 1, 2, 3; 选手 5 胜 3, 6, 负于 1, 2, 4; 若胜一场则得 1 分, 负一场得 −1 分, 平局为 0 分, 试用矩阵表示输赢状况, 并排序.

2. 二人零和对等问题:

两儿童玩 "石头–剪刀–布" 的游戏, 每人的出法只能在 {石头, 剪刀, 布}中选择一种, 当他们各选一种出法时就确定了一个 "局势", 也就是决定了各自的输赢. 若规定胜者得 1 分, 负者得 −1 分, 平局各得 0 分, 则对于各种可能的局势 (每一局势得分之和为 0 即零和), 用矩阵表示他们的输赢状况.

1.2 矩阵的运算

1.2.1 矩阵的线性运算

定义 1.2.1 设 $\boldsymbol{A}=(a_{ij})_{m\times n}$, $\boldsymbol{B}=(b_{ij})_{m\times n}$. 则称 $\boldsymbol{C}=(a_{ij}+b_{ij})_{m\times n}$ **为矩阵$\boldsymbol{A}$与$\boldsymbol{B}$的和**, 记为 $\boldsymbol{C}=\boldsymbol{A}+\boldsymbol{B}$.

由此可见, 两个矩阵的和就是两个矩阵对应位置元素相加而得到的矩阵. 显然, 只有同型矩阵才能相加.

设矩阵 $\boldsymbol{A}=(a_{ij})$, 记 $-\boldsymbol{A}=(-a_{ij})$, 称 $-\boldsymbol{A}$ 为矩阵 $\boldsymbol{A}$ 的**负矩阵**, 显然有

$$-\boldsymbol{A}+\boldsymbol{A}=\boldsymbol{0},$$

由此矩阵的减法定义为

$$\boldsymbol{A}-\boldsymbol{B}=\boldsymbol{A}+(-\boldsymbol{B}).$$

定义 1.2.2 设 $\boldsymbol{A}=(a_{ij})_{m\times n}$, k 是一个数, 用 k 乘 $\boldsymbol{A}$ 的每个元素所得的矩阵称为**数k与矩阵$\boldsymbol{A}$的积**, 记作 $k\boldsymbol{A}$, 即

$$k\boldsymbol{A}=\begin{pmatrix} ka_{11} & ka_{12} & \cdots & ka_{1n} \\ ka_{21} & ka_{22} & \cdots & ka_{2n} \\ \vdots & \vdots & & \vdots \\ ka_{m1} & ka_{m2} & \cdots & ka_{mn} \end{pmatrix}.$$

矩阵的加法与数乘运算统称为矩阵的线性运算, 它满足下列运算规律:

设 $\boldsymbol{A}, \boldsymbol{B}, \boldsymbol{C}, \boldsymbol{0}$ 均为同型矩阵, k, l 是常数, 则

(1) $\boldsymbol{A}+\boldsymbol{B}=\boldsymbol{B}+\boldsymbol{A}$; (2) $(\boldsymbol{A}+\boldsymbol{B})+\boldsymbol{C}=\boldsymbol{A}+(\boldsymbol{B}+\boldsymbol{C})$;

(3) $\boldsymbol{A}+\boldsymbol{0}=\boldsymbol{A}$; (4) $\boldsymbol{A}+(-\boldsymbol{A})=\boldsymbol{0}$;

(5) $1\cdot\boldsymbol{A}=\boldsymbol{A}$; (6) $k(l\boldsymbol{A})=(kl)\boldsymbol{A}$;

(7) $(k+l)\boldsymbol{A}=k\boldsymbol{A}+l\boldsymbol{A}$; (8) $k(\boldsymbol{A}+\boldsymbol{B})=k\boldsymbol{A}+k\boldsymbol{B}$.

例 1.2.1 $\boldsymbol{A}=\begin{pmatrix} -1 & 2 & 3 & 1 \\ 0 & 3 & -2 & 1 \\ 4 & 0 & 3 & 2 \end{pmatrix}$, $\boldsymbol{B}=\begin{pmatrix} 4 & 3 & 2 & -1 \\ 5 & -3 & 0 & 1 \\ 1 & 2 & -5 & 0 \end{pmatrix}$, 求 $3\boldsymbol{A}-2\boldsymbol{B}$.

解 $$3\boldsymbol{A}-2\boldsymbol{B}=3\begin{pmatrix}-1&2&3&1\\0&3&-2&1\\4&0&3&2\end{pmatrix}-2\begin{pmatrix}4&3&2&-1\\5&-3&0&1\\1&2&-5&0\end{pmatrix}$$

$$=\begin{pmatrix}-3-8&6-6&9-4&3+2\\0-10&9+6&-6-0&3-2\\12-2&0-4&9+10&6-0\end{pmatrix}=\begin{pmatrix}-11&0&5&5\\-10&15&-6&1\\10&-4&19&6\end{pmatrix}.$$

□

例 1.2.2 已知 $\boldsymbol{A}=\begin{pmatrix}3&-1&2&0\\1&5&7&9\\1&4&6&8\end{pmatrix}$, $\boldsymbol{B}=\begin{pmatrix}7&5&-2&4\\5&1&9&7\\3&2&-2&6\end{pmatrix}$, 且 $\boldsymbol{A}+2\boldsymbol{X}=\boldsymbol{B}$. 求 $\boldsymbol{X}$.

解 $$\boldsymbol{X}=\frac{1}{2}(\boldsymbol{B}-\boldsymbol{A})=\frac{1}{2}\begin{pmatrix}4&6&-4&4\\4&-4&2&-2\\2&-2&-8&-2\end{pmatrix}=\begin{pmatrix}2&3&-2&2\\2&-2&1&-1\\1&-1&-4&-1\end{pmatrix}.$$ □

1.2.2 矩阵的乘法

首先看一实例.

例 1.2.3 某地区有四个工厂 1, 2, 3, 4, 生产甲、乙、丙三种产品, 矩阵 $\boldsymbol{A}$ 表示一年中各工厂生产各种产品的数量; 矩阵 $\boldsymbol{B}$ 表示各产品的单位价格 (单位: 元) 及单位利润 (单位: 元); 矩阵 $\boldsymbol{C}$ 表示各工厂的总收入及总利润.

$$\boldsymbol{A}=\begin{array}{c}\\1\\2\\3\\4\end{array}\begin{array}{c}\begin{array}{ccc}\text{甲}&\text{乙}&\text{丙}\end{array}\\\begin{pmatrix}a_{11}&a_{12}&a_{13}\\a_{21}&a_{22}&a_{23}\\a_{31}&a_{32}&a_{33}\\a_{41}&a_{42}&a_{43}\end{pmatrix}\end{array},\quad \boldsymbol{B}=\begin{array}{c}\\\text{甲}\\\text{乙}\\\text{丙}\end{array}\begin{array}{c}\begin{array}{cc}\text{单位价格}&\text{单位利润}\end{array}\\\begin{pmatrix}b_{11}&b_{12}\\b_{21}&b_{22}\\b_{31}&b_{32}\end{pmatrix}\end{array},$$

$$\boldsymbol{C}=\begin{array}{c}\\1\\2\\3\\4\end{array}\begin{array}{c}\begin{array}{cc}\text{总收入}&\text{总利润}\end{array}\\\begin{pmatrix}c_{11}&c_{12}\\c_{21}&c_{22}\\c_{31}&c_{32}\\c_{41}&c_{42}\end{pmatrix}\end{array},$$

其中 a_{ik} 表示第 i 个工厂生产第 k 种产品的产量, b_{k1}, b_{k2} (k=1,2,3) 分别表示第 k 种产品的单位价格与单位利润, c_{i1}, c_{i2} (i=1,2,3,4) 分别是第 i 个工厂生产三种产品

的总收入与总利润, 于是 $\boldsymbol{A}$, $\boldsymbol{B}$, $\boldsymbol{C}$ 三个矩阵的元素间有如下关系:

$$\begin{pmatrix} a_{11}b_{11}+a_{12}b_{21}+a_{13}b_{31} & a_{11}b_{12}+a_{12}b_{22}+a_{13}b_{32} \\ a_{21}b_{11}+a_{22}b_{21}+a_{23}b_{31} & a_{21}b_{12}+a_{22}b_{22}+a_{23}b_{32} \\ a_{31}b_{11}+a_{32}b_{21}+a_{33}b_{31} & a_{31}b_{12}+a_{32}b_{22}+a_{33}b_{32} \\ a_{41}b_{11}+a_{42}b_{21}+a_{43}b_{31} & a_{41}b_{12}+a_{42}b_{22}+a_{43}b_{32} \end{pmatrix} = \begin{pmatrix} c_{11} & c_{12} \\ c_{21} & c_{22} \\ c_{31} & c_{32} \\ c_{41} & c_{42} \end{pmatrix},$$

其中 $c_{ij}=a_{i1}b_{1j}+a_{i2}b_{2j}+a_{i3}b_{3j}$ (i=1,2,3,4; j=1,2), 即矩阵 $\boldsymbol{C}$ 中第 i 行第 j 列元素等于 $\boldsymbol{A}$ 的第 i 行与 $\boldsymbol{B}$ 的第 j 列对应元素乘积之和. 将上面例中矩阵的这种关系定义为矩阵的积. □

定义 1.2.3 设矩阵$\boldsymbol{A}=(a_{ij})_{m\times s}$, $\boldsymbol{B}=(b_{ij})_{s\times n}$, 则定义 $\boldsymbol{A}$ 与 $\boldsymbol{B}$ 的乘积 $\boldsymbol{C}=(c_{ij})_{m\times n}$, 其中 $c_{ij}=a_{i1}b_{1j}+a_{i2}b_{2j}+\cdots+a_{is}b_{sj}=\sum\limits_{k=1}^{s}a_{ik}b_{kj}$ $(i=1,2,\cdots,m;j=1,2,\cdots,n)$, 记作 $\boldsymbol{C}=\boldsymbol{AB}$, 常读为 $\boldsymbol{A}$ 左乘 $\boldsymbol{B}$ 或 $\boldsymbol{B}$ 右乘 $\boldsymbol{A}$.

根据定义, 只有当左边矩阵 $\boldsymbol{A}$ 的列数等于右边矩阵 $\boldsymbol{B}$ 的行数时, 两个矩阵才能相乘, 且矩阵 $\boldsymbol{C}=\boldsymbol{AB}$ 的行数等于 $\boldsymbol{A}$ 的行数, 列数等于 $\boldsymbol{B}$ 的列数.

例 1.2.4 若 $\boldsymbol{A}=\begin{pmatrix} 2 & 3 \\ 1 & -2 \\ 3 & 1 \end{pmatrix}$, $\boldsymbol{B}=\begin{pmatrix} 1 & -2 & -3 \\ 2 & -1 & 0 \end{pmatrix}$, 求 $\boldsymbol{AB}$ 与 $\boldsymbol{BA}$.

解

$$\boldsymbol{AB}=\begin{pmatrix} 2 & 3 \\ 1 & -2 \\ 3 & 1 \end{pmatrix}\begin{pmatrix} 1 & -2 & -3 \\ 2 & -1 & 0 \end{pmatrix}$$

$$=\begin{pmatrix} 2\times1+3\times2 & 2\times(-2)+3\times(-1) & 2\times(-3)+3\times0 \\ 1\times1+(-2)\times2 & 1\times(-2)+(-2)\times(-1) & 1\times(-3)+(-2)\times0 \\ 3\times1+1\times2 & 3\times(-2)+1\times(-1) & 3\times(-3)+1\times0 \end{pmatrix}$$

$$=\begin{pmatrix} 8 & -7 & -6 \\ -3 & 0 & -3 \\ 5 & -7 & -9 \end{pmatrix},$$

$$\boldsymbol{BA}=\begin{pmatrix} 1 & -2 & -3 \\ 2 & -1 & 0 \end{pmatrix}\begin{pmatrix} 2 & 3 \\ 1 & -2 \\ 3 & 1 \end{pmatrix}$$

$$=\begin{pmatrix} 1\times2+(-2)\times1+(-3)\times3 & 1\times3+(-2)\times(-2)+(-3)\times1 \\ 2\times2+(-1)\times1+0\times3 & 2\times3+(-1)\times(-2)+0\times1 \end{pmatrix}$$

$$=\begin{pmatrix}-9 & 4\\ 3 & 8\end{pmatrix}.$$ □

例 1.2.5 设 $\boldsymbol{A}=\begin{pmatrix}-2 & 4\\ 1 & -2\end{pmatrix}$, $\boldsymbol{B}=\begin{pmatrix}2 & 4\\ -3 & -6\end{pmatrix}$, 求 $\boldsymbol{AB}$ 与 $\boldsymbol{BA}$.

解 $$\boldsymbol{AB}=\begin{pmatrix}-2 & 4\\ 1 & -2\end{pmatrix}\begin{pmatrix}2 & 4\\ -3 & -6\end{pmatrix}=\begin{pmatrix}-16 & -32\\ 8 & 16\end{pmatrix},$$

$$\boldsymbol{BA}=\begin{pmatrix}2 & 4\\ -3 & -6\end{pmatrix}\begin{pmatrix}-2 & 4\\ 1 & -2\end{pmatrix}=\begin{pmatrix}0 & 0\\ 0 & 0\end{pmatrix}.$$ □

上述两例都有 $\boldsymbol{AB}\neq\boldsymbol{BA}$, 这表明矩阵乘法不满足交换律, 并且两个非零矩阵的乘积可能是零矩阵, 从而矩阵的消去律不成立, 即若 $\boldsymbol{AB}=\boldsymbol{AC}$ 且 $\boldsymbol{A}\neq\boldsymbol{0}$, 推不出 $\boldsymbol{B}=\boldsymbol{C}$. 这是矩阵乘法与数的乘法的本质区别.

矩阵的乘法满足下列运算规律 (假设运算都是可行的):

(1) $(\boldsymbol{AB})\boldsymbol{C}=\boldsymbol{A}(\boldsymbol{BC})$; (2)$(\boldsymbol{A}+\boldsymbol{B})\boldsymbol{C}=\boldsymbol{AC}+\boldsymbol{BC}$;

(3) $\boldsymbol{C}(\boldsymbol{A}+\boldsymbol{B})=\boldsymbol{CA}+\boldsymbol{CB}$; (4) $k(\boldsymbol{AB})=(k\boldsymbol{A})\boldsymbol{B}=\boldsymbol{A}(k\boldsymbol{B})$;

(5) 设 $\boldsymbol{A}$ 是 $m\times n$ 矩阵, 则 $\boldsymbol{I}_m\boldsymbol{A}=\boldsymbol{A}\boldsymbol{I}_n=\boldsymbol{A}$;

(6) 设 k 为数, $\boldsymbol{A}$ 是 n 阶矩阵, 则 $k\boldsymbol{A}=(k\boldsymbol{I}_n)\boldsymbol{A}$.

定义 1.2.4 如果 $\boldsymbol{AB}=\boldsymbol{BA}$, 则称 $\boldsymbol{A}$ 与 $\boldsymbol{B}$**可交换**.

例 1.2.6 设 $\boldsymbol{A}=\begin{pmatrix}1 & 0\\ -1 & 0\end{pmatrix}$, 试求与 $\boldsymbol{A}$ 可交换的一切矩阵.

解 设与 $\boldsymbol{A}$ 可交换的矩阵 $\boldsymbol{B}=\begin{pmatrix}x_{11} & x_{12}\\ x_{21} & x_{22}\end{pmatrix}$, 由 $\boldsymbol{AB}=\boldsymbol{BA}$ 得

$$\begin{pmatrix}1 & 0\\ -1 & 0\end{pmatrix}\begin{pmatrix}x_{11} & x_{12}\\ x_{21} & x_{22}\end{pmatrix}=\begin{pmatrix}x_{11} & x_{12}\\ x_{21} & x_{22}\end{pmatrix}\begin{pmatrix}1 & 0\\ -1 & 0\end{pmatrix},$$

即

$$\begin{pmatrix}x_{11} & x_{12}\\ -x_{11} & -x_{12}\end{pmatrix}=\begin{pmatrix}x_{11}-x_{12} & 0\\ x_{21}-x_{22} & 0\end{pmatrix},$$

由矩阵相等定义得

$$\begin{cases}x_{11}=x_{11}-x_{12},\\ x_{12}=0,\\ -x_{11}=x_{21}-x_{22},\end{cases}$$

所以有

$$\begin{cases} x_{12}=0, \\ x_{11}=-x_{21}+x_{22}, \end{cases}$$

故与 $\boldsymbol{A}$ 可交换矩阵为 $\begin{pmatrix} b-a & 0 \\ a & b \end{pmatrix}$, 其中 a, b 为任意数. □

例 1.2.7 设线性方程组

$$\begin{cases} a_{11}x_1 + a_{12}x_2 + \cdots + a_{1n}x_n = b_1, \\ a_{21}x_1 + a_{22}x_2 + \cdots + a_{2n}x_n = b_2, \\ \cdots\cdots \\ a_{m1}x_1 + a_{m2}x_2 + \cdots + a_{mn}x_n = b_m. \end{cases} \tag{1.1.1}$$

若记

$$\boldsymbol{A}=\begin{pmatrix} a_{11} & a_{12} & \cdots & a_{1n} \\ a_{21} & a_{22} & \cdots & a_{2n} \\ \vdots & \vdots & & \vdots \\ a_{m1} & a_{m2} & \cdots & a_{mn} \end{pmatrix}, \quad \boldsymbol{X}=\begin{pmatrix} x_1 \\ x_2 \\ \vdots \\ x_n \end{pmatrix}, \quad \boldsymbol{b}=\begin{pmatrix} b_1 \\ b_2 \\ \vdots \\ b_m \end{pmatrix},$$

则利用矩阵的乘法, 线性方程组 (1.1.1) 可表示为矩阵形式: $\boldsymbol{AX}=\boldsymbol{b}$, 其中 $\boldsymbol{A}$ 称为方程组 (1.1.1) 的**系数矩阵**, 而 $(\boldsymbol{A}\ \boldsymbol{b})$ 称为方程组 (1.1.1) 的**增广矩阵**. □

1.2.3 矩阵的转置

定义 1.2.5 设 $m \times n$ 阶矩阵

$$\boldsymbol{A}=\begin{pmatrix} a_{11} & a_{12} & \cdots & a_{1n} \\ a_{21} & a_{22} & \cdots & a_{2n} \\ \vdots & \vdots & & \vdots \\ a_{m1} & a_{m2} & \cdots & a_{mn} \end{pmatrix},$$

将 $\boldsymbol{A}$ 的行与列依次互换位置, 得到的 $n \times m$ 阶矩阵

$$\begin{pmatrix} a_{11} & a_{21} & \cdots & a_{m1} \\ a_{12} & a_{22} & \cdots & a_{m2} \\ \vdots & \vdots & & \vdots \\ a_{1n} & a_{2n} & \cdots & a_{mn} \end{pmatrix},$$

称为矩阵 $\boldsymbol{A}$ 的**转置矩阵**, 简称为 $\boldsymbol{A}$ 的转置, 记作 $\boldsymbol{A}^{\mathrm{T}}$(或 $\boldsymbol{A}'$).

例如, $\boldsymbol{A}=\begin{pmatrix}1&-1&5\\6&7&8\end{pmatrix}$, 则 $\boldsymbol{A}^{\mathrm{T}}=\begin{pmatrix}1&6\\-1&7\\5&8\end{pmatrix}$.

当 $\boldsymbol{A}$ 是对称矩阵时, 有 $a_{ij}=a_{ji}\ (i,j=1,2,\cdots,n)$, 即 $\boldsymbol{A}^{\mathrm{T}}=\boldsymbol{A}$; 当 $\boldsymbol{A}$ 是反对称矩阵时, 有 $a_{ij}=-a_{ji}\ (i,j=1,2,\cdots,n)$, 即 $\boldsymbol{A}^{\mathrm{T}}=-\boldsymbol{A}$.

矩阵的转置满足以下的运算规律 (假设运算是可行的):

(1) $\left(\boldsymbol{A}^{\mathrm{T}}\right)^{\mathrm{T}}=\boldsymbol{A}$;

(2) $(\boldsymbol{A}+\boldsymbol{B})^{\mathrm{T}}=\boldsymbol{A}^{\mathrm{T}}+\boldsymbol{B}^{\mathrm{T}}$;

(3) $(k\boldsymbol{A})^{\mathrm{T}}=k\boldsymbol{A}^{\mathrm{T}}$;

(4) $(\boldsymbol{A}\boldsymbol{B})^{\mathrm{T}}=\boldsymbol{B}^{\mathrm{T}}\boldsymbol{A}^{\mathrm{T}}$.

证明 (1), (2), (3) 显然成立, 现证 (4) 成立.

设 $\boldsymbol{A}=(a_{ij})_{m\times s}$, $\boldsymbol{B}=(b_{ij})_{s\times n}$, 易见, $(\boldsymbol{A}\boldsymbol{B})^{\mathrm{T}}$ 与 $\boldsymbol{B}^{\mathrm{T}}\boldsymbol{A}^{\mathrm{T}}$ 均为 $n\times m$ 矩阵.

矩阵 $(\boldsymbol{A}\boldsymbol{B})^{\mathrm{T}}$ 的第 j 行第 i 列的元素是 $\boldsymbol{A}\boldsymbol{B}$ 的第 i 行第 j 列的元素, 即 $a_{i1}b_{1j}+a_{i2}b_{2j}+\cdots+a_{is}b_{sj}=\sum\limits_{k=1}^{s}a_{ik}b_{kj}$, 而矩阵 $\boldsymbol{B}^{\mathrm{T}}\boldsymbol{A}^{\mathrm{T}}$ 的第 j 行第 i 列的元素是 $\boldsymbol{B}^{\mathrm{T}}$ 的第 j 行与 $\boldsymbol{A}^{\mathrm{T}}$ 的第 i 列对应元素乘积的和, 即是矩阵 $\boldsymbol{B}$ 的第 j 列与 $\boldsymbol{A}$ 的第 i 行对应元素乘积的和 $b_{1j}a_{i1}+b_{2j}a_{i2}+\cdots+b_{sj}a_{is}=\sum\limits_{k=1}^{s}a_{ik}b_{kj}$, 所以 $(\boldsymbol{A}\boldsymbol{B})^{\mathrm{T}}=\boldsymbol{B}^{\mathrm{T}}\boldsymbol{A}^{\mathrm{T}}$. □

例 1.2.8 已知 $\boldsymbol{A}=\begin{pmatrix}2&0&-1\\1&3&2\end{pmatrix}$, $\boldsymbol{B}=\begin{pmatrix}1&7&-1\\4&2&3\\2&0&1\end{pmatrix}$, 求 $(\boldsymbol{A}\boldsymbol{B})^{\mathrm{T}}$.

解 **方法一**: 因为

$$\boldsymbol{A}\boldsymbol{B}=\begin{pmatrix}2&0&-1\\1&3&2\end{pmatrix}\begin{pmatrix}1&7&-1\\4&2&3\\2&0&1\end{pmatrix}=\begin{pmatrix}0&14&-3\\17&13&10\end{pmatrix},$$

所以

$$(\boldsymbol{A}\boldsymbol{B})^{\mathrm{T}}=\begin{pmatrix}0&17\\14&13\\-3&10\end{pmatrix}.$$

方法二: $(\boldsymbol{A}\boldsymbol{B})^{\mathrm{T}}=\boldsymbol{B}^{\mathrm{T}}\boldsymbol{A}^{\mathrm{T}}=\begin{pmatrix}1&4&2\\7&2&0\\-1&3&1\end{pmatrix}\begin{pmatrix}2&1\\0&3\\-1&2\end{pmatrix}=\begin{pmatrix}0&17\\14&13\\-3&10\end{pmatrix}$. □

性质 (4) 可以推广到任意有限个可乘矩阵的情形, 即 $(\boldsymbol{A}_1\boldsymbol{A}_2\cdots\boldsymbol{A}_s)^{\mathrm{T}}=\boldsymbol{A}_s^{\mathrm{T}}\cdots\boldsymbol{A}_2^{\mathrm{T}}\boldsymbol{A}_1^{\mathrm{T}}$.

由对称矩阵与反对称矩阵的定义易知

(1) (反) 对称矩阵的和、数乘仍是 (反) 对称矩阵;

(2) 对任意矩阵 $\boldsymbol{A}$, $\boldsymbol{A}^{\mathrm{T}}\boldsymbol{A}$ 和 $\boldsymbol{A}\boldsymbol{A}^{\mathrm{T}}$ 均为对称矩阵;

(3) 若 $\boldsymbol{A}, \boldsymbol{B}$ 是两个 n 阶 (反) 对称矩阵, 则 $\boldsymbol{AB}$ 是 (反) 对称矩阵的充要条件是 $\boldsymbol{AB}=\boldsymbol{BA}\,(\boldsymbol{AB}=-\boldsymbol{BA})$.

证明 仅证 (3). 因为 $\boldsymbol{A}, \boldsymbol{B}$ 均为对称矩阵, 即 $\boldsymbol{A}^{\mathrm{T}}=\boldsymbol{A}$, $\boldsymbol{B}^{\mathrm{T}}=\boldsymbol{B}$, 所以如果 $\boldsymbol{AB}=\boldsymbol{BA}$, 则 $(\boldsymbol{AB})^{\mathrm{T}}=\boldsymbol{B}^{\mathrm{T}}\boldsymbol{A}^{\mathrm{T}}=\boldsymbol{BA}=\boldsymbol{AB}$, 即 $\boldsymbol{AB}$ 对称.

反之, 如果 $\boldsymbol{AB}$ 对称, 即 $(\boldsymbol{AB})^{\mathrm{T}}=\boldsymbol{AB}$, 则 $\boldsymbol{AB}=(\boldsymbol{AB})^{\mathrm{T}}=\boldsymbol{B}^{\mathrm{T}}\boldsymbol{A}^{\mathrm{T}}=\boldsymbol{BA}$.

对反对称矩阵的情形, 类似可证. □

1.2.4 矩阵的逆

在数的运算中, $a\div b\,(b\neq 0)$ 可写成 $b^{-1}a$ 或 ab^{-1}, 那么在矩阵运算中是否也有类似的结果呢? 为此我们要讨论矩阵可逆的问题.

定义 1.2.6 设 $\boldsymbol{A}$ 是 n 阶矩阵. 如果存在矩阵 $\boldsymbol{B}$ 使得

$$\boldsymbol{AB}=\boldsymbol{BA}=\boldsymbol{I}, \tag{1.1.2}$$

则称 $\boldsymbol{A}$ 是**可逆矩阵**, $\boldsymbol{B}$ 称为 $\boldsymbol{A}$ 的一个**逆矩阵**.

显然, 若 $\boldsymbol{A}$ 是 n 阶可逆矩阵, 则满足条件 (1.1.2) 的矩阵 $\boldsymbol{B}$ 一定是 n 阶方阵, 且是唯一的.

事实上, 若 $\boldsymbol{B}, \boldsymbol{C}$ 均是 $\boldsymbol{A}$ 的逆矩阵, 则有

$$\boldsymbol{B}=\boldsymbol{BI}=\boldsymbol{B}(\boldsymbol{AC})=(\boldsymbol{BA})\boldsymbol{C}=\boldsymbol{IC}=\boldsymbol{C},$$

故 $\boldsymbol{A}$ 的逆唯一, 我们将 $\boldsymbol{A}$ 的唯一逆记为 $\boldsymbol{A}^{-1}$.

可逆矩阵还具有下列性质:

(1) 若 $\boldsymbol{A}$ 可逆, 则 $\boldsymbol{A}^{-1}$ 也可逆, 且 $(\boldsymbol{A}^{-1})^{-1}=\boldsymbol{A}$;

(2) 若 $\boldsymbol{A}$ 可逆, 则 $\boldsymbol{A}^{\mathrm{T}}$ 也可逆, 且 $\left(\boldsymbol{A}^{\mathrm{T}}\right)^{-1}=\left(\boldsymbol{A}^{-1}\right)^{\mathrm{T}}$;

(3) 若 $\boldsymbol{A}$ 可逆, 数 $k\neq 0$, 则 $k\boldsymbol{A}$ 可逆, 且 $(k\boldsymbol{A})^{-1}=\dfrac{1}{k}\boldsymbol{A}^{-1}$;

(4) 若 $\boldsymbol{A}, \boldsymbol{B}$ 均为 n 阶可逆阵, 则 $\boldsymbol{AB}$ 可逆, 且 $(\boldsymbol{AB})^{-1}=\boldsymbol{B}^{-1}\boldsymbol{A}^{-1}$, 且可推广到任意有限个可逆矩阵的乘积, 即 $(\boldsymbol{A}_1\boldsymbol{A}_2\cdots\boldsymbol{A}_s)^{-1}=\boldsymbol{A}_s^{-1}\cdots\boldsymbol{A}_2^{-1}\boldsymbol{A}_1^{-1}$.

例 1.2.9 设 $\boldsymbol{A}=\begin{pmatrix}1&2\\-3&-5\end{pmatrix}$, 求 $\boldsymbol{A}^{-1}$.

解 因为 $\boldsymbol{A}\begin{pmatrix}-5&-2\\3&1\end{pmatrix}=\begin{pmatrix}-5&-2\\3&1\end{pmatrix}\boldsymbol{A}=\boldsymbol{I}$, 所以 $\boldsymbol{A}^{-1}=\begin{pmatrix}-5&-2\\3&1\end{pmatrix}$. □

1.2.5 矩阵的幂

定义 1.2.7 设 $\boldsymbol{A}$ 是 n 阶矩阵, 定义 $\boldsymbol{A}^0=\boldsymbol{I}$, $\boldsymbol{A}^k=\underbrace{\boldsymbol{A}\cdot\boldsymbol{A}\cdot\cdots\cdot\boldsymbol{A}}_{k个}$, k 为自然数, 则称 $\boldsymbol{A}^k$ 为 $\boldsymbol{A}$ 的 k次幂.

矩阵的幂满足以下运算规律:

(1) $\boldsymbol{A}^m\boldsymbol{A}^n=\boldsymbol{A}^{m+n}$($m, n$ 为非负整数);

(2) $(\boldsymbol{A}^m)^n=\boldsymbol{A}^{mn}$.

注 由于矩阵的乘法不满足交换律, 故一般 $(\boldsymbol{AB})^m\neq\boldsymbol{A}^m\boldsymbol{B}^m$ (m 为自然数), 但如果 $\boldsymbol{A}, \boldsymbol{B}$ 均为 n 阶矩阵, 且 $\boldsymbol{AB}=\boldsymbol{BA}$, 则可以证明 $(\boldsymbol{AB})^m=\boldsymbol{A}^m\boldsymbol{B}^m$ (m 为自然数).

习 题 1.2

1. 设 $\boldsymbol{A}=\begin{pmatrix}1&2&1&2\\2&1&2&2\\1&2&3&4\end{pmatrix}$, $\boldsymbol{B}=\begin{pmatrix}4&3&2&1\\-2&1&-2&1\\0&-1&0&-1\end{pmatrix}$, 计算 (1) $3\boldsymbol{A}+\boldsymbol{B}$; (2) 求 $\boldsymbol{X}$ 满足 $\boldsymbol{A}+\boldsymbol{X}=\boldsymbol{B}$.

2. 计算.

(1) $\begin{pmatrix}1&2&3\end{pmatrix}\begin{pmatrix}3\\2\\1\end{pmatrix}$;

(2) $\begin{pmatrix}3\\2\\1\end{pmatrix}\begin{pmatrix}1&2&3\end{pmatrix}$;

(3) $\begin{pmatrix}3&-2&1\\1&-1&2\end{pmatrix}\begin{pmatrix}-1&5\\-2&4\\3&-1\end{pmatrix}$;

(4) $\begin{pmatrix}-1&5\\-2&4\\3&-1\end{pmatrix}\begin{pmatrix}3&-2&1\\1&-1&2\end{pmatrix}$;

(5) $\begin{pmatrix}x_1&x_2&x_3\end{pmatrix}\begin{pmatrix}a_{11}&a_{12}&a_{13}\\a_{12}&a_{22}&a_{23}\\a_{13}&a_{23}&a_{33}\end{pmatrix}\begin{pmatrix}x_1\\x_2\\x_3\end{pmatrix}$.

3. 已知 $\boldsymbol{A}=\begin{pmatrix}1&0&3\\0&2&1\\0&0&1\end{pmatrix}$, $\boldsymbol{B}=\begin{pmatrix}1&0&0\\0&2&1\\3&0&1\end{pmatrix}$, 求 $(\boldsymbol{AB})^{\mathrm{T}}$ 和 $\boldsymbol{B}^{\mathrm{T}}\boldsymbol{A}^{\mathrm{T}}$.

4. 解下列矩阵方程.

(1) $\begin{pmatrix} 2 & 5 \\ 1 & 3 \end{pmatrix} \boldsymbol{X} = \begin{pmatrix} 4 & -6 \\ 2 & 1 \end{pmatrix}$;

(2) $\boldsymbol{X} \begin{pmatrix} 1 & 1 & -1 \\ 2 & 1 & 0 \\ 1 & -1 & 1 \end{pmatrix} = \begin{pmatrix} 1 & 1 & 3 \\ 4 & 3 & 2 \\ 1 & 2 & 5 \end{pmatrix}$.

5. 设 $\boldsymbol{A} = \begin{pmatrix} 1 & 1 \\ 0 & 1 \end{pmatrix}$, 求所有与 $\boldsymbol{A}$ 可交换的矩阵.

6. 计算下列矩阵 (n 为正整数).

(1) $\begin{pmatrix} 1 & 1 \\ 0 & 1 \end{pmatrix}^n$; (2) $\begin{pmatrix} 1 & 1 & 0 \\ 0 & 1 & 1 \\ 0 & 0 & 1 \end{pmatrix}^n$.

1.3 矩阵的初等变换

1.3.1 矩阵的初等变换与初等矩阵

定义 1.3.1 设 $\boldsymbol{A} = (a_{ij})_{m\times n}$, 则以下三种变换称为矩阵 $\boldsymbol{A}$ 的**行 (列) 初等变换**.

(1) 交换 $\boldsymbol{A}$ 的某两行 (列);

(2) 用非零数 k 乘以 $\boldsymbol{A}$ 的某一行 (列) 所有元素;

(3) 将 $\boldsymbol{A}$ 的某一行 (列) 的 k 倍加到另一行 (列) 上.

矩阵的行、列初等变换统称为矩阵的初等变换.

定义 1.3.2 由单位矩阵 $\boldsymbol{I}$ 经过一次初等变换所得到的矩阵称为**初等矩阵**. 对应于上述初等变换得到三种初等矩阵.

例如, 对 $\boldsymbol{I}_3 = \begin{pmatrix} 1 & 0 & 0 \\ 0 & 1 & 0 \\ 0 & 0 & 1 \end{pmatrix}$ 交换 1,2 行 (列) 得到初等矩阵 $\begin{pmatrix} 0 & 1 & 0 \\ 1 & 0 & 0 \\ 0 & 0 & 1 \end{pmatrix}$; 用 (-3) 去乘 $\boldsymbol{I}_3$ 的第三行 (列) 得到初等矩阵 $\begin{pmatrix} 1 & 0 & 0 \\ 0 & 1 & 0 \\ 0 & 0 & -3 \end{pmatrix}$; 将 $\boldsymbol{I}_3$ 的第 2 行的 (-2) 倍加到第 1 行, 或第 1 列的 (-2) 倍加到第 2 列, 得初等矩阵 $\begin{pmatrix} 1 & -2 & 0 \\ 0 & 1 & 0 \\ 0 & 0 & 1 \end{pmatrix}$.

一般地, 对 n 阶单位矩阵 $\boldsymbol{I}$ 有

(1) 交换 $\boldsymbol{I}$ 的第 i, j 行 (列), 得到的初等矩阵记为 $\boldsymbol{I}(i,j)$;

(2) 用非零数 k 乘以 $\boldsymbol{I}$ 的第 i 行 (列), 得到的初等矩阵记为 $\boldsymbol{I}(i(k))$;

(3) 将 $\boldsymbol{I}$ 的第 j 行的 k 倍加到第 i 行 (或第 i 列的 k 倍加到第 j 列) 上, 得到的初等矩阵记为 $\boldsymbol{I}(i,j(k))$, 即

$$\boldsymbol{I}(i,j)=\begin{pmatrix}1&&&&&&&\\&\ddots&&&&&&\\&&0&&\cdots&1&&\\&&&1&&&&\\&&\vdots&&\ddots&\vdots&&\\&&&&1&&&\\&&1&&\cdots&0&&\\&&&&&&\ddots&\\&&&&&&&1\end{pmatrix}\begin{array}{l}\\\\\text{第 } i \text{ 行}\\\\\\\\\text{第 } j \text{ 行}\\\\\\\end{array};$$

$$\boldsymbol{I}(i(k))=\begin{pmatrix}1&&&&&\\&\ddots&&&&\\&&1&&&\\&&&k&&\\&&&&1&\\&&&&&\ddots&\\&&&&&&1\end{pmatrix}\begin{array}{l}\\\\\\\text{第 } i \text{ 行};\\\\\\\\\end{array}$$

$$\boldsymbol{I}(i,j(k))=\begin{pmatrix}1&&&&&\\&\ddots&&&&\\&&1&\cdots&k&&\\&&&\ddots&\vdots&&\\&&&&1&&\\&&&&&\ddots&\\&&&&&&1\end{pmatrix}\begin{array}{l}\\\\\text{第 } i \text{ 行}\\\\\text{第 } j \text{ 行}\\\\\\\end{array}.$$

直接验证, 初等矩阵具有以下性质.

命题 1.3.1 (1) 初等矩阵的转置仍是初等矩阵;

(2) 初等矩阵均为可逆矩阵, 且其逆仍是同类型的初等矩阵, 即

$$\boldsymbol{I}(i,j)^{-1}=\boldsymbol{I}(i,j);\quad \boldsymbol{I}(i(k))^{-1}=\boldsymbol{I}\left(i\left(\frac{1}{k}\right)\right);\quad \boldsymbol{I}(i,j(k))^{-1}=\boldsymbol{I}(i,j(-k)).$$

矩阵的初等变换与初等矩阵之间有密切的联系.

定理 1.3.1 设 $\boldsymbol{A}=(a_{ij})$ 是 $m\times n$ 阶矩阵, 对 $\boldsymbol{A}$ 施行一次某种初等行 (或列) 变换, 相当于用一个相应的 m (或n) 阶初等矩阵左 (或右) 乘 $\boldsymbol{A}$.

证明 现仅就对 $\boldsymbol{A}$ 进行交换 i,j 行的情形进行证明.

$$\boldsymbol{A}=\begin{pmatrix} a_{11} & \cdots & a_{1n} \\ \vdots & & \vdots \\ a_{i1} & \cdots & a_{in} \\ \vdots & & \vdots \\ a_{j1} & \cdots & a_{jn} \\ \vdots & & \vdots \\ a_{m1} & \cdots & a_{mn} \end{pmatrix}\to\begin{pmatrix} a_{11} & \cdots & a_{1n} \\ \vdots & & \vdots \\ a_{j1} & \cdots & a_{jn} \\ \vdots & & \vdots \\ a_{i1} & \cdots & a_{in} \\ \vdots & & \vdots \\ a_{m1} & \cdots & a_{mn} \end{pmatrix}=\boldsymbol{B},$$

$$\boldsymbol{I}(i,j)\boldsymbol{A}=\begin{pmatrix} 1 & & & & & & \\ & \ddots & & & & & \\ & & 0 & \cdots & 1 & & \\ & & \vdots & \ddots & \vdots & & \\ & & 1 & \cdots & 0 & & \\ & & & & & \ddots & \\ & & & & & & 1 \end{pmatrix}\begin{pmatrix} a_{11} & \cdots & a_{1n} \\ \vdots & & \vdots \\ a_{i1} & \cdots & a_{in} \\ \vdots & & \vdots \\ a_{j1} & \cdots & a_{jn} \\ \vdots & & \vdots \\ a_{m1} & \cdots & a_{mn} \end{pmatrix}=\boldsymbol{B},$$

对于其余情形可类似证明. □

例 1.3.1 设有矩阵 $\boldsymbol{A}=\begin{pmatrix} 3 & 0 & 1 \\ 1 & -1 & 2 \\ 0 & 1 & 1 \end{pmatrix}$. (1) 将 $\boldsymbol{A}$ 的 1,3 列互换; (2) 将 $\boldsymbol{A}$ 的第 2 行的 -3 倍加到第 1 行上, 写出对应的初等矩阵, 并用矩阵乘法将这两种变换表示出来.

解 (1) 交换 $\boldsymbol{A}$ 的 1,3 列, 即用初等矩阵 $\boldsymbol{I}_3(1,3)=\begin{pmatrix}0&0&1\\0&1&0\\1&0&0\end{pmatrix}$ 右乘 $\boldsymbol{A}$, 得

$$\begin{pmatrix}3&0&1\\1&-1&2\\0&1&1\end{pmatrix}\begin{pmatrix}0&0&1\\0&1&0\\1&0&0\end{pmatrix}=\begin{pmatrix}1&0&3\\2&-1&1\\1&1&0\end{pmatrix}.$$

(2) 将 $\boldsymbol{A}$ 的第 2 行的 -3 倍加到第 1 行上, 即用初等矩阵

$$\boldsymbol{I}_3(1,2(-3))=\begin{pmatrix}1&-3&0\\0&1&0\\0&0&1\end{pmatrix}$$

左乘 $\boldsymbol{A}$ 得

$$\begin{pmatrix}1&-3&0\\0&1&0\\0&0&1\end{pmatrix}\begin{pmatrix}3&0&1\\1&-1&2\\0&1&1\end{pmatrix}=\begin{pmatrix}0&3&-5\\1&-1&2\\0&1&1\end{pmatrix}.$$ □

1.3.2 矩阵的等价标准形

定义 1.3.3 若矩阵 $\boldsymbol{A}$ 经过有限次初等变换变成矩阵 $\boldsymbol{B}$, 则称矩阵 $\boldsymbol{A}$ 与 $\boldsymbol{B}$ 等价, 记为 $\boldsymbol{A}\to\boldsymbol{B}$.

矩阵之间的等价关系具有下列基本性质.

(1) **自反性** $\boldsymbol{A}\to\boldsymbol{A}$;

(2) **对称性** 若 $\boldsymbol{A}\to\boldsymbol{B}$, 则 $\boldsymbol{B}\to\boldsymbol{A}$;

(3) **传递性** 若 $\boldsymbol{A}\to\boldsymbol{B}$, $\boldsymbol{B}\to\boldsymbol{C}$, 则 $\boldsymbol{A}\to\boldsymbol{C}$.

例 1.3.2 设矩阵 $\boldsymbol{A}=\begin{pmatrix}3&2&9&6\\-1&-3&4&-17\\1&4&-7&3\\-1&-4&7&-3\end{pmatrix}$, 对其做如下初等行变换:

$$\boldsymbol{A}=\begin{pmatrix}3&2&9&6\\-1&-3&4&-17\\1&4&-7&3\\-1&-4&7&-3\end{pmatrix}\xrightarrow{\text{交换1, 3行}}\begin{pmatrix}1&4&-7&3\\-1&-3&4&-17\\3&2&9&6\\-1&-4&7&-3\end{pmatrix}$$

$$\xrightarrow[\text{分别加到第 2, 3, 4 行}]{\text{第 1 行乘以 1, -3, 1,}} \begin{pmatrix} 1 & 4 & -7 & 3 \\ 0 & 1 & -3 & -14 \\ 0 & -10 & 30 & -3 \\ 0 & 0 & 0 & 0 \end{pmatrix} \xrightarrow[\text{加到第 3 行}]{\text{第 2 行乘以 10}} \begin{pmatrix} 1 & 4 & -7 & 3 \\ 0 & 1 & -3 & -14 \\ 0 & 0 & 0 & -143 \\ 0 & 0 & 0 & 0 \end{pmatrix} = \boldsymbol{B},$$

其中矩阵 $\boldsymbol{B}$ 依其结构特征称为阶梯形矩阵.

一般地, 称满足下列条件的矩阵为**阶梯形矩阵**:

(1) 若有零行 (元素全为 0 的行), 则其位于矩阵的下方;

(2) 下一行第一个非零元的列标大于上一行第一个非零元的列标.

对例 1.3.2 中的矩阵 $\boldsymbol{B}$ 再做如下初等行变换:

$$\boldsymbol{B} = \begin{pmatrix} 1 & 4 & -7 & 3 \\ 0 & 1 & -3 & -14 \\ 0 & 0 & 0 & -143 \\ 0 & 0 & 0 & 0 \end{pmatrix} \to \begin{pmatrix} 1 & 4 & -7 & 3 \\ 0 & 1 & -3 & -14 \\ 0 & 0 & 0 & 1 \\ 0 & 0 & 0 & 0 \end{pmatrix}$$

$$\to \begin{pmatrix} 1 & 4 & -7 & 0 \\ 0 & 1 & -3 & 0 \\ 0 & 0 & 0 & 1 \\ 0 & 0 & 0 & 0 \end{pmatrix} \to \begin{pmatrix} 1 & 0 & 5 & 0 \\ 0 & 1 & -3 & 0 \\ 0 & 0 & 0 & 1 \\ 0 & 0 & 0 & 0 \end{pmatrix} = \boldsymbol{C}.$$

称这种特殊结构的阶梯形矩阵 $\boldsymbol{C}$ 为行简化阶梯形矩阵.

一般地, 称满足下列条件的阶梯形矩阵为**行简化阶梯形矩阵**:

(1) 各非零行的第一个非零元素是 1;

(2) 每行第一个非零元所在列的其余元素是 0.

如果对上述矩阵 $\boldsymbol{C}$ 再做初等列变换:

$$\boldsymbol{C} = \begin{pmatrix} 1 & 0 & 5 & 0 \\ 0 & 1 & -3 & 0 \\ 0 & 0 & 0 & 1 \\ 0 & 0 & 0 & 0 \end{pmatrix} \to \begin{pmatrix} 1 & 0 & 0 & 0 \\ 0 & 1 & 0 & 0 \\ 0 & 0 & 0 & 1 \\ 0 & 0 & 0 & 0 \end{pmatrix} \to \begin{pmatrix} 1 & 0 & 0 & 0 \\ 0 & 1 & 0 & 0 \\ 0 & 0 & 1 & 0 \\ 0 & 0 & 0 & 0 \end{pmatrix} = \boldsymbol{D},$$

其中矩阵 $\boldsymbol{D}$ 称为原矩阵 $\boldsymbol{A}$ 的等价标准形. □

定理 1.3.2 任意矩阵 $\boldsymbol{A}$ 都与一个形如 $\boldsymbol{D} = \begin{pmatrix} \boldsymbol{I}_r & \boldsymbol{0} \\ \boldsymbol{0} & \boldsymbol{0} \end{pmatrix}$ 的矩阵等价, 其中矩阵 $\boldsymbol{D}$ 称为矩阵 $\boldsymbol{A}$ 的**等价标准形**.

证明 设 $\boldsymbol{A} = (a_{ij})_{m \times n}$. 若所有 a_{ij} 均为 0, 则 $\boldsymbol{A}$ 已是标准形 $\boldsymbol{D}$ 的形式. (此时 $r = 0$). 若 $\boldsymbol{A}$ 至少有一个元素不为零, 不妨设 $a_{11} \neq 0$ (若 $a_{11} = 0$, 而 $a_{ij} \neq 0$, 将 $\boldsymbol{A}$ 的第 $1, i$ 行互换, 再将第 $1, j$ 列互换即可). 用 $-\dfrac{a_{i1}}{a_{11}}$ 乘 $\boldsymbol{A}$ 的第 1 行加到第 i 行

上 $(i=2,\cdots,m)$, 再用 $-\dfrac{a_{1j}}{a_{11}}$ 乘该矩阵的第 1 列加到第 j 列上 $(j=2,\cdots,n)$, 然后再以 $\dfrac{1}{a_{11}}$ 乘第 1 行, $\boldsymbol{A}$ 可化为

$$\boldsymbol{A}_1=\begin{pmatrix}1&0&\cdots&0\\0&a'_{22}&\cdots&a'_{2n}\\\vdots&\vdots&&\vdots\\0&a'_{n2}&\cdots&a'_{nn}\end{pmatrix}.$$

记

$$\boldsymbol{B}_1=\begin{pmatrix}a'_{22}&\cdots&a'_{2n}\\\vdots&&\vdots\\a'_{n2}&\cdots&a'_{nn}\end{pmatrix}.$$

若 $\boldsymbol{B}_1=\boldsymbol{0}$, 则 $\boldsymbol{A}$ 已化成 $\boldsymbol{D}$ 的形式; 若 $\boldsymbol{B}_1\neq\boldsymbol{0}$, 则重复上述过程, 继续下去, 即可化为 $\boldsymbol{D}$ 的形式. □

由定理 1.3.1 可将定理 1.3.2 表述为以下形式.

推论 1.3.1　对任意 $m\times n$ 矩阵 $\boldsymbol{A}$, 存在 m 阶初等矩阵 $\boldsymbol{P}_1,\boldsymbol{P}_2,\cdots,\boldsymbol{P}_s$ 和 n 阶初等矩阵 $\boldsymbol{Q}_1,\boldsymbol{Q}_2,\cdots,\boldsymbol{Q}_t$, 使得 $\boldsymbol{P}_s\cdots\boldsymbol{P}_2\boldsymbol{P}_1\boldsymbol{A}\boldsymbol{Q}_1\boldsymbol{Q}_2\cdots\boldsymbol{Q}_t=\boldsymbol{D}$.

若设 $\boldsymbol{P}=\boldsymbol{P}_s\cdots\boldsymbol{P}_2\boldsymbol{P}_1$, $\boldsymbol{Q}=\boldsymbol{Q}_1\boldsymbol{Q}_2\cdots\boldsymbol{Q}_t$, 则 $\boldsymbol{P},\boldsymbol{Q}$ 均为可逆阵, 于是又有以下推论.

推论 1.3.2　对任意 $m\times n$ 矩阵 $\boldsymbol{A}$, 存在 m 阶可逆矩阵 $\boldsymbol{P}$ 和 n 阶可逆矩阵 $\boldsymbol{Q}$, 使得 $\boldsymbol{PAQ}=\begin{pmatrix}\boldsymbol{I}_r&\boldsymbol{0}\\\boldsymbol{0}&\boldsymbol{0}\end{pmatrix}$.

推论 1.3.3　n 阶矩阵 $\boldsymbol{A}$ 可逆的充分必要条件是 $\boldsymbol{A}$ 的等价标准形为 $\boldsymbol{I}_n$.

推论 1.3.4　若 $\boldsymbol{A}$ 的等价标准形是 $\boldsymbol{I}$, 则 $\boldsymbol{A}$ 可以表示成若干个初等矩阵的乘积, 从而 $\boldsymbol{A}$ 可逆.

证明　因为 $\boldsymbol{A}$ 的等价标准形是 $\boldsymbol{I}$, 所以, 存在初等矩阵 $\boldsymbol{P}_1,\cdots,\boldsymbol{P}_s$ 及 $\boldsymbol{Q}_1,\cdots,\boldsymbol{Q}_t$ 使得 $\boldsymbol{P}_s\cdots\boldsymbol{P}_1\boldsymbol{A}\boldsymbol{Q}_1\cdots\boldsymbol{Q}_t=\boldsymbol{I}$, 由初等矩阵均为可逆矩阵, 且其逆矩阵仍为初等矩阵, 故有

$$\boldsymbol{A}=\boldsymbol{P}_1^{-1}\cdots\boldsymbol{P}_s^{-1}\boldsymbol{I}\boldsymbol{Q}_t^{-1}\cdots\boldsymbol{Q}_1^{-1}=\boldsymbol{P}_1^{-1}\cdots\boldsymbol{P}_s^{-1}\boldsymbol{Q}_t^{-1}\cdots\boldsymbol{Q}_1^{-1}.$$ □

值得注意的是, 推论 1.3.4 的逆命题也真, 即若 $\boldsymbol{A}$ 可逆, 则 $\boldsymbol{A}$ 可表示成若干个初等矩阵的乘积.

1.3.3　求逆矩阵的初等变换法

设 $\boldsymbol{A}$ 是 n 阶可逆矩阵, 则 $\boldsymbol{A}^{-1}$ 也是 n 阶可逆矩阵, 从而 $\boldsymbol{A}^{-1}$ 可表示成若干个初等矩阵的乘积. 设 $\boldsymbol{A}^{-1}=\boldsymbol{G}_1\boldsymbol{G}_2\cdots\boldsymbol{G}_m$, 其中 $\boldsymbol{G}_i\,(i=1,2,\cdots,m)$ 为 n 阶初等

矩阵, 于是 $\boldsymbol{A}^{-1}\boldsymbol{A}=\boldsymbol{G}_1\boldsymbol{G}_2\cdots\boldsymbol{G}_m\boldsymbol{A}$, 即

$$\boldsymbol{I}=\boldsymbol{G}_1\boldsymbol{G}_2\cdots\boldsymbol{G}_m\boldsymbol{A}, \tag{1.3.1}$$

$$\boldsymbol{A}^{-1}=\boldsymbol{G}_1\boldsymbol{G}_2\cdots\boldsymbol{G}_m\boldsymbol{I}. \tag{1.3.2}$$

式 (1.3.1) 表示对 $\boldsymbol{A}$ 施以若干次初等行变换可化为 $\boldsymbol{I}$; 式 (1.3.2) 表示对 $\boldsymbol{I}$ 施以与 $\boldsymbol{A}$ 相同的初等行变换可化为 $\boldsymbol{A}^{-1}$.

因此, 可构造 $n\times 2n$ 矩阵 $(\boldsymbol{A}\quad\boldsymbol{I})$, 然后对其施以初等行变换将 $\boldsymbol{A}$ 化为 $\boldsymbol{I}$, 此时 $\boldsymbol{I}$ 就化为 $\boldsymbol{A}^{-1}$, 即 $\begin{pmatrix}\boldsymbol{A} & \boldsymbol{I}\end{pmatrix}\xrightarrow{\text{初等行变换}}\begin{pmatrix}\boldsymbol{I} & \boldsymbol{A}^{-1}\end{pmatrix}$.

例 1.3.3 设 $\boldsymbol{A}=\begin{pmatrix}1&2&3\\2&2&1\\3&4&3\end{pmatrix}$, 求 $\boldsymbol{A}^{-1}$.

解

$$\begin{aligned}\begin{pmatrix}\boldsymbol{A} & \boldsymbol{I}\end{pmatrix}&=\begin{pmatrix}1&2&3&1&0&0\\2&2&1&0&1&0\\3&4&3&0&0&1\end{pmatrix}\to\begin{pmatrix}1&2&3&1&0&0\\0&-2&-5&-2&1&0\\0&-2&-6&-3&0&1\end{pmatrix}\\&\to\begin{pmatrix}1&2&3&1&0&0\\0&-2&-5&-2&1&0\\0&0&-1&-1&-1&1\end{pmatrix}\\&\to\begin{pmatrix}1&2&0&-2&-3&3\\0&-2&0&3&6&-5\\0&0&-1&-1&-1&1\end{pmatrix}\\&\to\begin{pmatrix}1&0&0&1&3&-2\\0&1&0&-\dfrac{3}{2}&-3&\dfrac{5}{2}\\0&0&1&1&1&-1\end{pmatrix},\end{aligned}$$

于是

$$\boldsymbol{A}^{-1}=\begin{pmatrix}1&3&-2\\-\dfrac{3}{2}&-3&\dfrac{5}{2}\\1&1&-1\end{pmatrix}.$$

□

另外, 对 n 阶可逆矩阵 $\boldsymbol{A}$ 来说, 由于 $\boldsymbol{A}\boldsymbol{A}^{-1}=\boldsymbol{I}$, 于是

$$\boldsymbol{I}=\boldsymbol{A}\boldsymbol{G}_1\boldsymbol{G}_2\cdots\boldsymbol{G}_m, \tag{1.3.3}$$

$$A^{-1} = IG_1G_2\cdots G_m. \tag{1.3.4}$$

式 (1.3.3) 表示对 A 施以若干次初等列变换可化为 I; 式 (1.3.4) 表示对 I 施以与 A 相同的初等列变换可化为 A^{-1}.

因此, 也可构造 $2n\times n$ 矩阵 $\begin{pmatrix} A \\ I \end{pmatrix}$, 然后对其施以初等列变换, 将 A 化为 I, 此时 I 就化为 A^{-1}, 即

$$\begin{pmatrix} A \\ I \end{pmatrix} \xrightarrow{\text{初等列变换}} \begin{pmatrix} I \\ A^{-1} \end{pmatrix}.$$

利用初等变换求逆矩阵的方法可用于求解矩阵方程 $AX = B$ 或 $XA = B$, 其中 A 为可逆矩阵, X 为未知矩阵. $AX = B$ 等价于$X = A^{-1}B$; $XA = B$等价于$X = BA^{-1}$.

对 $AX = B$ 构造矩阵 $\begin{pmatrix} A & B \end{pmatrix}$, 对其施以初等行变换将 A 化为 I, 则 B 化为 $A^{-1}B$, 即 $\begin{pmatrix} A & B \end{pmatrix} \xrightarrow{\text{初等行变换}} \begin{pmatrix} I & A^{-1}B \end{pmatrix}$.

对 $XA = B$ 构造矩阵 $\begin{pmatrix} A \\ B \end{pmatrix}$, 对其施以初等列变换将 A 化为 I, 则 B 化为 BA^{-1}, 即 $\begin{pmatrix} A \\ B \end{pmatrix} \xrightarrow{\text{初等列变换}} \begin{pmatrix} I \\ BA^{-1} \end{pmatrix}$.

例 1.3.4　设有矩阵方程 $AX = A + 2X$, 求 X, 其中 $A = \begin{pmatrix} 4 & 2 & 3 \\ 1 & 1 & 0 \\ -1 & 2 & 3 \end{pmatrix}$.

解　由 $AX = A + 2X$ 得 $(A - 2I)X = A$, 则 $X = (A - 2I)^{-1}A$. 此时我们并不知道 $A - 2I$ 是可逆的, 但从后面的行变换结果, 可知它确实是可逆的.

$$\begin{aligned}\begin{pmatrix} A-2I & A \end{pmatrix} &= \begin{pmatrix} 2 & 2 & 3 & 4 & 2 & 3 \\ 1 & -1 & 0 & 1 & 1 & 0 \\ -1 & 2 & 1 & -1 & 2 & 3 \end{pmatrix} \\ &\rightarrow \begin{pmatrix} 1 & -1 & 0 & 1 & 1 & 0 \\ 0 & 4 & 3 & 2 & 0 & 3 \\ 0 & 1 & 1 & 0 & 3 & 3 \end{pmatrix}\end{aligned}$$

$$\to \begin{pmatrix} 1 & -1 & 0 & 1 & 1 & 0 \\ 0 & 1 & 1 & 0 & 3 & 3 \\ 0 & 0 & -1 & 2 & -12 & -9 \end{pmatrix}$$

$$\to \begin{pmatrix} 1 & 0 & 0 & 3 & -8 & -6 \\ 0 & 1 & 0 & 2 & -9 & -6 \\ 0 & 0 & 1 & -2 & 12 & 9 \end{pmatrix},$$

所以,

$$\boldsymbol{X} = \begin{pmatrix} 3 & -8 & -6 \\ 2 & -9 & -6 \\ -2 & 12 & 9 \end{pmatrix}.$$ □

习 题 1.3

1. 求矩阵 $\boldsymbol{A} = \begin{pmatrix} 1 & 2 & 3 & 4 \\ 2 & -3 & 0 & 1 \\ 1 & 0 & -3 & 2 \end{pmatrix}$ 的等价标准形.

2. 用初等变换法求下列矩阵的逆矩阵.

(1) $\begin{pmatrix} 1 & 0 & 0 \\ 1 & 2 & 0 \\ 1 & 2 & 3 \end{pmatrix}$; (2) $\begin{pmatrix} 2 & 2 & -1 \\ 1 & -2 & 4 \\ 5 & 8 & 2 \end{pmatrix}$; (3) $\begin{pmatrix} 0 & 0 & 0 & 1 \\ 0 & 0 & 1 & 1 \\ 0 & 1 & 1 & 1 \\ 1 & 1 & 1 & 1 \end{pmatrix}$;

(4) $\begin{pmatrix} 0 & a_1 & 0 & \cdots & 0 \\ 0 & 0 & a_2 & \cdots & 0 \\ \vdots & \vdots & \vdots & & \vdots \\ 0 & 0 & 0 & \cdots & a_{n-1} \\ a_n & 0 & 0 & \cdots & 0 \end{pmatrix} (a_1, a_2, \cdots, a_n \neq 0)$.

3. 设 $\boldsymbol{A}, \boldsymbol{B}$ 均为 3 阶矩阵, $\boldsymbol{A}$ 的第 3 行的 -2 倍加到第 2 行, 得 $\boldsymbol{A}_1$; $\boldsymbol{B}$ 的第 2 列加到第 1 列, 得 $\boldsymbol{B}_1$; 且

$$\boldsymbol{A}_1\boldsymbol{B}_1 = \begin{pmatrix} 1 & 1 & 1 \\ 0 & 2 & 2 \\ 0 & 0 & 3 \end{pmatrix},$$

求 $\boldsymbol{AB}$.

4. 解下列矩阵方程.

(1) 设 $\boldsymbol{A}=\begin{pmatrix}4&1&-2\\2&2&1\\3&1&-1\end{pmatrix}$, $\boldsymbol{B}=\begin{pmatrix}1&-3\\2&2\\3&-1\end{pmatrix}$, 求 $\boldsymbol{X}$ 使得 $\boldsymbol{AX}=\boldsymbol{B}$;

(2) 设 $\boldsymbol{A}=\begin{pmatrix}0&2&1\\2&-1&3\\-3&3&-4\end{pmatrix}$, $\boldsymbol{B}=\begin{pmatrix}1&2&3\\2&-3&1\end{pmatrix}$, 求 $\boldsymbol{X}$ 使得 $\boldsymbol{XA}=\boldsymbol{B}$;

(3) 设 $\boldsymbol{A}=\begin{pmatrix}1&-1&0\\0&1&-1\\-1&0&1\end{pmatrix}$, $\boldsymbol{AX}=2\boldsymbol{X}+\boldsymbol{A}$, 求 $\boldsymbol{X}$;

(4) 设 $\begin{pmatrix}0&1&0\\1&0&0\\0&0&1\end{pmatrix}\boldsymbol{X}\begin{pmatrix}1&0&0\\-2&1&0\\0&0&1\end{pmatrix}=\begin{pmatrix}1&-4&3\\2&0&-1\\0&-2&1\end{pmatrix}$, 求 $\boldsymbol{X}$.

5. 已知 n 阶矩阵 $\boldsymbol{A}$ 满足 $\boldsymbol{A}^2-3\boldsymbol{A}-2\boldsymbol{I}=\boldsymbol{0}$, 证明: $\boldsymbol{A}$ 可逆, 并求 $\boldsymbol{A}^{-1}$.

1.4 分块矩阵

1.4.1 分块矩阵的概念

对于行数和列数较大的矩阵, 为了简化运算, 经常采用分块法, 使大矩阵的运算化为若干个小矩阵的运算, 同时也使原矩阵的结构显得简单而清晰. 具体的做法如下: 将大矩阵 $\boldsymbol{A}$ 用若干个横线和纵线分成多个小矩阵, 每个小矩阵称为 $\boldsymbol{A}$ 的**子块**. 以子块为元素的形式矩阵称为**分块矩阵**.

例如,

$$\boldsymbol{A}=\left(\begin{array}{ccc:c}1&0&0&3\\0&1&0&-1\\0&0&1&0\\\hdashline 0&0&0&1\end{array}\right)=\begin{pmatrix}\boldsymbol{I}_3&\boldsymbol{A}_1\\\boldsymbol{0}&\boldsymbol{A}_2\end{pmatrix},$$

其中

$$\boldsymbol{A}_1=\begin{pmatrix}3\\-1\\0\end{pmatrix},\quad \boldsymbol{A}_2=(1),\quad \boldsymbol{0}=\begin{pmatrix}0&0&0\end{pmatrix}.$$

矩阵的分块有多种方式, 可根据具体需要而定. 如上述矩阵 $\boldsymbol{A}$ 也可分块成 $\begin{pmatrix}\boldsymbol{I}_2&\boldsymbol{A}_3\\\boldsymbol{0}&\boldsymbol{I}_2\end{pmatrix}$, 其中 $\boldsymbol{A}_3=\begin{pmatrix}0&3\\0&-1\end{pmatrix}$, $\boldsymbol{0}=\begin{pmatrix}0&0\\0&0\end{pmatrix}$.

设 $\boldsymbol{A}=(a_{ij})_{m\times n}$, 若记 $\boldsymbol{\alpha}_i=(\alpha_{i1},\alpha_{i2},\cdots,\alpha_{in})\,(i=1,2,\cdots,m)$; $\boldsymbol{\beta}_j=(\alpha_{1j},\alpha_{2j},\cdots,\alpha_{mj})^{\mathrm{T}}\ (j=1,2,\cdots,n)$, 则 $\boldsymbol{A}=\begin{pmatrix}\boldsymbol{\alpha}_1\\ \boldsymbol{\alpha}_2\\ \vdots\\ \boldsymbol{\alpha}_m\end{pmatrix}$, 称 $\boldsymbol{A}$ 按行进行分块; 或 $\boldsymbol{A}=(\boldsymbol{\beta}_1,\boldsymbol{\beta}_2,\cdots,\boldsymbol{\beta}_n)$, 称 $\boldsymbol{A}$ 按列进行分块.

1.4.2 分块矩阵的运算

分块矩阵的运算与普通矩阵的运算规则相似, 但分块时要注意, 参与运算的两矩阵按块能运算, 并且参与运算的子块也能运算.

(1) 加法运算: 设矩阵 $\boldsymbol{A},\boldsymbol{B}$ 为同型矩阵, 并采用相同的分块法, 则 $\boldsymbol{A}+\boldsymbol{B}$ 的每个分块是 $\boldsymbol{A}$ 与 $\boldsymbol{B}$ 中对应分块之和.

(2) 数乘运算: 设 $\boldsymbol{A}$ 为分块矩阵, k 为数, 则 $k\boldsymbol{A}$ 的每个子块是 k 与 $\boldsymbol{A}$ 中相应子块的数乘.

(3) 乘法运算: 两分块矩阵 $\boldsymbol{A}$ 与 $\boldsymbol{B}$ 的乘积依然按照普通矩阵的乘积进行运算, 但对于乘积 $\boldsymbol{AB}$, $\boldsymbol{A}$ 的列的分法必须与 $\boldsymbol{B}$ 的行的分法一致.

例 1.4.1 将矩阵 $\boldsymbol{A},\boldsymbol{B}$ 分块如下:

$$\boldsymbol{A}=\left(\begin{array}{cc:cc}1&0&1&3\\0&1&2&4\\ \hdashline 0&0&-1&0\\0&0&0&-1\end{array}\right)=\begin{pmatrix}\boldsymbol{I}_2&\boldsymbol{A}_1\\ \boldsymbol{0}&-\boldsymbol{I}_2\end{pmatrix},$$

$$\boldsymbol{B}=\left(\begin{array}{cc:cc}1&2&0&0\\2&0&0&0\\ \hdashline 6&3&1&0\\0&-2&0&1\end{array}\right)=\begin{pmatrix}\boldsymbol{B}_1&\boldsymbol{0}\\ \boldsymbol{B}_2&\boldsymbol{I}_2\end{pmatrix},$$

则有

$$\boldsymbol{A}+\boldsymbol{B}=\begin{pmatrix}\boldsymbol{I}_2&\boldsymbol{A}_1\\ \boldsymbol{0}&-\boldsymbol{I}_2\end{pmatrix}+\begin{pmatrix}\boldsymbol{B}_1&\boldsymbol{0}\\ \boldsymbol{B}_2&\boldsymbol{I}_2\end{pmatrix}=\begin{pmatrix}\boldsymbol{I}_2+\boldsymbol{B}_1&\boldsymbol{A}_1\\ \boldsymbol{B}_2&\boldsymbol{0}\end{pmatrix}=\begin{pmatrix}2&2&1&3\\2&1&2&4\\6&3&0&0\\0&-2&0&0\end{pmatrix},$$

$$kA = k\begin{pmatrix} I_2 & A_1 \\ 0 & -I_2 \end{pmatrix} = \begin{pmatrix} kI_2 & kA_1 \\ 0 & kI_2 \end{pmatrix} = \begin{pmatrix} k & 0 & k & 3k \\ 0 & k & 2k & 4k \\ 0 & 0 & -k & 0 \\ 0 & 0 & 0 & -k \end{pmatrix}. \quad \square$$

例 1.4.2　设 $A = \begin{pmatrix} 1 & 0 & -2 & 0 \\ 0 & 1 & 0 & -2 \\ 0 & 0 & 5 & 3 \end{pmatrix}$, $B = \begin{pmatrix} 3 & 0 & -2 \\ 1 & 2 & 0 \\ 0 & 1 & 0 \\ 0 & 0 & 1 \end{pmatrix}$, 用分块矩阵计算 AB.

解

$$A = \left(\begin{array}{cc|cc} 1 & 0 & -2 & 0 \\ 0 & 1 & 0 & -2 \\ \hline 0 & 0 & 5 & 3 \end{array}\right) = \begin{pmatrix} I_2 & -2I_2 \\ 0 & A_{22} \end{pmatrix},$$

$$B = \left(\begin{array}{c|cc} 3 & 0 & -2 \\ 1 & 2 & 0 \\ \hline 0 & 1 & 0 \\ 0 & 0 & 1 \end{array}\right) = \begin{pmatrix} B_{11} & B_{12} \\ 0 & I_2 \end{pmatrix},$$

则

$$AB = \begin{pmatrix} I_2 & -2I_2 \\ 0 & A_{22} \end{pmatrix}\begin{pmatrix} B_{11} & B_{12} \\ 0 & I_2 \end{pmatrix} = \begin{pmatrix} B_{11} & B_{12} - 2I_2 \\ 0 & A_{22} \end{pmatrix} = \begin{pmatrix} 3 & -2 & -2 \\ 1 & 2 & -2 \\ 0 & 5 & 3 \end{pmatrix}. \quad \square$$

例 1.4.3　设矩阵 A, B 可乘, B 按列分块成 $B = \begin{pmatrix} B_1 & B_2 & \cdots & B_n \end{pmatrix}$, 则 $AB = \begin{pmatrix} AB_1 & AB_2 & \cdots & AB_n \end{pmatrix}$. 若 $AB = 0$, 则 $AB_j = 0\ (j = 1, 2, \cdots, n)$.

(4) 分块矩阵的转置.

设 $A = \begin{pmatrix} A_{11} & \cdots & A_{1t} \\ \vdots & & \vdots \\ A_{s1} & \cdots & A_{st} \end{pmatrix}$, 则 $A^{\mathrm{T}} = \begin{pmatrix} A_{11}^{\mathrm{T}} & \cdots & A_{s1}^{\mathrm{T}} \\ \vdots & & \vdots \\ A_{1t}^{\mathrm{T}} & \cdots & A_{st}^{\mathrm{T}} \end{pmatrix}$.

(5) 两类特殊的分块矩阵.

形如 $A = \begin{pmatrix} A_1 & 0 & \cdots & 0 \\ 0 & A_2 & \cdots & 0 \\ \vdots & \vdots & & \vdots \\ 0 & 0 & \cdots & A_n \end{pmatrix}$, 其中 A_i 均为方阵, 其余子块均为零矩阵,

称为**分块对角矩阵**.

同结构的分块对角矩阵的和, 积, 数乘仍是分块对角矩阵.

形如 $\begin{pmatrix} \boldsymbol{A}_{11} & \boldsymbol{A}_{12} & \cdots & \boldsymbol{A}_{1t} \\ \boldsymbol{0} & \boldsymbol{A}_{22} & \cdots & \boldsymbol{A}_{2t} \\ \vdots & \vdots & & \vdots \\ \boldsymbol{0} & \boldsymbol{0} & \cdots & \boldsymbol{A}_{tt} \end{pmatrix}$ 和 $\begin{pmatrix} \boldsymbol{A}_{11} & \boldsymbol{0} & \cdots & \boldsymbol{0} \\ \boldsymbol{A}_{21} & \boldsymbol{A}_{22} & \cdots & \boldsymbol{0} \\ \vdots & \vdots & & \vdots \\ \boldsymbol{A}_{t1} & \boldsymbol{A}_{t2} & \cdots & \boldsymbol{A}_{tt} \end{pmatrix}$, 其中 $\boldsymbol{A}_{ii}$ $(i = 1, 2, \cdots, t)$ 为方阵, 分别称为**分块上三角矩阵**和**分块下三角矩阵**.

同结构的分块上 (下) 三角矩阵的和, 积, 数乘仍是分块上 (下) 三角矩阵.

习 题 1.4

1. 用分块矩阵乘法求下列矩阵的乘积.

(1) $\begin{pmatrix} a & 0 & 0 & 0 \\ 0 & a & 0 & 0 \\ 1 & 0 & b & 0 \\ 0 & 1 & 0 & b \end{pmatrix}\begin{pmatrix} 1 & 0 & c & 0 \\ 0 & 1 & 0 & c \\ 0 & 0 & d & 0 \\ 0 & 0 & 0 & d \end{pmatrix}$;

(2) $\begin{pmatrix} 1 & 2 & 1 & 0 \\ 0 & 1 & 0 & 1 \\ 0 & 0 & 2 & 1 \\ 0 & 0 & 0 & 3 \end{pmatrix}\begin{pmatrix} 1 & 0 & 3 & 0 \\ 0 & 1 & 2 & -1 \\ 0 & 0 & -2 & 3 \\ 0 & 0 & 0 & -3 \end{pmatrix}$.

2. 设 n 阶矩阵 $\boldsymbol{A}$ 及 s 阶矩阵 $\boldsymbol{B}$ 都可逆, 求 $\begin{pmatrix} \boldsymbol{0} & \boldsymbol{A} \\ \boldsymbol{B} & \boldsymbol{0} \end{pmatrix}^{-1}$.

3. 用矩阵的分块求下列矩阵的逆矩阵.

(1) $\begin{pmatrix} 0 & 0 & 2 \\ 1 & 2 & 0 \\ 3 & 4 & 0 \end{pmatrix}$; (2) $\begin{pmatrix} 5 & 2 & 0 & 0 \\ 2 & 1 & 0 & 0 \\ 0 & 0 & 8 & 3 \\ 0 & 0 & 5 & 2 \end{pmatrix}$;

(3) $\begin{pmatrix} 0 & a_1 & 0 & \cdots & 0 \\ 0 & 0 & a_2 & \cdots & 0 \\ \vdots & \vdots & \vdots & & \vdots \\ 0 & 0 & 0 & \cdots & a_{n-1} \\ a_n & 0 & 0 & \cdots & 0 \end{pmatrix}$ $(a_1a_2\cdots a_n \neq 0)$.

4. 设 $\boldsymbol{C}$ 是 n 阶可逆矩阵, $\boldsymbol{D}$ 是 $3 \times n$ 矩阵, 且 $\boldsymbol{D} = \begin{pmatrix} 1 & 2 & \cdots & n \\ 0 & 0 & \cdots & 0 \\ 0 & 0 & \cdots & 0 \end{pmatrix}$, 用分块矩阵

的乘法求一个 $n \times (n+3)$ 矩阵 $\boldsymbol{X}$ 使得 $\boldsymbol{X}\begin{pmatrix} \boldsymbol{C} \\ \boldsymbol{D} \end{pmatrix} = \boldsymbol{I}$.

// 复习题 1 //

1. 设 $\boldsymbol{A}, \boldsymbol{B}$ 均为 n 阶方阵, 证明下列命题等价:

(1) $\boldsymbol{AB} = \boldsymbol{BA}$;

(2) $(\boldsymbol{A} \pm \boldsymbol{B})^2 = \boldsymbol{A}^2 \pm 2\boldsymbol{AB} + \boldsymbol{B}^2$;

(3) $(\boldsymbol{A}+\boldsymbol{B})(\boldsymbol{A}-\boldsymbol{B}) = \boldsymbol{A}^2 - \boldsymbol{B}^2$.

2. 设 $\boldsymbol{A}, \boldsymbol{B}$ 为 n 阶方阵, 且 $\boldsymbol{A} = \dfrac{1}{2}(\boldsymbol{B}+\boldsymbol{I})$, 证明: $\boldsymbol{A}^2 = \boldsymbol{A}$ 当且仅当 $\boldsymbol{B}^2 = \boldsymbol{I}$.

3. 设 $\boldsymbol{A} = (a_{ij})$ 为 n 阶方阵, 称 $\boldsymbol{A}$ 的主对角元素之和 $a_{11} + a_{22} + \cdots + a_{nn}$ 为 $\boldsymbol{A}$ 的迹, 记作 $\operatorname{tr}(\boldsymbol{A})$. 证明: 当 $\boldsymbol{A} = (a_{ij})$, $\boldsymbol{B} = (b_{ij})$ 均为 n 阶方阵时,

(1) $\operatorname{tr}(\boldsymbol{A}+\boldsymbol{B}) = \operatorname{tr}(\boldsymbol{A}) + \operatorname{tr}(\boldsymbol{B})$;

(2) $\operatorname{tr}(k\boldsymbol{A}) = k \cdot \operatorname{tr}(\boldsymbol{A})$($k$ 为任意常数);

(3) $\operatorname{tr}\boldsymbol{A}^{\mathrm{T}} = \operatorname{tr}\boldsymbol{A}$;

(4) $\operatorname{tr}(\boldsymbol{AB}) = \operatorname{tr}(\boldsymbol{BA})$.

4. 已知 $\boldsymbol{A} = \begin{pmatrix} -1 & 1 & 1 & -1 \\ 1 & -1 & -1 & 1 \\ 1 & -1 & -1 & 1 \\ -1 & 1 & 1 & -1 \end{pmatrix}$, 求 $\boldsymbol{A}^6$.

5. 已知 $\boldsymbol{A} = \begin{pmatrix} 3 & 1 & 0 & 0 & 0 \\ 0 & 3 & 1 & 0 & 0 \\ 0 & 0 & 3 & 0 & 0 \\ 0 & 0 & 0 & 3 & -1 \\ 0 & 0 & 0 & -9 & 3 \end{pmatrix}$, 求 $\boldsymbol{A}^n$.

6. 设矩阵 $\boldsymbol{A} = \begin{pmatrix} 1 & 0 & 1 \\ 0 & 2 & 0 \\ 1 & 0 & 1 \end{pmatrix}$, 求 $\boldsymbol{A}^n - 2\boldsymbol{A}^{n-1}$ $(n \geqslant 2)$.

7. 设方阵 $\boldsymbol{A}$ 满足 $\boldsymbol{A}^2 - \boldsymbol{A} - 2\boldsymbol{I} = \boldsymbol{0}$, 证明:

(1) $\boldsymbol{A}$ 和 $\boldsymbol{I} - \boldsymbol{A}$ 都可逆, 并求它们的逆;

(2) $\boldsymbol{A} + \boldsymbol{I}$ 和 $\boldsymbol{A} - 2\boldsymbol{I}$ 不同时可逆.

8. 用初等变换法求矩阵 $\boldsymbol{A} = \begin{pmatrix} 0 & 2 & -1 \\ 1 & 1 & 2 \\ -1 & -1 & -1 \end{pmatrix}$ 的逆.

9. 设 $\boldsymbol{P}^{-1}\boldsymbol{AP}=\boldsymbol{D}$, 其中 $\boldsymbol{P}=\begin{pmatrix}-1 & -4\\ 1 & 1\end{pmatrix}$, $\boldsymbol{D}=\begin{pmatrix}-1 & 0\\ 0 & 2\end{pmatrix}$, 求 $\boldsymbol{A}$.

10. 用矩阵的分块求矩阵 $\begin{pmatrix}1 & 1 & 0 & 0 & 0\\ -1 & 3 & 0 & 0 & 0\\ 0 & 0 & -2 & 0 & 0\\ 0 & 0 & 0 & 1 & 2\\ 0 & 0 & 0 & 0 & 1\end{pmatrix}$ 的逆.

11. 设 $\boldsymbol{A}$ 是 n 阶可逆方阵, 互换 $\boldsymbol{A}$ 中第 i 行与第 j 行得到 $\boldsymbol{B}$, 求 $\boldsymbol{AB}^{-1}$.

12. 设 $\boldsymbol{A},\boldsymbol{B}$ 为 n 阶矩阵, $2\boldsymbol{A}-\boldsymbol{B}-\boldsymbol{AB}=\boldsymbol{I}$, $\boldsymbol{A}^2=\boldsymbol{A}$.

(1) 证明: $\boldsymbol{A}-\boldsymbol{B}$ 可逆, 并求 $(\boldsymbol{A}-\boldsymbol{B})^{-1}$;

(2) 已知 $\boldsymbol{A}=\begin{pmatrix}1 & 0 & 0\\ 0 & 3 & -1\\ 0 & 6 & -2\end{pmatrix}$, 求 $\boldsymbol{B}$.

13. 设 $(2\boldsymbol{I}-\boldsymbol{C}^{-1}\boldsymbol{B})\boldsymbol{A}^{\mathrm{T}}=\boldsymbol{C}^{-1}$, 其中 $\boldsymbol{A}$ 为 4 阶矩阵, $\boldsymbol{B}=\begin{pmatrix}1 & 2 & -3 & -2\\ 0 & 1 & 2 & -3\\ 0 & 0 & 1 & 2\\ 0 & 0 & 0 & 1\end{pmatrix}$, $\boldsymbol{C}=\begin{pmatrix}1 & 2 & 0 & 1\\ 0 & 1 & 2 & 0\\ 0 & 0 & 1 & 2\\ 0 & 0 & 0 & 1\end{pmatrix}$, 求矩阵 $\boldsymbol{A}$.

14. 设 $\boldsymbol{A},\boldsymbol{B}$ 满足 $\boldsymbol{A}^{-1}\boldsymbol{BA}=6\boldsymbol{A}+\boldsymbol{BA}$, 其中 $\boldsymbol{A}=\begin{pmatrix}\frac{1}{3} & & \\ & \frac{1}{4} & \\ & & \frac{1}{7}\end{pmatrix}$, 求 $\boldsymbol{B}$.

15. 设 n 阶矩阵 $\boldsymbol{A}$ 满足 $\boldsymbol{A}^k=\boldsymbol{0}$ (k 为正整数), 证明: $\boldsymbol{I}-\boldsymbol{A}$ 可逆.

第1章测试题

Chapter 2

第2章 行列式

第2章课件

行列式概念的提出可以追溯到 17 世纪, 它是伴随着方程组的求解而发展起来的. 行列式是数学的重要基本概念之一, 在数学的许多领域和其他科学分支中都有广泛的应用. 本章主要介绍行列式的定义、性质和简单计算.

2.1 二阶、三阶行列式

行列式可以看成是定义在方阵元素上的代数运算, 是矩阵的函数, 所以我们所说的行列式都是矩阵的行列式.

我们用 $\left|\begin{pmatrix} a_{11} & a_{12} \\ a_{21} & a_{22} \end{pmatrix}\right|$ 或用 $\begin{vmatrix} a_{11} & a_{12} \\ a_{21} & a_{22} \end{vmatrix}$ 表示定义在二阶矩阵 $\begin{pmatrix} a_{11} & a_{12} \\ a_{21} & a_{22} \end{pmatrix}$ 上的函数, 其结果为 $a_{11}a_{22} - a_{12}a_{21}$.

例 2.1.1 $\begin{vmatrix} 1 & 2 \\ 3 & 4 \end{vmatrix} = 1 \times 4 - 3 \times 2 = -2.$

例 2.1.2 设二元线性方程组

$$\begin{cases} a_{11}x_1 + a_{12}x_2 = b_1, \\ a_{21}x_1 + a_{22}x_2 = b_2. \end{cases}$$

当 $a_{11}a_{22} - a_{12}a_{21} \neq 0$ 时, 由消元法, 此方程组有唯一解

$$x_1 = \frac{b_1a_{22} - b_2a_{12}}{a_{11}a_{22} - a_{12}a_{21}},$$
$$x_2 = \frac{b_2a_{11} - b_1a_{21}}{a_{11}a_{22} - a_{12}a_{21}}. \tag{2.1.1}$$

若 D 为系数矩阵的行列式, D_1, D_2 分别是用常数项代替系数矩阵的第 1 列, 第 2 列所得的行列式, 即

$$D=\begin{vmatrix} a_{11} & a_{12} \\ a_{21} & a_{22} \end{vmatrix}=a_{11}a_{22}-a_{12}a_{21},$$

$$D_1=\begin{vmatrix} b_1 & a_{12} \\ b_2 & a_{22} \end{vmatrix}=b_1a_{22}-b_2a_{12},$$

$$D_2=\begin{vmatrix} a_{11} & b_1 \\ a_{21} & b_2 \end{vmatrix}=a_{11}b_2-a_{21}b_1,$$

则方程组 (2.1.1) 解可用行列式表示为

$$x_1=\frac{D_1}{D}, \quad x_2=\frac{D_2}{D}.$$ □

类似地, 我们用 $\begin{vmatrix} a_{11} & a_{12} & a_{13} \\ a_{21} & a_{22} & a_{23} \\ a_{31} & a_{32} & a_{33} \end{vmatrix}$ 表示定义在三阶矩阵 $\begin{pmatrix} a_{11} & a_{12} & a_{13} \\ a_{21} & a_{22} & a_{23} \\ a_{31} & a_{32} & a_{33} \end{pmatrix}$ 上的函数, 其结果为

$$a_{11}a_{22}a_{33}+a_{12}a_{23}a_{31}+a_{21}a_{32}a_{13}-a_{13}a_{22}a_{31}-a_{12}a_{21}a_{33}-a_{11}a_{32}a_{23}.$$

例 2.1.3 $\begin{vmatrix} 1 & 2 & 3 \\ 4 & 5 & 6 \\ 7 & 8 & 9 \end{vmatrix}=1\times5\times9+2\times6\times7+3\times4\times8-3\times5\times7-2\times4\times9-1\times6\times8=0.$

例 2.1.4 设三元线性方程组

$$\begin{cases} a_{11}x_1+a_{12}x_2+a_{13}x_3=b_1, \\ a_{21}x_1+a_{22}x_2+a_{23}x_3=b_2, \\ a_{31}x_1+a_{32}x_2+a_{33}x_3=b_3. \end{cases}$$

当三阶系数矩阵的行列式

$$D=\begin{vmatrix} a_{11} & a_{12} & a_{13} \\ a_{21} & a_{22} & a_{23} \\ a_{31} & a_{32} & a_{33} \end{vmatrix}\neq 0,$$

上述三元线性方程组有唯一解, 且解可用行列式表示为

$$x_1 = \frac{D_1}{D}, \quad x_2 = \frac{D_2}{D}, \quad x_3 = \frac{D_3}{D},$$

其中 $D_i \ (i = 1,2,3)$ 为用常数项 b_1, b_2, b_3 代替系数矩阵的第 i 列所得的三阶行列式. □

习　题　2.1

1. 计算下列行列式的值.

(1) $\begin{vmatrix} 1 & -2 \\ -2 & 4 \end{vmatrix}$;

(2) $\left| \begin{pmatrix} \lambda & 1 \\ 0 & \lambda \end{pmatrix}^n \right|$.

2. 求方程组 $\begin{cases} x_1 + 2x_2 - x_3 = 1, \\ 2x_1 \qquad + x_3 = 1, \\ \qquad 2x_2 - x_3 = 0 \end{cases}$ 的解.

3. 求使行列式 $\begin{vmatrix} a & 3 & 0 \\ -1 & -4a & 1 \\ 2 & 0 & 1 \end{vmatrix}$ 小于零的 a 的取值范围.

2.2　n 阶行列式

2.2.1　排列与逆序

为了引入行列式的定义, 我们先介绍排列的概念及其相关性质.

定义 2.2.1　由 $1, 2, \cdots, n$ 组成的一个 n 元有序数组称为一个 n 阶**排列**.

显然, 123 和 312 是 3 阶排列, 43215 是一个 5 阶排列.

如果两个排列的元素顺序完全一样, 我们称这两个排列相同, 反之, 称两个排列不同. 按照自然数递增顺序排列的 n 元排列称为自然排列, 例如 1234567 是一个 7 阶自然排列.

由排列组合知识容易知道, 所有 n 阶排列共有 $n!$ 个. 例如, 3 阶排列共有 6 个, 它们是 123, 132, 213, 231, 312, 321.

在一个排列里, 如果某个较大的元素排在某个较小元素的前面, 则称这两个元素构成一个**逆序**. 一个排列 $j_1 j_2 \cdots j_n$ 中出现的逆序的总个数称为这个排列的**逆序数**, 记为 $\tau(j_1\ j_2 \cdots j_n)$. 显然, 自然排列的逆序数为 0. 逆序数为偶数的排列称为**偶排列**; 逆序数为奇数的排列称为**奇排列**. 自然排列是偶排列.

例如, 在 3 阶排列中, 逆序数分别为

$$\tau(123)=0,\quad \tau(132)=1,\quad \tau(213)=1,$$
$$\tau(231)=2,\quad \tau(312)=2,\quad \tau(321)=3.$$

所以这 6 个排列中, 123, 231, 312 为偶排列, 132, 213, 321 为奇排列, 偶排列与奇排列个数相等.

在一个排列中, 互换某两个元素的位置, 而其余元素不变, 这样一个变换称为一个**对换**. 例如, 排列 53421 经过一次对换 2, 3, 得到排列 52431. 容易验证, 对换前后的两个排列的奇偶性不同. 这里不是巧合, 事实上, 我们有如下的定理.

定理 2.2.1 一次对换改变排列的奇偶性.

证明 对于特殊情形, 即对换的两个元素在排列中相邻, 设原排列为

$$\cdots j\, k \cdots, \tag{2.2.1}$$

交换 j, k, 其他元素位置保持不变, 得到新的排列

$$\cdots k\, j \cdots, \tag{2.2.2}$$

其中 $\cdots$ 表示那些排列中位置不变的元素. 我们把排列中所有的逆序分成三种类型:

(1) 位置不变的元素彼此之间构成的逆序;

(2) 位置不变的元素和 k, j 之间构成的逆序;

(3) k, j 构成的逆序.

我们可以看到, 类型 (1) 和 (2) 两种逆序关系在对换前后没有发生改变. 对于类型 (3), 如果原来 j, k 构成逆序, 则对换后不再构成逆序, 从而排列 (2.2.2) 的逆序数减少一个; 如果原来 j, k 不构成逆序, 则对换后变成一个逆序, 从而排列 (2.2.2) 的逆序数增加了一个. 无论是哪种情形, 排列的奇偶性都发生改变.

对于一般的情形, 假设 j, k 之间有 s 个元素, 用 $i_1, i_2, \cdots, i_s$ 来表示. 假设此时原排列为

$$\cdots j i_1 i_2 \cdots i_s k \cdots,$$

j, k 经过对换与后变为

$$\cdots k i_1 i_2 \cdots i_s j \cdots.$$

这样的一个对换可以通过一系列相邻元素的对换来实现, 即将 j 向右依次与 i_1, $i_2, \cdots, i_s, k$ 对换, 共 $s+1$ 次相邻元素的对换, 所得排列为

$$\cdots i_1 i_2 \cdots i_s k j \cdots,$$

再将 k 向左依次与 $i_s, i_{s-1}, \cdots, i_1$, 对换, 共 s 次相邻元素的对换. 因此, j 与 k 对换可通过 $2s+1$ 次相邻位置元素的对换来实现. 由上述特殊情形可知, 每次相邻位置元素的对换改变排列的奇偶性, 又 $2s+1$ 为奇数, 所以任一对换必改变原排列的奇偶性. □

推论 2.2.1 奇数次对换改变排列的奇偶性, 偶数次对换不改变排列的奇偶性.

推论 2.2.2 n 元排列 $i_1i_2\cdots i_n$ 可经有限次对换变为自然排列 $12\cdots n$, 且对换次数的奇偶性与原排列的奇偶性相同.

推论 2.2.3 在所有 n 元排列中 $(n \geqslant 2)$, 奇偶排列的个数相等, 均有 $\dfrac{n!}{2}$ 个.

证明 n 阶排列共有 $n!$ 个, 不妨设有 s 个奇排列和 t 个偶排列. 分别将 $n!$ 个排列做相同位置的一次对换, 由定理 2.2.1 可知, s 个奇排列变为 s 个偶排列, 所以 $s \leqslant t$. 同时, t 个偶排列变为 t 个奇排列, 所以 $t \leqslant s$. 因此 $s = t$. 由此可知, 奇、偶排列各有 $\dfrac{n!}{2}$ 个. □

2.2.2 n 阶行列式

我们现在可以给出 n 阶矩阵的行列式的定义.

定义 2.2.2 设 $\boldsymbol{A} = (a_{ij})_{n\times n}$. 矩阵 $\boldsymbol{A}$ 的行列式, 记为 $\det\boldsymbol{A}$ 或 $|\boldsymbol{A}|$, 即

$$\begin{vmatrix} a_{11} & a_{12} & \cdots & a_{1n} \\ a_{21} & a_{22} & \cdots & a_{2n} \\ \vdots & \vdots & & \vdots \\ a_{n1} & a_{n2} & \cdots & a_{nn} \end{vmatrix}$$

定义为矩阵 $\boldsymbol{A}$ 的所有取自不同行不同列的 n 个元素乘积 $a_{1j_1}a_{2j_2}\cdots a_{nj_n}$ 的代数和, 且该项的符号为 $(-1)^{\tau(j_1j_2\cdots j_n)}$, 即

$$\begin{vmatrix} a_{11} & a_{12} & \cdots & a_{1n} \\ a_{21} & a_{22} & \cdots & a_{2n} \\ \vdots & \vdots & & \vdots \\ a_{n1} & a_{n2} & \cdots & a_{nn} \end{vmatrix} = \sum_{j_1j_2\cdots j_n} (-1)^{\tau(j_1j_2\cdots j_n)} a_{1j_1}a_{2j_2}\cdots a_{nj_n}, \tag{2.2.3}$$

其中 $\sum\limits_{j_1j_2\cdots j_n}$ 表示对列下标组成的所有 n 阶排列求和.

注意, 一阶行列式 $|a| = a$.

例 2.2.1 计算上三角矩阵的行列式

$$\begin{vmatrix} a_{11} & a_{12} & \cdots & a_{1n} \\ 0 & a_{22} & \cdots & a_{2n} \\ \vdots & \vdots & & \vdots \\ 0 & 0 & \cdots & a_{nn} \end{vmatrix}.$$

解 行列式中每项的一般形式为 $(-1)^{\tau(j_1j_2\cdots j_n)}a_{1j_1}a_{2j_2}\cdots a_{nj_n}$. 由于矩阵的第 n 行的元素除去 a_{nn} 以外全为零, 因此只需考虑 $j_n=n$ 即可. 而 a_{nn} 位于第 n 列, 因此不能在第 n 列再取任何元素. 接下来考虑 a_{nj_n} 前面的元素 $a_{(n-1)j_{n-1}}$. 类似地, 只需考虑 $j_{n-1}=n-1$ 即可. 依此类推, 该行列式中除去 $(-1)^{\tau(12\cdots n)}a_{11}a_{22}\cdots a_{nn}$ 外, 其余项全是 0, 故

$$\begin{vmatrix} a_{11} & a_{12} & \cdots & a_{1n} \\ 0 & a_{22} & \cdots & a_{2n} \\ \vdots & \vdots & & \vdots \\ 0 & 0 & \cdots & a_{nn} \end{vmatrix} = a_{11}a_{22}\cdots a_{nn}.$$

□

例 2.2.2 类似地, 下三角矩阵的行列式

$$\begin{vmatrix} a_{11} & 0 & \cdots & 0 \\ a_{21} & a_{22} & \cdots & 0 \\ \vdots & \vdots & & \vdots \\ a_{n1} & a_{n2} & \cdots & a_{nn} \end{vmatrix}$$

与对角矩阵的行列式

$$\begin{vmatrix} a_{11} & 0 & \cdots & 0 \\ 0 & a_{22} & \cdots & 0 \\ \vdots & \vdots & & \vdots \\ 0 & 0 & \cdots & a_{nn} \end{vmatrix}$$

仍然为 $a_{11}a_{22}\cdots a_{nn}$. □

例 2.2.3 计算如下三角形矩阵的行列式:

$$\begin{vmatrix} a_{11} & a_{12} & \cdots & a_{1n} \\ a_{21} & a_{22} & \cdots & 0 \\ \vdots & \vdots & & \vdots \\ a_{n1} & 0 & \cdots & 0 \end{vmatrix}$$

解　行列式中每项的一般形式为 $(-1)^{\tau(j_1j_2\cdots j_n)}a_{1j_1}a_{2j_2}\cdots a_{nj_n}$. 由于矩阵的第 n 行的元素除去 a_{n1} 以外全为零, 因此只需考虑 $j_n=1$ 即可. 而 a_{n1} 位于第 1 列, 因此不能在第 1 列再取任何元素. 只需考虑 $j_{n-1}=2$ 即可. 依此类推, 该行列式中除去 $(-1)^{\tau(n\cdots 21)}a_{1n}a_{2(n-1)}\cdots a_{n1}$ 外, 其余项全是 0, 故

$$\begin{vmatrix} a_{11} & a_{12} & \cdots & a_{1n} \\ a_{21} & a_{22} & \cdots & 0 \\ \vdots & \vdots & & \vdots \\ a_{n1} & 0 & \cdots & 0 \end{vmatrix} = (-1)^{\frac{n(n-1)}{2}}a_{1n}a_{2(n-1)}\cdots a_{n1}.$$

□

在行列式的定义中, 每一项的行指标是按自然顺序 $123\cdots n$ 来排列的, 但是元素的乘法是可交换的, 因此 n 阶行列式的一般项又可以写成 $a_{i_1j_1}a_{i_2j_2}\cdots a_{i_nj_n}$, 其中 $i_1i_2\cdots i_n, j_1j_2\cdots j_n$ 分别为两个 n 阶排列. 利用排列的性质, 不难证明该项的符号为 $(-1)^{\tau(i_1i_2\cdots i_n)+\tau(j_1j_2\cdots j_n)}$. 于是, 我们就得到行列式的另两种等价定义

$$\begin{vmatrix} a_{11} & a_{12} & \cdots & a_{1n} \\ a_{21} & a_{22} & \cdots & a_{2n} \\ \vdots & \vdots & & \vdots \\ a_{n1} & a_{n2} & \cdots & a_{nn} \end{vmatrix} = \sum_{\substack{i_1i_2\cdots i_n,\\ j_1j_2\cdots j_n}} (-1)^{\tau(i_1i_2\cdots i_n)+\tau(j_1j_2\cdots j_n)}a_{i_1j_1}a_{i_2j_2}\cdots a_{i_nj_n}; \tag{2.2.4}$$

$$\begin{vmatrix} a_{11} & a_{12} & \cdots & a_{1n} \\ a_{21} & a_{22} & \cdots & a_{2n} \\ \vdots & \vdots & & \vdots \\ a_{n1} & a_{n2} & \cdots & a_{nn} \end{vmatrix} = \sum_{i_1i_2\cdots i_n} (-1)^{\tau(i_1i_2\cdots i_n)}a_{i_11}a_{i_22}\cdots a_{i_nn}. \tag{2.2.5}$$

由此可见, 行列式的行指标和列指标的地位是相同的.

习　题　2.2

1. (1) 求排列 965743218 的逆序数.

   (2) 求排列 $246\cdots(2n)135\cdots(2n-1)$ 的逆序数.

   (3) 已知排列 $857i41j3$ 为奇排列, 求 i 和 j.

2. 已知排列 $i_1i_2\cdots i_n$ 的逆序数为 k, 求排列 $i_n\cdots i_2i_1$ 的逆序数.

3. 写出 4 阶矩阵行列式 $|a_{ij}|$ 展开式中包含 a_{23}, a_{34} 并带正号的项.

4. 按定义计算下列行列式:

(1) $\begin{vmatrix} 0 & 1 & 0 & \cdots & 0 \\ 0 & 0 & 2 & \cdots & 0 \\ \vdots & \vdots & \vdots & & \vdots \\ 0 & 0 & 0 & \cdots & n-1 \\ n & 0 & 0 & \cdots & 0 \end{vmatrix}$; (2) $\begin{vmatrix} 0 & \cdots & 0 & 1 & 0 \\ 0 & \cdots & 2 & 0 & 0 \\ \vdots & & \vdots & \vdots & \vdots \\ n-1 & \cdots & 0 & 0 & 0 \\ 0 & \cdots & 0 & 0 & n \end{vmatrix}$.

5. 用行列式定义证明: 在一个 n 阶矩阵行列式中, 若矩阵的零元素的个数多于 n^2-n, 则该行列式为零.

6. 用行列式定义证明 $\begin{vmatrix} a_1 & a_2 & a_3 & a_4 & a_5 \\ b_1 & b_2 & b_3 & b_4 & b_5 \\ c_1 & c_2 & 0 & 0 & 0 \\ d_1 & d_2 & 0 & 0 & 0 \\ e_1 & e_2 & 0 & 0 & 0 \end{vmatrix} = 0.$

2.3 行列式的性质与展开

当 n 很大时, 利用定义直接计算 n 阶矩阵行列式一般会比较繁琐. 本节将分析行列式的一些基本性质, 可以帮助简化行列式的计算. 下列性质可由行列式定义得到, 我们仅以性质 2.3.4 为例给出证明, 其余证明请读者自行给出.

性质 2.3.1 矩阵行列互换, 其行列式的值不变, 即矩阵与其转置矩阵有相同的行列式.

$$\begin{vmatrix} a_{11} & a_{12} & \cdots & a_{1n} \\ \vdots & \vdots & & \vdots \\ a_{i1} & a_{i2} & \cdots & a_{in} \\ \vdots & \vdots & & \vdots \\ a_{n1} & a_{n2} & \cdots & a_{nn} \end{vmatrix} = \begin{vmatrix} a_{11} & a_{21} & \cdots & a_{n1} \\ \vdots & \vdots & & \vdots \\ a_{1i} & a_{2i} & \cdots & a_{ni} \\ \vdots & \vdots & & \vdots \\ a_{1n} & a_{2n} & \cdots & a_{nn} \end{vmatrix}. \tag{2.3.1}$$

性质 2.3.2 若矩阵的某一行 (或某一列) 有公因子 k, 则 k 可以提到其行列式的外面, 即

$$\begin{vmatrix} a_{11} & a_{12} & \cdots & a_{1n} \\ \vdots & \vdots & & \vdots \\ ka_{i1} & ka_{i2} & \cdots & ka_{in} \\ \vdots & \vdots & & \vdots \\ a_{n1} & a_{n2} & \cdots & a_{nn} \end{vmatrix} = k \times \begin{vmatrix} a_{11} & a_{21} & \cdots & a_{n1} \\ \vdots & \vdots & & \vdots \\ a_{1i} & a_{2i} & \cdots & a_{ni} \\ \vdots & \vdots & & \vdots \\ a_{1n} & a_{2n} & \cdots & a_{nn} \end{vmatrix}. \tag{2.3.2}$$

特别地, 若矩阵的某行 (或某列) 的元素全为零, 则其行列式为零.

注意, 对于 n 阶方阵 $\boldsymbol{A}$, $|k\boldsymbol{A}| = k^n|\boldsymbol{A}|$ (k 为常数).

性质 2.3.3　设 $\boldsymbol{A} = (a_{ij})_{n\times n}$, 分别用 $b_1, b_2, \cdots, b_n$; $c_1, c_2, \cdots, c_n$ 与 $b_1 + c_1, b_2 + c_2, \cdots, b_n + c_n$, 取代 $\boldsymbol{A}$ 的第 i 行元素 $a_{i1}, a_{i2}, \cdots, a_{in}$, 所得方阵分别记为 $\boldsymbol{A}_1, \boldsymbol{A}_2, \boldsymbol{A}_3$, 则 $|\boldsymbol{A}_3| = |\boldsymbol{A}_1| + |\boldsymbol{A}_2|$, 即

$$\begin{vmatrix} a_{11} & a_{12} & \cdots & a_{1n} \\ \vdots & \vdots & & \vdots \\ b_1+c_1 & b_2+c_2 & \cdots & b_n+c_n \\ \vdots & \vdots & & \vdots \\ a_{n1} & a_{n2} & \cdots & a_{nn} \end{vmatrix} = \begin{vmatrix} a_{11} & a_{12} & \cdots & a_{1n} \\ \vdots & \vdots & & \vdots \\ b_1 & b_2 & \cdots & b_n \\ \vdots & \vdots & & \vdots \\ a_{n1} & a_{n2} & \cdots & a_{nn} \end{vmatrix} + \begin{vmatrix} a_{11} & a_{12} & \cdots & a_{1n} \\ \vdots & \vdots & & \vdots \\ c_1 & c_2 & \cdots & c_n \\ \vdots & \vdots & & \vdots \\ a_{n1} & a_{n2} & \cdots & a_{nn} \end{vmatrix}. \tag{2.3.3}$$

性质 2.3.4　互换矩阵的两行 (或两列), 其行列式反号.

$$\begin{vmatrix} \vdots & \vdots & & \vdots \\ a_{l1} & a_{l2} & \cdots & a_{ln} \\ \vdots & \vdots & & \vdots \\ a_{k1} & a_{k2} & \cdots & a_{kn} \\ \vdots & \vdots & & \vdots \end{vmatrix} = -\begin{vmatrix} \vdots & \vdots & & \vdots \\ a_{k1} & a_{k2} & \cdots & a_{kn} \\ \vdots & \vdots & & \vdots \\ a_{l1} & a_{l2} & \cdots & a_{ln} \\ \vdots & \vdots & & \vdots \end{vmatrix}.$$

证明　设 $\boldsymbol{A} = (a_{ij})_{n\times n}$, 不失一般性, 假设 $l < k$. 交换 $\boldsymbol{A}$ 的第 k 行与第 l 行得方阵 $\boldsymbol{B} = (b_{ij})_{n\times n}$. 于是,

$$\begin{aligned} |\boldsymbol{B}| &= \sum_{j_1\cdots j_n} (-1)^{\tau(j_1\cdots j_l\cdots j_k\cdots j_n)} b_{1j_1}\cdots b_{lj_l}\cdots b_{kj_k}\cdots b_{nj_n} \\ &= \sum_{j_1\cdots j_n} (-1)^{\tau(j_1\cdots j_l\cdots j_k\cdots j_n)} a_{1j_1}\cdots a_{kj_l}\cdots a_{lj_k}\cdots a_{nj_n} \\ &= -\sum_{j_1\cdots j_n} (-1)^{\tau(j_1\cdots j_k\cdots j_l\cdots j_n)} a_{1j_1}\cdots a_{lj_k}\cdots a_{kj_l}\cdots a_{nj_n} = -|\boldsymbol{A}|. \end{aligned}$$

□

性质 2.3.5　把矩阵的某一行 (或列) 乘以一个常数加到另一行 (或列) 上, 其行列式不变.

$$\begin{vmatrix} \vdots & \vdots & & \vdots \\ a_{i1} & a_{i2} & \cdots & a_{in} \\ \vdots & \vdots & & \vdots \\ a_{j1} & a_{j2} & \cdots & a_{jn} \\ \vdots & \vdots & & \vdots \end{vmatrix} = \begin{vmatrix} \vdots & \vdots & & \vdots \\ a_{i1}+ka_{j1} & a_{i2}+ka_{j2} & \cdots & a_{in}+ka_{jn} \\ \vdots & \vdots & & \vdots \\ a_{j1} & a_{j2} & \cdots & a_{jn} \\ \vdots & \vdots & & \vdots \end{vmatrix}.$$

性质 2.3.6 若矩阵的某两行 (或两列) 对应元素成比例, 则其行列式为零.

$$\begin{vmatrix} \vdots & \vdots & & \vdots \\ a_1 & a_2 & \cdots & a_n \\ \vdots & \vdots & & \vdots \\ ka_1 & ka_2 & \cdots & ka_n \\ \vdots & \vdots & & \vdots \end{vmatrix} = 0.$$

特别地, 若矩阵的某两行 (或两列) 对应元素完全相同, 则其行列式为零.

性质 2.3.7 若 $\boldsymbol{A}, \boldsymbol{B}$ 为同阶方阵, 则 $|\boldsymbol{AB}| = |\boldsymbol{A}|\,|\boldsymbol{B}|$. 一般地, 若 $\boldsymbol{A}_1, \boldsymbol{A}_2, \cdots, \boldsymbol{A}_m$ 均为同阶方阵, 则 $|\boldsymbol{A}_1\boldsymbol{A}_2\cdots\boldsymbol{A}_m| = |\boldsymbol{A}_1|\,|\boldsymbol{A}_2|\cdots|\boldsymbol{A}_m|$.

例 2.3.1 计算行列式 $\begin{vmatrix} 2 & 1 & -5 & 1 \\ 1 & -3 & 0 & -1 \\ 0 & 2 & -1 & 2 \\ 1 & 4 & -7 & 0 \end{vmatrix}$.

解 将矩阵的第 1 行与第 2 行交换, 得

$$-\begin{vmatrix} 1 & -3 & 0 & -1 \\ 2 & 1 & -5 & 1 \\ 0 & 2 & -1 & 2 \\ 1 & 4 & -7 & 0 \end{vmatrix}.$$

将第 1 行分别乘以 $-2, -1$ 加到第 $2, 4$ 行, 得

$$-\begin{vmatrix} 1 & -3 & 0 & -1 \\ 0 & 7 & -5 & 3 \\ 0 & 2 & -1 & 2 \\ 0 & 7 & -7 & 1 \end{vmatrix};$$

将第 3 行乘以 -3 加到第 2 行, 得

$$-\begin{vmatrix} 1 & -3 & 0 & -1 \\ 0 & 1 & -2 & -3 \\ 0 & 2 & -1 & 2 \\ 0 & 7 & -7 & 1 \end{vmatrix};$$

将第 2 行分别乘以 $-2, -7$ 加到第 3, 4 行, 得

$$-\begin{vmatrix} 1 & -3 & 0 & -1 \\ 0 & 1 & -2 & -3 \\ 0 & 0 & 3 & 8 \\ 0 & 0 & 7 & 22 \end{vmatrix};$$

将第 3 行乘以 $-\dfrac{7}{3}$ 加到第 4 行, 得

$$-\begin{vmatrix} 1 & -3 & 0 & -1 \\ 0 & 1 & -2 & -3 \\ 0 & 0 & 3 & 8 \\ 0 & 0 & 0 & \dfrac{10}{3} \end{vmatrix} = -10.$$

□

例 2.3.2　计算行列式 $|\boldsymbol{A}| = \begin{vmatrix} 0 & 3 & -1 \\ -3 & 0 & 2 \\ 1 & -2 & 0 \end{vmatrix}$.

解　把矩阵的各行提取公因子 -1, 得

$$|\boldsymbol{A}| = (-1)^3 \begin{vmatrix} 0 & -3 & 1 \\ 3 & 0 & -2 \\ -1 & 2 & 0 \end{vmatrix} = -\left|\boldsymbol{A}^{\mathrm{T}}\right| = -|\boldsymbol{A}|.$$

故 $|\boldsymbol{A}| = 0$.　□

根据上面的例子, 我们不难证明, 奇数阶反对称矩阵的行列式必为 0.

例 2.3.3　计算 n 阶矩阵行列式 $D = \begin{vmatrix} a & b & b & \cdots & b \\ b & a & b & \cdots & b \\ b & b & a & \cdots & b \\ \vdots & \vdots & \vdots & & \vdots \\ b & b & b & \cdots & a \end{vmatrix}$.

解　将矩阵各列加至第 1 列, 得

$$\begin{vmatrix} a+(n-1)b & b & b & \cdots & b \\ a+(n-1)b & a & b & \cdots & b \\ a+(n-1)b & b & a & \cdots & b \\ \vdots & \vdots & \vdots & & \vdots \\ a+(n-1)b & b & b & \cdots & a \end{vmatrix}$$

将第一行乘以 -1 加至以下各行, 得

$$\begin{vmatrix} a+(n-1)b & b & b & \cdots & b \\ 0 & a-b & 0 & \cdots & 0 \\ 0 & 0 & a-b & \cdots & 0 \\ \vdots & \vdots & \vdots & & \vdots \\ 0 & 0 & 0 & \cdots & a-b \end{vmatrix} = [a+(n-1)b](a-b)^{n-1}. \qquad \square$$

设 $\boldsymbol{A}=(a_{ij})$ 为 n 阶方阵, 划去元素 a_{ij} 所在的行与列, 剩下的元素按原来的相对位置构成的 $n-1$ 阶矩阵的行列式称为元素 a_{ij} 的**余子式**, 记为 M_{ij}. 元素 a_{ij} 的**代数余子式**, 记为 A_{ij}, 定义为

$$A_{ij}=(-1)^{i+j}M_{ij}. \tag{2.3.4}$$

下面给出矩阵的行列式按行或列的展开公式.

定理 2.3.1 设 n 阶方阵 $\boldsymbol{A}=(a_{ij})$, 则 $|\boldsymbol{A}|$ 等于 $\boldsymbol{A}$ 的任意一行 (或列) 的所有元素与它们所对应的代数余子式的乘积之和, 即对任意 $i=1,2,\cdots,n; j=1,2,\cdots,n$,

$$\begin{aligned} |\boldsymbol{A}| &= a_{i1}A_{i1}+a_{i2}A_{i2}+\cdots+a_{in}A_{in} \\ &= a_{1j}A_{1j}+a_{2j}A_{2j}+\cdots+a_{nj}A_{nj}. \end{aligned} \tag{2.3.5}$$

另一方面, $\boldsymbol{A}$ 的任意一行 (或列) 元素与其他行 (或其他列) 对应元素的代数余子式乘积之和为零, 即若 $i\neq j, k\neq l$, 则

$$\begin{aligned} &a_{i1}A_{j1}+a_{i2}A_{j2}+\cdots+a_{in}A_{jn}=0, \\ &a_{1k}A_{1l}+a_{2k}A_{2l}+\cdots+a_{nk}A_{nl}=0. \end{aligned} \tag{2.3.6}$$

证明 只证明行的情形. 先证式 (2.3.5). 分三种情形.

情形 (1): $\boldsymbol{A}$ 的第一行除 a_{11} 外其余元素均为零. 此时,

$$\begin{vmatrix} a_{11} & 0 & \cdots & 0 \\ a_{21} & a_{22} & \cdots & a_{2n} \\ \vdots & \vdots & & \vdots \\ a_{n1} & a_{n2} & \cdots & a_{nn} \end{vmatrix} = a_{11}A_{11}.$$

事实上, 上式左边等于

$$\sum_{j_1j_2\cdots j_n}(-1)^{\tau(j_1j_2\cdots j_n)}a_{1j_1}a_{2j_2}\cdots a_{nj_n}$$

$$
\begin{aligned}
&= \sum_{1j_2\cdots j_n} (-1)^{\tau(1j_2\cdots j_n)} a_{11}a_{2j_2}\cdots a_{nj_n} \\
&= a_{11} \sum_{1j_2\cdots j_n} (-1)^{\tau(1j_2\cdots j_n)} a_{2j_2}\cdots a_{nj_n} \\
&= a_{11} \sum_{j_2\cdots j_n} (-1)^{\tau(j_2\cdots j_n)} a_{2j_2}\cdots a_{nj_n} \\
&= a_{11}M_{11} = a_{11}A_{11}.
\end{aligned}
$$

情形 (2)：$\boldsymbol{A}$ 的第 i 行除 a_{ij} 外其余元素全为零. 此时,

$$
\begin{vmatrix}
a_{11} & a_{12} & \cdots & a_{1j} & \cdots & a_{1n} \\
\vdots & \vdots & & \vdots & & \vdots \\
0 & 0 & \cdots & a_{ij} & \cdots & 0 \\
\vdots & \vdots & & \vdots & & \vdots \\
a_{n1} & a_{n2} & \cdots & a_{nj} & \cdots & a_{nn}
\end{vmatrix} = a_{ij}A_{ij}.
$$

首先将 $\boldsymbol{A}$ 的第 i 行依次与第 $i-1, i-2, \cdots, 2, 1$ 行交换, 再将第 j 列依次与第 $j-1, j-2, \cdots, 2, 1$ 列交换, 使 a_{ij} 元素处于第 1 行, 第 1 列的位置, 从而转化为情形 (1). 上式的左边等于

$$
\begin{vmatrix}
a_{ij} & 0 & \cdots & 0 & 0 & \cdots & 0 \\
a_{1j} & a_{11} & \cdots & a_{1,j-1} & a_{1,j+1} & \cdots & a_{1n} \\
\vdots & \vdots & & \vdots & \vdots & & \vdots \\
a_{i-1,j} & a_{i-1,1} & \cdots & a_{i-1,j-1} & a_{i-1,j+1} & \cdots & a_{i-1,n} \\
a_{i+1,j} & a_{i+1,1} & \cdots & a_{i+1,j-1} & a_{i+1,j+1} & \cdots & a_{i+1,n} \\
\vdots & \vdots & & \vdots & \vdots & & \vdots \\
a_{nj} & a_{n1} & \cdots & a_{n,j-1} & a_{n,j+1} & \cdots & a_{nn}
\end{vmatrix} = (-1)^{i+j-2}a_{ij}M_{ij} = a_{ij}A_{ij}.
$$

情形 (3)：一般情形. 先把第 i 行的每个元素分别写成该元素与 $n-1$ 个 0 之和, 从而化为情形 (2), 即

$$
|\boldsymbol{A}| = \begin{vmatrix}
a_{11} & a_{12} & \cdots & a_{1n} \\
\vdots & \vdots & & \vdots \\
a_{i1}+0+\cdots+0 & 0+a_{i2}+\cdots+0 & \cdots & 0+\cdots 0+a_{in} \\
\vdots & \vdots & & \vdots \\
a_{n1} & a_{n2} & \cdots & a_{nn}
\end{vmatrix}
$$

$$
= \begin{vmatrix} a_{11} & a_{12} & \cdots & a_{1n} \\ \vdots & \vdots & & \vdots \\ a_{i1} & 0 & \cdots & 0 \\ \vdots & \vdots & & \vdots \\ a_{n1} & a_{n2} & \cdots & a_{nn} \end{vmatrix} + \begin{vmatrix} a_{11} & a_{12} & \cdots & a_{1n} \\ \vdots & \vdots & & \vdots \\ 0 & a_{i2} & \cdots & 0 \\ \vdots & \vdots & & \vdots \\ a_{n1} & a_{n2} & \cdots & a_{nn} \end{vmatrix} + \cdots + \begin{vmatrix} a_{11} & a_{12} & \cdots & a_{1n} \\ \vdots & \vdots & & \vdots \\ 0 & 0 & \cdots & a_{in} \\ \vdots & \vdots & & \vdots \\ a_{n1} & a_{n2} & \cdots & a_{nn} \end{vmatrix}
$$

$$
= a_{i1}A_{i1} + a_{i2}A_{i2} + \cdots + a_{in}A_{in}.
$$

至此, 我们证明了行列式按行的展开公式.

下证等式 (2.3.6). 在矩阵

$$
\begin{pmatrix} a_{11} & a_{12} & \cdots & a_{1n} \\ \vdots & \vdots & & \vdots \\ a_{i1} & a_{i2} & \cdots & a_{in} \\ \vdots & \vdots & & \vdots \\ a_{j1} & a_{j2} & \cdots & a_{jn} \\ \vdots & \vdots & & \vdots \\ a_{n1} & a_{n2} & \cdots & a_{nn} \end{pmatrix}
$$

中把第 j 行元素换成第 i 行元素, 其余元素不动, 这样得到的矩阵行列式记为 D, 即

$$
D = \begin{vmatrix} a_{11} & a_{12} & \cdots & a_{1n} \\ \vdots & \vdots & & \vdots \\ a_{i1} & a_{i2} & \cdots & a_{in} \\ \vdots & \vdots & & \vdots \\ a_{i1} & a_{i2} & \cdots & a_{in} \\ \vdots & \vdots & & \vdots \\ a_{n1} & a_{n2} & \cdots & a_{nn} \end{vmatrix}
$$

将 D 按第 j 行展开, 因此,

$$
D = a_{i1}A_{j1} + a_{i2}A_{j2} + \cdots + a_{in}A_{jn}.
$$

另一方面, 根据性质 2.3.6, $D = 0$. 因此, 式 (2.3.6) 成立. □

利用定理 2.3.1 计算行列式时, 将一个 n 阶行列式的计算问题转换成 n 个 $n-1$ 阶的行列式计算问题, 一般会降低计算的难度. 同时, 应当尽量对含有零元素较多的行或列展开, 这样会减小计算量.

例 2.3.4 计算 5 阶矩阵行列式 $\begin{vmatrix} 2 & 0 & 4 & 1 & -3 \\ 0 & -2 & 0 & 1 & 0 \\ -1 & 3 & 5 & 2 & -2 \\ 2 & 1 & 4 & 5 & 5 \\ 0 & 3 & 0 & 0 & 0 \end{vmatrix}$.

解 按矩阵最后一行展开,

$$\begin{vmatrix} 2 & 0 & 4 & 1 & -3 \\ 0 & -2 & 0 & 1 & 0 \\ -1 & 3 & 5 & 2 & -2 \\ 2 & 1 & 4 & 5 & 5 \\ 0 & 3 & 0 & 0 & 0 \end{vmatrix} = (-1)^{5+2} \times 3 \times \begin{vmatrix} 2 & 4 & 1 & -3 \\ 0 & 0 & 1 & 0 \\ -1 & 5 & 2 & -2 \\ 2 & 4 & 5 & 5 \end{vmatrix}$$

$$= (-3) \times (-1) \times \begin{vmatrix} 2 & 4 & -3 \\ -1 & 5 & -2 \\ 2 & 4 & 5 \end{vmatrix}$$

$$= 3 \times \begin{vmatrix} 2 & 4 & -3 \\ -1 & 5 & -2 \\ 0 & 0 & 8 \end{vmatrix} = 24 \times \begin{vmatrix} 2 & 4 \\ -1 & 5 \end{vmatrix} = 336.$$ □

例 2.3.5 求 n 阶矩阵行列式

$$D = \begin{vmatrix} x_1 & a & a & \cdots & a \\ a & x_2 & a & \cdots & a \\ a & a & x_3 & \cdots & a \\ \vdots & \vdots & \vdots & & \vdots \\ a & a & a & \cdots & x_n \end{vmatrix}.$$

解 此行列式的计算分为三种情形:

(1) $x_i \neq a, i=1,2,\cdots,n$. 从矩阵第 2 行开始, 每行减去第 1 行,

$$D=\begin{vmatrix} x_1 & a & a & \cdots & a \\ a-x_1 & x_2-a & 0 & \cdots & 0 \\ a-x_1 & 0 & x_3-a & \cdots & 0 \\ \vdots & \vdots & \vdots & & \vdots \\ a-x_1 & 0 & 0 & \cdots & x_n-a \end{vmatrix}.$$

每列提取公因子 x_i-a $(i=1,2,\cdots,n)$ 至行列式外,

$$D=\begin{vmatrix} \dfrac{x_1}{x_1-a} & \dfrac{a}{x_2-a} & \dfrac{a}{x_3-a} & \cdots & \dfrac{a}{x_n-a} \\ -1 & 1 & 0 & \cdots & 0 \\ -1 & 0 & 1 & \cdots & 0 \\ \vdots & \vdots & \vdots & & \vdots \\ -1 & 0 & 0 & \cdots & 1 \end{vmatrix}\prod_{i=1}^{n}(x_i-a).$$

各列加至第 1 列,

$$D=\begin{vmatrix} \dfrac{x_1}{x_1-a}+\displaystyle\sum_{j=2}^{n}\dfrac{a}{x_j-a} & \dfrac{a}{x_2-a} & \dfrac{a}{x_3-a} & \cdots & \dfrac{a}{x_n-a} \\ 0 & 1 & 0 & \cdots & 0 \\ 0 & 0 & 1 & \cdots & 0 \\ \vdots & \vdots & \vdots & & \vdots \\ 0 & 0 & 0 & \cdots & 1 \end{vmatrix}\prod_{i=1}^{n}(x_i-a),$$

$$=\left(\frac{x_1}{x_1-a}+\sum_{j=2}^{n}\frac{a}{x_j-a}\right)\prod_{i=1}^{n}(x_i-a)=\left(1+\sum_{j=1}^{n}\frac{a}{x_j-a}\right)\prod_{i=1}^{n}(x_i-a).$$

(2) 有且只有一个 x_i 等于 a, 不妨设为 $x_i=a$; 通过 $2(i-1)$ 次行列互换, 原行列式变为

$$D=\begin{vmatrix} x_1 & \cdots & a & \cdots & a \\ \vdots & & \vdots & & \vdots \\ a & \cdots & a & \cdots & a \\ \vdots & & \vdots & & \vdots \\ a & \cdots & a & \cdots & x_n \end{vmatrix}=\begin{vmatrix} a & a & a & \cdots & a \\ a & x_1 & a & \cdots & a \\ a & a & x_2 & \cdots & a \\ \vdots & \vdots & \vdots & & \vdots \\ a & a & a & \cdots & x_n \end{vmatrix}.$$

从第 2 行开始, 各行减去第 1 行得到

$$D=\begin{vmatrix} a & a & a & \cdots & a \\ 0 & x_1-a & 0 & \cdots & 0 \\ 0 & 0 & x_2-a & \cdots & 0 \\ \vdots & \vdots & \vdots & & \vdots \\ 0 & 0 & 0 & \cdots & x_n-a \end{vmatrix}$$

$$=a(x_1-a)(x_2-a)\cdots(x_{i-1}-a)(x_{i+1}-a)\cdots(x_n-a).$$

(3) 当 $x_1,x_2,\cdots,x_n$ 至少存在两个数等于 a 时, 显然, $D=0$. □

例 2.3.6 设 $n\geqslant 2$, 行列式 $\begin{vmatrix} 1 & 1 & 1 & & 1 \\ a_1 & a_2 & a_3 & \cdots & a_n \\ a_1^2 & a_2^2 & a_3^2 & \cdots & a_n^2 \\ \vdots & \vdots & \vdots & & \vdots \\ a_1^{n-1} & a_2^{n-1} & a_3^{n-1} & \cdots & a_n^{n-1} \end{vmatrix}$ 称为 n 阶 **Vandermonde 行列式**, 记为 $V(a_1,a_2,\cdots,a_n)$. 则

$$V(a_1,a_2,\cdots,a_n)=\prod_{1\leqslant j<i\leqslant n}(a_i-a_j).$$

证明 (数学归纳法)

当 $n=2$ 时, $V(a_1,a_2)=\begin{vmatrix} 1 & 1 \\ a_1 & a_2 \end{vmatrix}=a_2-a_1$, 结论显然成立.

假设结论对所有 $n-1$ 阶 Vandermonde 行列式成立.

下证 n 阶的情形. 从矩阵的第 n 行开始, 自下而上依次从每行减去它的上一行的 a_1 倍, 得

$$V(a_1,a_2,\cdots,a_n)=\begin{vmatrix} 1 & 1 & 1 & & 1 \\ 0 & a_2-a_1 & a_3-a_1 & \cdots & a_n-a_1 \\ 0 & a_2(a_2-a_1) & a_3(a_3-a_1) & \cdots & a_n(a_n-a_1) \\ \vdots & \vdots & \vdots & & \vdots \\ 0 & a_2^{n-2}(a_2-a_1) & a_3^{n-2}(a_3-a_1) & \cdots & a_n^{n-2}(a_n-a_1) \end{vmatrix}$$

$$= \begin{vmatrix} a_2 - a_1 & a_3 - a_1 & \cdots & a_n - a_1 \\ a_2(a_2 - a_1) & a_3(a_3 - a_1) & \cdots & a_n(a_n - a_1) \\ \vdots & \vdots & & \vdots \\ a_2^{n-2}(a_2 - a_1) & a_3^{n-2}(a_3 - a_1) & \cdots & a_n^{n-2}(a_n - a_1) \end{vmatrix}$$

$$= (a_2 - a_1)(a_3 - a_1)\cdots(a_n - a_1) \begin{vmatrix} 1 & 1 & \cdots & 1 \\ a_2 & a_3 & \cdots & a_n \\ \vdots & \vdots & & \vdots \\ a_2^{n-2} & a_3^{n-2} & \cdots & a_n^{n-2} \end{vmatrix}$$

$$= \prod_{1=j<i\leqslant n} (a_i - a_1) V(a_2, \cdots, a_n).$$

由归纳假设,

$$V(a_2, \cdots, a_n) = \prod_{2\leqslant j<i\leqslant n} (a_i - a_j),$$

因此,

$$V(a_1, a_2, \cdots, a_n) = \prod_{1\leqslant j<i\leqslant n} (a_i - a_j). \qquad \square$$

特别地, $V(a_1, a_2, \cdots, a_n) = 0$ 当且仅当 $a_1, a_2, \cdots, a_n$ 中至少有两个相等.

习 题 2.3

1. 计算下面的行列式.

(1) $\begin{vmatrix} 1 & 1 & 1 & 1 \\ 1 & 2 & 2 & 5 \\ 4 & 3 & 2 & 1 \\ 2 & 1 & 1 & -3 \end{vmatrix}$; (2) $\begin{vmatrix} 1+x & 1 & 1 & 1 \\ 1 & 1-x & 1 & 1 \\ 1 & 1 & 1+y & 1 \\ 1 & 1 & 1 & 1-y \end{vmatrix}$;

(3) $D_n = \begin{vmatrix} x & y & 0 & \cdots & 0 & 0 \\ 0 & x & y & \cdots & 0 & 0 \\ 0 & 0 & x & \cdots & 0 & 0 \\ \vdots & \vdots & \vdots & & \vdots & \vdots \\ 0 & 0 & 0 & \cdots & x & y \\ y & 0 & 0 & \cdots & 0 & x \end{vmatrix}$; (4) $\begin{vmatrix} x_1 - m & x_2 & \cdots & x_n \\ x_1 & x_2 - m & \cdots & x_n \\ \vdots & \vdots & & \vdots \\ x_1 & x_2 & \cdots & x_n - m \end{vmatrix}$;

(5) $\begin{vmatrix} 1 & 2 & 2 & \cdots & 2 \\ 2 & 2 & 2 & \cdots & 2 \\ 2 & 2 & 3 & \cdots & 2 \\ \vdots & \vdots & \vdots & & \vdots \\ 2 & 2 & 2 & \cdots & n \end{vmatrix}$; (6) $\begin{vmatrix} x & 0 & 0 & \cdots & 0 & a_0 \\ -1 & x & 0 & \cdots & 0 & a_1 \\ 0 & -1 & x & \cdots & 0 & a_2 \\ \vdots & \vdots & \vdots & & \vdots & \vdots \\ 0 & 0 & 0 & \cdots & x & a_{n-2} \\ 0 & 0 & 0 & \cdots & -1 & x+a_{n-1} \end{vmatrix}$;

(7) $D_n = \begin{vmatrix} 1 & -1 & \cdots & -1 & -1 \\ 1 & 1 & \cdots & -1 & -1 \\ \vdots & \vdots & & \vdots & \vdots \\ 1 & 1 & \cdots & 1 & -1 \\ 1 & 1 & \cdots & 1 & 1 \end{vmatrix}$.

2. 计算下列行列式的全部代数余子式.

(1) $\begin{vmatrix} 1 & 2 & 0 & 3 \\ 0 & -1 & 2 & 1 \\ 0 & 0 & 3 & -1 \\ 0 & 0 & 0 & 2 \end{vmatrix}$; (2) $\begin{vmatrix} 1 & -1 & 2 \\ 2 & 2 & -1 \\ 0 & 2 & 3 \end{vmatrix}$.

3. 设 $|\boldsymbol{A}| = \begin{vmatrix} 1 & 2 & 1 & 1 \\ 2 & 3 & 4 & 8 \\ 3 & 4 & 9 & 27 \\ 4 & 1 & 16 & 64 \end{vmatrix}$, 求 $A_{12}+A_{22}+A_{32}+A_{42}$, 其中 A_{ij} 为元素 a_{ij} 的代数余子式.

4. 已知 4 阶行列式 D 的第 3 列元素分别是 $-1, 2, 0, 1$, 它们的余子式分别是 $5, 3, -7, 4$, 求 D.

5. 证明

$$\begin{vmatrix} by+az & bz+ax & bx+ay \\ bx+ay & by+az & bz+ax \\ bz+ax & bx+ay & by+az \end{vmatrix} = (a^3+b^3)\begin{vmatrix} x & y & z \\ z & x & y \\ y & z & x \end{vmatrix}.$$

6. 设 n 阶矩阵 $\boldsymbol{A}$ 满足 $\boldsymbol{A}\boldsymbol{A}^{\mathrm{T}} = \boldsymbol{I}, |\boldsymbol{A}| < 0$, 求 $|\boldsymbol{A}+\boldsymbol{I}|$.

7. 已知厂商边际成本函数 $C(Q) = a + bQ + cQ^2$ $(c > 0)$, 且 $C(10) = 1800, C(20) = 1100, C(70) = 600$. 求此边际成本函数.

2.4 逆 矩 阵

在第 1 章, 我们已经初步学习了逆矩阵的基本知识. 下面利用行列式这一工具, 进一步讨论矩阵可逆的条件以及矩阵逆的求解问题. 为此, 我们首先介绍伴随矩阵的概念.

定义 2.4.1 若 n 阶矩阵 $\boldsymbol{A}$ 的行列式 $|\boldsymbol{A}| \neq 0$, 则称 $\boldsymbol{A}$ 为**非奇异矩阵**或**非退化矩阵**. 反之, 称 $\boldsymbol{A}$ 为**奇异矩阵**或**退化矩阵**.

定义 2.4.2 设 $\boldsymbol{A} = (a_{ij})$ 是 n 阶矩阵, 用 $\boldsymbol{A}$ 的第 i $(i = 1, 2, \cdots, n)$ 行元素对应的代数余子式 $A_{i1}, A_{i2}, \cdots, A_{in}$ 作为第 i 列元素构成一个 n 阶矩阵, 称此矩阵为 $\boldsymbol{A}$ 的**伴随矩阵**, 记为 $\boldsymbol{A}^*$, 即

$$\boldsymbol{A}^* = \begin{pmatrix} A_{11} & A_{21} & \cdots & A_{n1} \\ A_{12} & A_{22} & \cdots & A_{n2} \\ \vdots & \vdots & & \vdots \\ A_{1n} & A_{2n} & \cdots & A_{nn} \end{pmatrix}.$$

定理 2.4.1 n 阶矩阵 $\boldsymbol{A}$ 可逆的充分必要条件是 $\boldsymbol{A}$ 为非奇异矩阵. 此时, $\boldsymbol{A}^{-1} = \dfrac{1}{|A|}\boldsymbol{A}^*$.

证明 当 $|\boldsymbol{A}| \neq 0$ 时,

$$\boldsymbol{A}^*\boldsymbol{A} = \boldsymbol{A}\boldsymbol{A}^* = \begin{pmatrix} |\boldsymbol{A}| & 0 & \cdots & 0 \\ 0 & |\boldsymbol{A}| & \cdots & 0 \\ \vdots & \vdots & & \vdots \\ 0 & 0 & \cdots & |\boldsymbol{A}| \end{pmatrix} = |\boldsymbol{A}|\,\boldsymbol{I}.$$

取 $\boldsymbol{B} = \dfrac{1}{|\boldsymbol{A}|}\boldsymbol{A}^*$, 即有 $\boldsymbol{AB} = \boldsymbol{BA} = \boldsymbol{I}$, 从而 $\boldsymbol{A}$ 可逆. 此时, $\boldsymbol{A}^{-1} = \boldsymbol{B} = \dfrac{1}{|\boldsymbol{A}|}\boldsymbol{A}^*$. 反之, 若 $\boldsymbol{A}$ 可逆, 则存在 $\boldsymbol{A}^{-1}$ 使 $\boldsymbol{A}\boldsymbol{A}^{-1} = \boldsymbol{I}$, 两边取行列式, $|\boldsymbol{A}|\left|\boldsymbol{A}^{-1}\right| = |\boldsymbol{I}| = 1$. 因此 $|\boldsymbol{A}| \neq 0$. □

推论 2.4.1 若 n 阶矩阵 $\boldsymbol{A}$ 可逆, 则 $\left|\boldsymbol{A}^{-1}\right| = |\boldsymbol{A}|^{-1}$.

推论 2.4.2 设 $\boldsymbol{A}$ 是 n 阶矩阵. 若存在 n 阶矩阵 $\boldsymbol{B}$, 使得 $\boldsymbol{AB} = \boldsymbol{I}_n$ 或 $\boldsymbol{BA} = \boldsymbol{I}_n$, 则 $\boldsymbol{A}$ 可逆, 且 $\boldsymbol{A}^{-1} = \boldsymbol{B}$.

例 2.4.1 设 $\boldsymbol{A} = \begin{pmatrix} 1 & 2 \\ 3 & 4 \end{pmatrix}$. 证明 $\boldsymbol{A}$ 可逆, 并求 $\boldsymbol{A}^{-1}$.

解 因为

$$|\boldsymbol{A}| = \begin{vmatrix} 1 & 2 \\ 3 & 4 \end{vmatrix} = -2 \neq 0,$$

所以 $\boldsymbol{A}$ 可逆. 因为

$$A_{11} = 4, \quad A_{12} = -3, \quad A_{21} = -2, \quad A_{22} = 1.$$

所以

$$A^* = \begin{pmatrix} A_{11} & A_{21} \\ A_{12} & A_{22} \end{pmatrix} = \begin{pmatrix} 4 & -2 \\ -3 & 1 \end{pmatrix}.$$

于是

$$A^{-1} = \frac{1}{|A|}A^* = \begin{pmatrix} -2 & 1 \\ \frac{3}{2} & -\frac{1}{2} \end{pmatrix}.$$ □

例 2.4.2　已知 n 阶矩阵 $\boldsymbol{A}$ 满足 $\boldsymbol{A}^2+\boldsymbol{A}-3\boldsymbol{I}=\boldsymbol{0}$, 证明: $\boldsymbol{A}$ 可逆, 并求 $\boldsymbol{A}^{-1}$.

解　由题中条件,

$$\boldsymbol{A}^2+\boldsymbol{A}=3\boldsymbol{I},\quad \boldsymbol{A}(\boldsymbol{A}+\boldsymbol{I})=3\boldsymbol{I},\quad \boldsymbol{A}\left(\frac{1}{3}(\boldsymbol{A}+\boldsymbol{I})\right)=\boldsymbol{I},$$

所以, $\boldsymbol{A}$ 可逆, $\boldsymbol{A}^{-1}=\frac{1}{3}(\boldsymbol{A}+\boldsymbol{I})$. □

例 2.4.3　求解线性方程组 $\begin{cases} x_1+x_2-\ \ x_3=2, \\ x_1-x_2+\ \ x_3=1, \\ x_1+x_2+2x_3=-1. \end{cases}$

解　设

$$\boldsymbol{A}=\begin{pmatrix} 1 & 1 & -1 \\ 1 & -1 & 1 \\ 1 & 1 & 2 \end{pmatrix},\quad \boldsymbol{B}=\begin{pmatrix} 2 \\ 1 \\ -1 \end{pmatrix},\quad \boldsymbol{X}=\begin{pmatrix} x_1 \\ x_2 \\ x_3 \end{pmatrix},$$

则原方程组可写成矩阵方程 $\boldsymbol{AX}=\boldsymbol{B}$, 易知 $\boldsymbol{A}$ 可逆, 所以

$$\boldsymbol{X}=\boldsymbol{A}^{-1}\boldsymbol{B}=\begin{pmatrix} \frac{3}{2} \\ -\frac{1}{2} \\ -1 \end{pmatrix}.$$ □

习　题　2.4

1. 设 $\boldsymbol{A}=\begin{pmatrix} 2 & 1 & 1 \\ 3 & 1 & 2 \\ 1 & -1 & 0 \end{pmatrix}$. 证明 $\boldsymbol{A}$ 可逆, 并求 $\boldsymbol{A}^{-1}$.

2. 证明: 对于 n 阶矩阵 $\boldsymbol{A}$, $|\boldsymbol{A}^*|=|\boldsymbol{A}|^{(n-1)}$. 由此计算 $|((\boldsymbol{A}^*)^*)^*|$.

3. 已知 3 阶矩阵 $\boldsymbol{A}$ 的行列式为 2, 求 $\left|3\boldsymbol{A}^* - 2\boldsymbol{A}^{-1}\right|$.
4. 已知 n 阶矩阵 $\boldsymbol{A}$ 满足 $\boldsymbol{A}^k = 0, k \in \mathbb{Z}^+$. 证明: $\boldsymbol{A}^{k-1} + \boldsymbol{A}^{k-2} + \cdots + \boldsymbol{A} + \boldsymbol{I}$ 可逆.

2.5 克拉默法则

本节将利用克拉默 (Cramer) 法则来讨论一类特殊线性方程组, 即方程个数与未知量个数相等的线性方程组的求解问题.

定理 2.5.1(克拉默法则) 设含有 n 个方程 n 个未知量的线性方程组

$$\begin{cases} a_{11}x_1 + a_{12}x_2 + \cdots + a_{1n}x_n = b_1, \\ a_{21}x_1 + a_{22}x_2 + \cdots + a_{2n}x_n = b_2, \\ \qquad \cdots\cdots \\ a_{n1}x_1 + a_{n2}x_2 + \cdots + a_{nn}x_n = b_n. \end{cases} \tag{2.5.1}$$

当系数方阵的行列式 $D = |\boldsymbol{A}| \neq 0$ 时, 方程组 (2.5.1) 有且仅有唯一解

$$x_1 = \frac{D_1}{D}, \quad x_2 = \frac{D_2}{D}, \quad \cdots, \quad x_n = \frac{D_n}{D}, \tag{2.5.2}$$

其中 $D_i\ (i = 1, 2, \cdots, n)$ 是用方程组的常数项 $b_1, b_2, \cdots, b_n$ 代替 $\boldsymbol{A}$ 的第 i 列所得方阵的行列式, 即

$$D_i = \begin{vmatrix} a_{11} & \cdots & a_{1,j-1} & b_1 & a_{1,j+1} & \cdots & a_{1n} \\ a_{21} & \cdots & a_{2,j-1} & b_2 & a_{2,j+1} & \cdots & a_{2n} \\ \vdots & & \vdots & \vdots & \vdots & & \vdots \\ a_{n1} & \cdots & a_{n,j-1} & b_n & a_{n,j+1} & \cdots & a_{nn} \end{vmatrix}.$$

证明 首先证明式 (2.5.2) 是方程组 (2.5.1) 的解. 记

$$\boldsymbol{\beta} = (b_1, b_2, \cdots, b_n)^{\mathrm{T}},$$

因为 $\boldsymbol{AX} = \boldsymbol{\beta}$, 且 $\boldsymbol{A}$ 可逆, 则 $\boldsymbol{X} = \boldsymbol{A}^{-1}\boldsymbol{\beta} = \dfrac{1}{|\boldsymbol{A}|}\boldsymbol{A}^*\boldsymbol{\beta}$. 所以,

$$x_i = \frac{1}{|\boldsymbol{A}|}\left(\boldsymbol{A}_{1i}b_1 + \boldsymbol{A}_{2i}b_2 + \cdots + \boldsymbol{A}_{ni}b_n\right) = \frac{D_i}{D} \quad (i = 1, 2, \cdots, n).$$

因此式 (2.5.2) 是方程组 (2.5.1) 的解.

再证解的唯一性. 设 $\boldsymbol{X}_1, \boldsymbol{X}_2$ 是方程组 (2.5.1) 的解, 则

$$\boldsymbol{AX}_1 = \boldsymbol{AX}_2 = \boldsymbol{\beta},$$

所以 $\boldsymbol{A}(\boldsymbol{X}_1-\boldsymbol{X}_2)=\boldsymbol{0}$, 两边同时乘以 $\boldsymbol{A}^{-1}$, 得到 $\boldsymbol{X}_1=\boldsymbol{X}_2$. □

例 2.5.1　用克拉默法则解线性方程组 $\begin{cases} x_1+2x_2+3x_3-2x_4=6, \\ 2x_1-\ \ x_2-2x_3-3x_4=8, \\ 3x_1+2x_2-\ \ x_3+2x_4=4, \\ 2x_1-3x_2+2x_3+\ \ x_4=-8. \end{cases}$

解　系数方阵的行列式

$$D=\begin{vmatrix} 1 & 2 & 3 & -2 \\ 2 & -1 & -2 & -3 \\ 3 & 2 & -1 & 2 \\ 2 & -3 & 2 & 1 \end{vmatrix}=324\neq 0,$$

于是可用克拉默法则进行求解. 计算得

$$D_1=\begin{vmatrix} 6 & 2 & 3 & -2 \\ 8 & -1 & -2 & -3 \\ 4 & 2 & -1 & 2 \\ -8 & -3 & 2 & 1 \end{vmatrix}=324,\quad D_2=\begin{vmatrix} 1 & 6 & 3 & -2 \\ 2 & 8 & -2 & -3 \\ 3 & 4 & -1 & 2 \\ 2 & -8 & 2 & 1 \end{vmatrix}=648,$$

$$D_3=\begin{vmatrix} 1 & 2 & 6 & -2 \\ 2 & -1 & 8 & -3 \\ 3 & 2 & 4 & 2 \\ 2 & -3 & -8 & 1 \end{vmatrix}=-324,\quad D_4=\begin{vmatrix} 1 & 2 & 3 & 6 \\ 2 & -1 & -2 & 8 \\ 3 & 2 & -1 & 4 \\ 2 & -3 & 2 & -8 \end{vmatrix}=-648.$$

所以方程组有唯一解 $x_1=\dfrac{D_1}{D}=1,\ x_2=\dfrac{D_2}{D}=2,\ x_3=\dfrac{D_3}{D}=-1, x_4=\dfrac{D_4}{D}=-2.$ □

例 2.5.2　某城市交通图如下 (图 2-1-1), 每条路均为单行道, 图中数字表示某一时段的机动车流量, 且每个十字路口进入和离开的机动车数量相等. 请计算每个相邻路口间的流量 x_1, x_2, x_3, x_4.

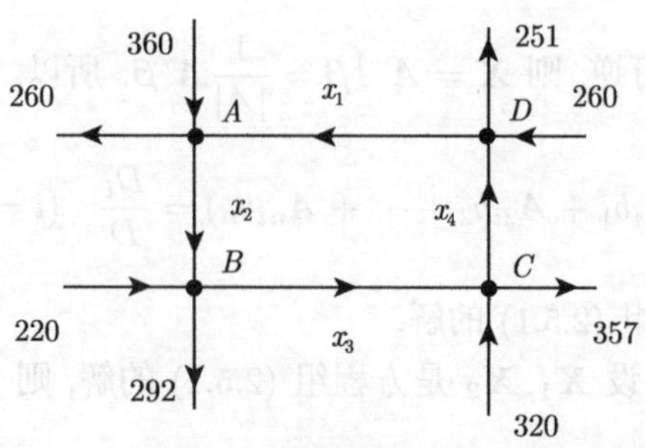

图 2-1-1

解 由条件建立各路口流量方程, 得

$$\begin{cases} x_1 + 251 = x_4 + 260, \\ x_1 + 360 = x_2 + 260, \\ x_2 + 220 = x_3 + 292, \\ x_3 + 320 = x_4 + 357. \end{cases}$$

整理得

$$\begin{cases} x_1 - x_4 = 9, \\ x_1 - x_2 = -100, \\ x_2 - x_3 = 72, \\ x_3 - x_4 = 37. \end{cases}$$

因为系数矩阵的行列式

$$D = \begin{vmatrix} 1 & 0 & 0 & -1 \\ 1 & -1 & 0 & 0 \\ 0 & 1 & -1 & 0 \\ 0 & 0 & 1 & -1 \end{vmatrix} = 0.$$

本例中, $x_1 = 29, x_2 = 129, x_3 = 57, x_4 = 20$ 为方程组的一个可能的解. 事实上, 此方程组有无穷多解. 对于任意的 $x_4 \geqslant 0$, $\begin{cases} x_1 = x_4 + 9, \\ x_2 = x_4 + 109, \\ x_3 = x_4 + 37 \end{cases}$ 均为方程组的解. □

注意, 当方程组系数矩阵的行列式 $D = 0$ 时, 方程组解的情况需要通过其他方法进行讨论. 另外, 克拉默法则只适用于系数矩阵为方阵, 而且需要计算 $n+1$ 个 n 阶行列式, 计算量较大, 所以克拉默法则更多的是理论上的意义.

常数项全为零的线性方程组称为**齐次线性方程组**, 反之, 称为**非齐次线性方程组**. 显然, $(0, 0, \cdots, 0)$ 为齐次线性方程组的一个解, 称为**零解**. 对于齐次线性方程组, 我们主要关心的是它有没有非零解.

对于系数矩阵为方阵的齐次线性方程组, 根据克拉默法则不难得到如下结论.

定理 2.5.2 若齐次线性方程组

$$\begin{cases} a_{11}x_1 + a_{12}x_2 + \cdots + a_{1n}x_n = 0, \\ a_{21}x_1 + a_{22}x_2 + \cdots + a_{2n}x_n = 0, \\ \cdots\cdots \\ a_{n1}x_1 + a_{n2}x_2 + \cdots + a_{nn}x_n = 0 \end{cases} \tag{2.5.3}$$

的系数方阵的行列式 $D \neq 0$, 则它只有零解.

证明 因为 $D \neq 0$, 行列式 D_j 中第 i 列全为零, 所以 $D_i = 0\ (i = 1, 2, \cdots, n)$. 根据克拉默法则, 方程组 (2.5.3) 有唯一解 $x_i = \dfrac{D_i}{D} = 0\ (i = 1, 2, \cdots, n)$. □

需要强调的是, 定理的逆否命题当然成立. 即, 若方程组 (2.5.3) 有非零解, 则 $D = 0$. 同时, 定理的逆命题也成立, 这个证明我们放在以后的章节中完成.

例 2.5.3 求 λ 为何值时, 齐次线性方程组 $\begin{cases} \lambda x_1 + 3x_2 = 0, \\ 3x_1 + \lambda x_2 = 0 \end{cases}$ 有非零解.

解 由克拉默法则, 如果方程组有非零解, 则系数行列式 $\begin{vmatrix} \lambda & 3 \\ 3 & \lambda \end{vmatrix} = \lambda^2 - 9 = 0$, 所以 $\lambda = \pm 3$. □

习 题 2.5

1. 用克拉默法则解方程组 $\begin{cases} x_1 + x_2 + x_3 + x_4 = 0, \\ x_2 + x_3 + x_4 + x_5 = 0, \\ x_1 + 2x_2 + 3x_3 = 2, \\ x_2 + 2x_3 + 3x_4 = -2, \\ x_3 + 2x_4 + 3x_5 = 2. \end{cases}$

2. 设多项式 $f(x) = c_0 + c_1 x + \cdots + c_n x^n$ 满足条件 $f(a_i) = b_i, i = 1, 2, \cdots, n+1$, 其中 a_i 互不相同. 证明: $f(x)$ 的系数 $c_0, c_1, \cdots, c_n$ 是唯一确定的. 试给出 $n = 2$ 时 $f(x)$ 的表达式.

3. 设 a, b, c, d 是不全为零的实数. 证明: 方程组

$$\begin{cases} ax_1 + bx_2 + cx_3 + dx_4 = 0, \\ bx_1 - ax_2 + dx_3 - cx_4 = 0, \\ cx_1 - dx_2 - ax_3 + bx_4 = 0, \\ dx_1 + cx_2 - bx_3 - ax_4 = 0 \end{cases}$$

只有零解.

4. 当 λ 为何值时, 齐次线性方程组

$$\begin{cases} \lambda x_1 + 3x_2 + 4x_3 = 0, \\ -x_1 + \lambda x_2 = 0, \\ x_2 + x_3 = 0 \end{cases}$$

(1) 仅有零解; (2) 有非零解.

5. 求一个二次多项式 $f(x)$, 使得 $f(1) = 0, f(2) = 3, f(-3) = 28$.

2.6 拉普拉斯定理

矩阵的行列式可以按其一行或一列展开, 那么, 能否同时按照多行或多列展开计算呢? 这就是拉普拉斯 (Laplace) 定理要解决的问题.

首先介绍一些概念与记号. 设 n 阶矩阵行列式

$$|\boldsymbol{A}| = \begin{vmatrix} a_{11} & a_{12} & \cdots & a_{1n} \\ a_{21} & a_{22} & \cdots & a_{2n} \\ \vdots & \vdots & & \vdots \\ a_{n1} & a_{n2} & \cdots & a_{nn} \end{vmatrix},$$

从 $\boldsymbol{A}$ 中任意选取 k 行 k 列, 如第 $i_1, i_2, \cdots, i_k$ 行与第 $j_1, j_2, \cdots, j_k$ 列 $(1 \leqslant i_1 < i_2 < \cdots < i_k \leqslant n,\ 1 \leqslant j_1 < j_2 < \cdots < j_k \leqslant n)$, 这些行与列交叉位置上的元素按照原来的相对位置构成的一个 k 阶矩阵的行列式, 称之为 $|\boldsymbol{A}|$ 的一个 k**阶子式**, 剩下的 $n-k$ 行与 $n-k$ 列的元素按照原来的相对位置构成的 $n-k$ 阶矩阵的行列式称为上述子式的**余子式**, 该余子式与符号 $(-1)^{i_1+i_2+\cdots+i_k+j_1+j_2+\cdots+j_k}$ 的积称为上述子式的**代数余子式**.

显然, 当 $k=1$ 且 $i_1 = i, j_1 = j$ 时, k 阶子式就是 1 阶子式, 而它的余子式即是前面所讲的 M_{ij}, 代数余子式即为 A_{ij}.

定理 2.6.1 在 n 阶矩阵 $\boldsymbol{A} = (a_{ij})$ 中任意选取 k $(1 \leqslant k \leqslant n-1)$ 行, 由这 k 行元素所组成的一切 k 阶子式与它们的代数余子式的乘积的和等于行列式 $|\boldsymbol{A}|$.

注意到, 定理和式中共有 C_n^k 项, 这是由于列指标 $j_1 j_2 \cdots j_k$ 取遍了 n 列中的 k 个列. 其次, 由于矩阵行列式的行与列地位是对等的, 所以也可以固定 k 列, 按 k 列展开. 最后, 当 $k=1$ 时, 此定理就是按一行或者一列作拉普拉斯展开.

例 2.6.1 设 $\boldsymbol{A}, \boldsymbol{B}$ 均为方阵, 且 $\boldsymbol{B}$ 可逆, 则

$$\begin{vmatrix} \boldsymbol{A}^{\mathrm{T}} & \boldsymbol{0} \\ \boldsymbol{0} & \boldsymbol{B}^{-1} \end{vmatrix} = \left|\boldsymbol{A}^{\mathrm{T}}\right| \left|\boldsymbol{B}^{-1}\right| = |\boldsymbol{A}| \, |\boldsymbol{B}|^{-1}.$$

对于分块上三角矩阵

$$\boldsymbol{A} = \begin{pmatrix} A_{11} & A_{12} & \cdots & A_{1t} \\ 0 & A_{22} & \cdots & A_{2t} \\ \vdots & \vdots & & \vdots \\ 0 & 0 & \cdots & A_{tt} \end{pmatrix},$$

不难得知 $|\boldsymbol{A}| = |\boldsymbol{A}_{11}||\boldsymbol{A}_{22}|\cdots|\boldsymbol{A}_{tt}|$. 因此, $\boldsymbol{A}$ 可逆的充分必要条件为 $\boldsymbol{A}_{ii}$ 都可逆 $(i=1,2,\cdots,t)$, 且 $\boldsymbol{A}$ 可逆时,

$$\boldsymbol{A}^{-1}=\begin{pmatrix}\boldsymbol{A}_{11}^{-1} & \boldsymbol{B}_{12} & \cdots & \boldsymbol{B}_{1t}\\ \boldsymbol{0} & \boldsymbol{A}_{22}^{-1} & \cdots & \boldsymbol{B}_{2t}\\ \vdots & \vdots & & \vdots\\ \boldsymbol{0} & \boldsymbol{0} & \cdots & \boldsymbol{A}_{tt}^{-1}\end{pmatrix}.$$ □

例 2.6.2 设 $\boldsymbol{M}=\begin{pmatrix}\boldsymbol{A} & \boldsymbol{B}\\ \boldsymbol{0} & \boldsymbol{C}\end{pmatrix}$, 其中 $\boldsymbol{A},\boldsymbol{C}$ 分别为 r 阶和 s 阶可逆矩阵. 证明 $\boldsymbol{M}$ 可逆, 求 $\boldsymbol{M}^{-1}$.

解 因为 $\boldsymbol{A},\boldsymbol{C}$ 可逆, $|\boldsymbol{M}|=|\boldsymbol{A}||\boldsymbol{C}|\neq 0$, 所以 $\boldsymbol{M}$ 可逆. 设

$$\boldsymbol{M}^{-1}=\begin{pmatrix}\boldsymbol{X}_{11} & \boldsymbol{X}_{12}\\ \boldsymbol{X}_{21} & \boldsymbol{X}_{22}\end{pmatrix},$$

其中 $\boldsymbol{X}_{11}, \boldsymbol{X}_{22}$ 分别为 r 阶和 s 阶方阵, 则

$$\boldsymbol{M}\boldsymbol{M}^{-1}=\begin{pmatrix}\boldsymbol{A} & \boldsymbol{B}\\ \boldsymbol{0} & \boldsymbol{C}\end{pmatrix}\begin{pmatrix}\boldsymbol{X}_{11} & \boldsymbol{X}_{12}\\ \boldsymbol{X}_{21} & \boldsymbol{X}_{22}\end{pmatrix}=\begin{pmatrix}\boldsymbol{I}_r & \boldsymbol{0}\\ \boldsymbol{0} & \boldsymbol{I}_s\end{pmatrix},$$

于是得

$$\begin{cases}\boldsymbol{A}\boldsymbol{X}_{11}+\boldsymbol{B}\boldsymbol{X}_{21}=\boldsymbol{I}_r,\\ \boldsymbol{A}\boldsymbol{X}_{12}+\boldsymbol{B}\boldsymbol{X}_{22}=\boldsymbol{0},\\ \boldsymbol{C}\boldsymbol{X}_{21}=\boldsymbol{0},\\ \boldsymbol{C}\boldsymbol{X}_{22}=\boldsymbol{I}_s,\end{cases}$$

解得

$$\begin{cases}\boldsymbol{X}_{11}=\boldsymbol{A}^{-1},\\ \boldsymbol{X}_{12}=-\boldsymbol{A}^{-1}\boldsymbol{B}\boldsymbol{C}^{-1},\\ \boldsymbol{X}_{21}=\boldsymbol{0},\\ \boldsymbol{X}_{22}=\boldsymbol{C}^{-1},\end{cases}$$

即

$$\boldsymbol{M}^{-1}=\begin{pmatrix}\boldsymbol{A}^{-1} & -\boldsymbol{A}^{-1}\boldsymbol{B}\boldsymbol{C}^{-1}\\ \boldsymbol{0} & \boldsymbol{C}^{-1}\end{pmatrix}.$$ □

习 题 2.6

1. 设 $\boldsymbol{A}=\begin{pmatrix}1&2&-1&0\\3&4&0&-1\\0&0&3&2\\0&0&1&4\end{pmatrix}$, 求 $\boldsymbol{A}^{-1}$.

2. 设 $\boldsymbol{M}=\begin{pmatrix}\boldsymbol{0}&\boldsymbol{A}\\\boldsymbol{C}&\boldsymbol{D}\end{pmatrix}$, 其中 $\boldsymbol{A},\boldsymbol{C}$ 分别为 r 阶和 s 阶可逆矩阵, 证明 $\boldsymbol{M}$ 可逆, 并求 $\boldsymbol{M}^{-1}$.

复习题 2

1. 设 $\boldsymbol{A}$ 为元素为 1 或 -1 的三阶方阵, 证明 $|\boldsymbol{A}|$ 为偶数.

2. 设 $\boldsymbol{A}$ 为元素为 1 或 0 的三阶方阵, 试确定 $|\boldsymbol{A}|$ 的最大值.

3. 已知 $|\boldsymbol{A}|=\begin{vmatrix}1&0&0\\-1&-2&0\\4&1&3\end{vmatrix}$, 求 $\left|(4\boldsymbol{I}-\boldsymbol{A})(4\boldsymbol{I}-\boldsymbol{A}^{\mathrm{T}})\right|$.

4. 已知 $\boldsymbol{A}=\begin{pmatrix}-2&1&0\\1&-2&0\\0&0&2\end{pmatrix}$, $\boldsymbol{A}-2\boldsymbol{B}=\boldsymbol{A}\boldsymbol{B}$, 求 $(\boldsymbol{B}^{\mathrm{T}})^{-1}$.

5. 解方程

$$\begin{vmatrix}a_1&a_2&a_3&\cdots&a_n\\a_1&a_1+a_2-x&a_3&\cdots&a_n\\a_1&a_2&a_2+a_3-x&\cdots&a_n\\\vdots&\vdots&\vdots&&\vdots\\a_1&a_2&a_3&\cdots&a_n+a_{n-1}-x\end{vmatrix}=0.$$

其中 $a_1,a_2,\cdots,a_{n-1}$ 互不相同.

6. 计算下面行列式.

(1) $D_n=\begin{vmatrix}1&2&3&\cdots&n\\-1&0&3&\cdots&n\\-1&-2&0&\cdots&n\\\vdots&\vdots&\vdots&&\vdots\\-1&-2&-3&\cdots&0\end{vmatrix}$;

(2) $D_n=\begin{vmatrix} a_1 & 1 & 1 & \cdots & 1 & 1 \\ 1 & a_2 & 0 & \cdots & 0 & 0 \\ \vdots & \vdots & \vdots & & \vdots & \vdots \\ 1 & 0 & 0 & \cdots & a_{n-1} & 0 \\ 1 & 0 & 0 & \cdots & 0 & a_n \end{vmatrix}$, 其中 $a_1a_2\cdots a_n\neq 0$;

(3) $D_n=\begin{vmatrix} a & 0 & 0 & \cdots & 0 & b \\ 0 & a & 0 & \cdots & 0 & 0 \\ 0 & 0 & a & \cdots & 0 & 0 \\ \vdots & \vdots & \vdots & & \vdots & \vdots \\ 0 & 0 & 0 & \cdots & a & 0 \\ b & 0 & 0 & \cdots & 0 & a \end{vmatrix}$;

(4) $D_n=\begin{vmatrix} 1 & 1 & \cdots & 1 \\ x_1 & x_2 & \cdots & x_n \\ x_1^2 & x_2^2 & \cdots & x_n^2 \\ \vdots & \vdots & & \vdots \\ x_1^{n-2} & x_2^{n-2} & \cdots & x_n^{n-2} \\ x_1^n & x_2^n & \cdots & x_n^n \end{vmatrix}$;

(5) $D_n=\begin{vmatrix} x & y & y & \cdots & y & y \\ z & x & y & \cdots & y & y \\ \vdots & \vdots & \vdots & & \vdots & \vdots \\ z & z & z & \cdots & x & y \\ z & z & z & \cdots & z & x \end{vmatrix}$.

7. 设行列式

$$\begin{vmatrix} 1 & 2 & 3 & \cdots & n \\ 1 & 3 & 4 & \cdots & 1 \\ 1 & 4 & 5 & \cdots & 2 \\ 1 & 5 & 6 & \cdots & 3 \\ \vdots & \vdots & \vdots & & \vdots \\ 1 & n & 1 & \cdots & n-2 \\ 1 & 1 & 2 & \cdots & n-1 \end{vmatrix},$$

求 $A_{11}+2A_{21}+3A_{31}+\cdots+nA_{n1}$.

8. 计算 $f(x+1)-f(x)$, 其中

$$f(x)=\begin{vmatrix} 1 & 0 & 0 & 0 & \cdots & 0 & x \\ 1 & 2 & 0 & 0 & \cdots & 0 & x^2 \\ 1 & 3 & 3 & 0 & \cdots & 0 & x^3 \\ \vdots & \vdots & \vdots & \vdots & & \vdots & \vdots \\ 1 & n & C_n^2 & C_n^3 & \cdots & C_n^{n-1} & x^n \\ 1 & n+1 & C_{n+1}^2 & C_{n+1}^3 & \cdots & C_{n+1}^{n-1} & x^{n+1} \end{vmatrix}.$$

9. 证明：$D_n=\begin{vmatrix} \alpha+\beta & \alpha\beta & 0 & \cdots & 0 & 0 \\ 1 & \alpha+\beta & \alpha\beta & \cdots & 0 & 0 \\ 0 & 1 & \alpha+\beta & \cdots & 0 & 0 \\ \vdots & \vdots & \vdots & & \vdots & \vdots \\ 0 & 0 & 0 & \cdots & 1 & \alpha+\beta \end{vmatrix}=\dfrac{\alpha^{n+1}-\beta^{n+1}}{\alpha-\beta}, \alpha\neq\beta.$

10. 证明：

$$\begin{vmatrix} a_{11}+x_1 & a_{12}+x_2 & \cdots & a_{1n}+x_n \\ a_{21}+x_1 & a_{22}+x_2 & \cdots & a_{2n}+x_n \\ \vdots & \vdots & & \vdots \\ a_{n1}+x_1 & a_{n2}+x_2 & \cdots & a_{nn}+x_n \end{vmatrix}=\begin{vmatrix} a_{11} & a_{12} & \cdots & a_{1n} \\ a_{21} & a_{22} & \cdots & a_{2n} \\ \vdots & \vdots & & \vdots \\ a_{n1} & a_{n2} & \cdots & a_{nn} \end{vmatrix}+\sum_{i=1}^n x_i\sum_{j=1}^n A_{ji},$$

其中 A_{ij} 为 a_{ij} 的代数余子式.

11. 求下面多项式的所有根.

$$f(x)=\begin{vmatrix} x-3 & -a_2 & -a_3 & \cdots & -a_n \\ -a_2 & x-2-a_2^2 & -a_2a_3 & \cdots & -a_2a_n \\ -a_3 & -a_3a_2 & x-2-a_3^2 & \cdots & -a_3a_n \\ \vdots & \vdots & \vdots & & \vdots \\ -a_n & -a_na_2 & -a_na_3 & \cdots & x-2-a_n^2 \end{vmatrix}.$$

12. 设实数 a,b,c 不全为零, α,β,γ 为任意实数, 且

$$\begin{cases} a=b\cos\gamma+c\cos\beta, \\ b=c\cos\alpha+a\cos\gamma, \\ c=a\cos\beta+b\cos\alpha. \end{cases}$$

求证: $\cos^2\alpha+\cos^2\beta+\cos^2\gamma+2\cos\alpha\cos\beta\cos\gamma=1$.

13. 证明: 若矩阵 $\boldsymbol{A}=(a_{ij})$ 的每行元素的和及每列元素的和都等于 0, 则 $\boldsymbol{A}$ 的各元素的代数余子式 A_{ij} 都相等.

14. 证明: 方程组

$$\begin{cases} 2a_{11}x_1+2a_{12}x_2+\cdots+2a_{1n}x_n=x_1, \\ 2a_{21}x_1+2a_{22}x_2+\cdots+2a_{2n}x_n=x_2, \\ \cdots\cdots \\ 2a_{n1}x_1+2a_{n2}x_2+\cdots+2a_{nn}x_n=x_n \end{cases}$$

只有零解, 其中 a_{ij} 为整数, $i,j=1,2,\cdots,n$.

第2章测试题

Chapter 3

第3章 线性方程组

第3章课件

在科学技术和社会经济管理中, 有许多问题可以归结为解线性方程组. 而线性方程组可能无解, 也可能有唯一解或无穷多解. 当线性方程组有无穷多解时, 这些解之间有什么联系. 这些问题不论在理论上还是应用上都有着重要意义. 在第 2 章中我们介绍了解线性方程组的克拉默法则, 但是此法则的应用是有条件限制的, 这就促使我们有必要进一步讨论一般线性方程组的求解.

3.1 数 域

作为代数运算的对象之一, "数" 的范围随着人们对客观世界的认识加深而逐渐扩大. 关于代数运算, 我们知道, 在整数范围内, 可以进行加、减、乘三种运算, 然而两个整数的商不一定是整数, 也就是说, 整数对除法运算不具有封闭性. 但在有理数、实数、复数范围内, 它们关于加、减、乘、除 (除数不为零) 四则运算, 均具有封闭性. 其实, 具有这种性质的数集还有很多. 为此, 我们引入下面的概念.

定义 3.1.1 设 $\mathbb{F}$ 为由一些复数组成的集合, 且至少包含一个非零数. 若 $\mathbb{F}$ 中任意两个数的和、差、积、商 (除数不为零) 仍为 $\mathbb{F}$ 中的数, 则称 $\mathbb{F}$ 为一个**数域**.

例如, 有理数集 $\mathbb{Q}$、实数集 $\mathbb{R}$、复数集 $\mathbb{C}$ 都是数域, 但整数集 $\mathbb{Z}$ 就不是数域, 所有奇数组成的集合也不是数域. 显然, 任意数域都是复数域的一个子集, 从而复数域是最大的数域.

定理 3.1.1 任何数域 $\mathbb{F}$ 都包含有理数域.

证明 设 $\mathbb{F}$ 为任一数域, 则存在非零数 $a \in \mathbb{F}$, 故 $1 = \dfrac{a}{a} \in \mathbb{F}$. 因为 $\mathbb{F}$ 对于加法具有封闭性, 所以 $1+1=2, 1+2=3, \cdots, 1+n=n+1, \cdots$ 全在 $\mathbb{F}$ 中, 即 $\mathbb{F}$ 包含全体自然数. 因 $1-1=0$ 在 $\mathbb{F}$ 中, 则 $0-n=-n$ 也在 $\mathbb{F}$ 中, 进而 $\mathbb{F}$ 包含全体

整数. 因为任一有理数都可以表示成两个整数的商, 且数域对除法具有封闭性, 所以 $\mathbb{F}$ 包含一切有理数. □

本书将用 $\mathbb{F}$ 表示一般数域, 将自然数集、整数集、有理数域、实数域和复数域分别记为 $\mathbb{N}, \mathbb{Z}, \mathbb{Q}, \mathbb{R}$ 和 $\mathbb{C}$.

习 题 3.1

1. 设 $\mathbb{Q}(\mathrm{i}) = \{a + b\mathrm{i} | a, b \in \mathbb{Q}, \mathrm{i}^2 = -1\}$. 证明: $\mathbb{Q}(\mathrm{i})$ 是数域.
2. 证明两个数域的交是数域.

3.2 消 元 法

3.2.1 线性方程组的初等变换

在中学课程中, 我们可用加减消元法和代入消元法解二元、三元线性方程组. 本节介绍求解一般线性方程组的消元法. 为此, 我们先看一个例子.

例 3.2.1 解下列线性方程组:

$$\begin{cases} 2x_1 - x_2 + 3x_3 = 1, \\ x_1 + \dfrac{1}{2}x_2 + x_3 = \dfrac{5}{2}, \\ 4x_1 + 2x_2 + 5x_3 = 4. \end{cases}$$

解 首先, 互换第 1, 2 个方程的位置, 得

$$\begin{cases} x_1 + \dfrac{1}{2}x_2 + x_3 = \dfrac{5}{2}, \\ 2x_1 - x_2 + 3x_3 = 1, \\ 4x_1 + 2x_2 + 5x_3 = 4. \end{cases}$$

再用第 1 个方程的 -2 倍, -4 倍分别加至第 2, 3 个方程, 得

$$\begin{cases} x_1 + \dfrac{1}{2}x_2 + x_3 = \dfrac{5}{2}, \\ \quad - 2x_2 + x_3 = -4, \\ \qquad\qquad x_3 = -6. \end{cases}$$

第 2 个方程两边乘以 $-\frac{1}{2}$, 得

$$\begin{cases} x_1 + \frac{1}{2}x_2 + x_3 = \frac{5}{2}, \\ x_2 - \frac{1}{2}x_3 = 2, \\ x_3 = -6. \end{cases}$$

用第 3 个方程的 -1 倍, $\frac{1}{2}$ 倍分别加至第 1, 2 个方程, 得

$$\begin{cases} x_1 + \frac{1}{2}x_2 = \frac{17}{2}, \\ x_2 = -1, \\ x_3 = -6. \end{cases}$$

最后用第 2 个方程的 $-\frac{1}{2}$ 倍加至第 1 个方程, 得

$$\begin{cases} x_1 = 9, \\ x_2 = -1, \\ x_3 = -6. \end{cases}$$

□

从上述解题过程可见, 用消元法解方程组实际上就是反复地对方程组施行以下三种变换:

(1) 互换两个方程的位置;

(2) 用一个非零常数乘以某一个方程;

(3) 把一个方程的倍数加到另一个方程上.

以上三种变换通常称为方程组的**初等变换.**

由初等变换的定义易知以下结论.

定理 3.2.1 初等变换将线性方程组变成同解的线性方程组.

显然, 例 3.2.1 中利用消元法求解线性方程组的过程可以总结如下: 先用初等变换把线性方程化为同解的阶梯形方程组, 再对同解的阶梯形方程组求解.

3.2.2 系数矩阵与增广矩阵的初等变换

在例 3.2.1 的求解过程中我们还发现未知量并未参加运算, 参加运算的只是未知量的系数和常数项.

因此, 就其实质来说, 用初等变换求解线性方程组等价于对线性方程组的增广矩阵施行初等行变换. 例如, 将前面解方程组的过程用增广矩阵初等变换表示如下:

$$\bar{\boldsymbol{A}}=\begin{pmatrix}2&-1&3&1\\1&\frac{1}{2}&1&\frac{5}{2}\\4&2&5&4\end{pmatrix}\to\begin{pmatrix}1&\frac{1}{2}&1&\frac{5}{2}\\2&-1&3&1\\4&2&5&4\end{pmatrix}\to\begin{pmatrix}1&\frac{1}{2}&1&\frac{5}{2}\\0&-2&1&-4\\0&0&1&-6\end{pmatrix}$$

$$\to\begin{pmatrix}1&\frac{1}{2}&1&\frac{5}{2}\\0&1&-\frac{1}{2}&2\\0&0&1&-6\end{pmatrix}\to\begin{pmatrix}1&\frac{1}{2}&0&\frac{17}{2}\\0&1&0&-1\\0&0&1&-6\end{pmatrix}\to\begin{pmatrix}1&0&0&9\\0&1&0&-1\\0&0&1&-6\end{pmatrix}.$$

显然, 用初等变换化线性方程组成阶梯形就等价于用初等行变换化增广矩阵成阶梯形.

3.2.3　解的一般形式、解的判定

由第 1 章定理 1.3.2 知道, 线性方程组 (3.2.1)

$$\begin{cases}a_{11}x_1+a_{12}x_2+\cdots+a_{1n}x_n=b_1,\\a_{21}x_1+a_{22}x_2+\cdots+a_{2n}x_n=b_2,\\\qquad\cdots\cdots\\a_{m1}x_1+a_{m2}x_2+\cdots+a_{mn}x_n=b_m\end{cases}\tag{3.2.1}$$

的增广矩阵 $\bar{\boldsymbol{A}}$ 可经过矩阵的初等行变换及必要的列交换 (但不包括最后一列) 化成如下行简化阶梯形矩阵:

$$\bar{\boldsymbol{A}}\to\begin{pmatrix}1&0&\cdots&0&c_{1,r+1}&\cdots&c_{1,n}&d_1\\0&1&\cdots&0&c_{2,r+1}&\cdots&c_{2,n}&d_2\\\vdots&\vdots&&\vdots&\vdots&&\vdots&\vdots\\0&0&\cdots&1&c_{r,r+1}&\cdots&c_{r,n}&d_r\\0&0&\cdots&0&0&\cdots&0&d_{r+1}\\0&0&\cdots&0&0&\cdots&0&0\\\vdots&\vdots&&\vdots&\vdots&&\vdots&\vdots\\0&0&\cdots&0&0&\cdots&0&0\end{pmatrix},\tag{3.2.2}$$

与式 (3.2.2) 对应的线性方程组为

$$\begin{cases} x_1 + c_{1,r+1}x_{r+1} + \cdots + c_{1n}x_n = d_1, \\ x_2 + c_{2,r+1}x_{r+1} + \cdots + c_{2n}x_n = d_2, \\ \qquad\cdots\cdots \\ x_r + c_{r,r+1}x_{r+1} + \cdots + c_{rn}x_n = d_r, \\ \qquad\qquad 0 = d_{r+1}. \end{cases} \tag{3.2.3}$$

注意这里 $x_1, x_2, \cdots, x_n$ 的顺序可能有变化，但为了书写的方便，我们仍以 $x_1, x_2, \cdots, x_n$ 的顺序写出，这并不影响方程组解的讨论.

由定理 3.2.1, 方程组 (3.2.1) 与 (3.2.3) 是同解的. 而方程组 (3.2.3) 是否有解完全取决于最后一个方程 $0 = d_{r+1}$ 是否成立.

当 $d_{r+1} = 0$ 时, 方程组 (3.2.3) 一定有解; 当 $d_{r+1} \neq 0$ 时, 方程组 (3.2.3) 没有解. 因此方程组 (3.2.3) 有解, 从而方程组 (3.2.1) 有解的充分必要条件是 $d_{r+1} = 0$.

在有解的情况下,

1) 如果 $r = n$, 方程组 (3.2.3) 为

$$x_1 = d_1, \quad x_2 = d_2, \quad \cdots, \quad x_n = d_n. \tag{3.2.4}$$

显然式 (3.2.4) 即为方程组 (3.2.1) 的唯一解.

2) 如果 $r < n$, 这时方程组 (3.2.3) 可改写为

$$\begin{cases} x_1 = d_1 - c_{1,r+1}x_{r+1} - \cdots - c_{1n}x_n, \\ x_2 = d_2 - c_{2,r+1}x_{r+1} - \cdots - c_{2n}x_n, \\ \qquad\cdots\cdots \\ x_r = d_r - c_{r,r+1}x_{r+1} - \cdots - c_{rn}x_n. \end{cases} \tag{3.2.5}$$

可见, 任意给定 $x_{r+1}, \cdots, x_n$ 的一组值, 就唯一地定出 $x_1, \cdots, x_r$ 的值. 因此方程组 (3.2.5) 有无穷多个解, 从而方程组 (3.2.1) 有无穷多个解.

由方程组 (3.2.5), 我们可以把 $x_1, x_2, \cdots, x_r$ 通过 $x_{r+1}, \cdots, x_n$ 表示出来, 这样一组表达式称为方程组 (3.2.1) 的**一般解**, 其中 $x_{r+1}, \cdots, x_n$ 称为**自由未知量**.

例 3.2.2 解方程组

$$\begin{cases} 2x_1 - x_2 + 3x_3 = 1, \\ 4x_1 - 2x_2 + 5x_3 = 4, \\ 2x_1 - x_2 + 4x_3 = 0. \end{cases} \tag{3.2.6}$$

解 对方程组的增广矩阵进行初等变换

$$\begin{pmatrix} 2 & -1 & 3 & 1 \\ 4 & -2 & 5 & 4 \\ 2 & -1 & 4 & 0 \end{pmatrix} \to \begin{pmatrix} 2 & -1 & 3 & 1 \\ 0 & 0 & -1 & 2 \\ 0 & 0 & 1 & -1 \end{pmatrix} \to \begin{pmatrix} 2 & -1 & 3 & 1 \\ 0 & 0 & -1 & 2 \\ 0 & 0 & 0 & 1 \end{pmatrix}.$$

由最后一行可知, 原方程组无解. □

例 3.2.3　解方程组

$$\begin{cases} 2x_1 - x_2 + 3x_3 = 1, \\ 4x_1 - 2x_2 + 5x_3 = 4, \\ 2x_1 - x_2 + 4x_3 = -1. \end{cases} \tag{3.2.7}$$

解　方程组的增广矩阵为

$$\bar{\boldsymbol{A}} = \begin{pmatrix} 2 & -1 & 3 & 1 \\ 4 & -2 & 5 & 4 \\ 2 & -1 & 4 & -1 \end{pmatrix}.$$

对 $\bar{\boldsymbol{A}}$ 进行初等行变换

$$\bar{\boldsymbol{A}} \to \begin{pmatrix} 2 & -1 & 3 & 1 \\ 0 & 0 & -1 & 2 \\ 0 & 0 & 0 & 0 \end{pmatrix}.$$

因此式 (3.2.7) 与方程组

$$\begin{cases} 2x_1 - x_2 + 3x_3 = 1, \\ -x_3 = 2 \end{cases}$$

同解. 从而

$$\begin{cases} x_1 = \dfrac{1}{2}(7 + x_2), \\ x_3 = -2, \end{cases}$$

其中 x_2 为自由未知量. □

定理 3.2.2　设齐次线性方程组

$$\begin{cases} a_{11}x_1 + a_{12}x_2 + \cdots + a_{1n}x_n = 0, \\ a_{21}x_1 + a_{22}x_2 + \cdots + a_{2n}x_n = 0, \\ \cdots\cdots \\ a_{s1}x_1 + a_{s2}x_2 + \cdots + a_{sn}x_n = 0. \end{cases} \tag{3.2.8}$$

若 $s < n$, 则该方程组必有非零解.

证明　显然, 方程组 (3.2.8) 化成阶梯形方程组后, 方程的个数 r 不超 s, 即 $r \leqslant s < n$. 因此, 方程组 (3.2.8) 有非零解. □

习 题 3.2

1. 判断下面线性方程组是否有解? 若有解, 求出所有解.

(1) $\begin{cases} x_1 - 2x_2 + x_3 + x_4 = 1, \\ x_1 - 2x_2 + x_3 - x_4 = -1, \\ x_1 - 2x_2 + x_3 + x_4 = 5. \end{cases}$

(2) $\begin{cases} 2x_1 - x_2 + 3x_3 = 3, \\ 3x_1 + x_2 - 5x_3 = 0, \\ 4x_1 - x_2 + x_3 = 0, \\ x_1 + x_2 - 13x_3 = -6. \end{cases}$

(3) $\begin{cases} x_1 - 2x_2 + x_3 + x_4 = 1, \\ x_1 - 2x_2 + x_3 - x_4 = -1, \\ x_1 - 2x_2 + x_3 + 5x_4 = 5. \end{cases}$

2. 讨论 λ 取何值时, 线性方程组

$$\begin{cases} \lambda x_1 + x_2 + x_3 = 1, \\ x_1 + \lambda x_2 + x_3 = \lambda, \\ x_1 + x_2 + \lambda x_3 = \lambda^2 \end{cases}$$

有唯一解, 没有解, 有无穷多解? 在有解的情况下求出解的表达式.

3.3 n 维向量空间

3.2 节介绍了消元法, 对于线性方程组的精确解, 消元法是一个最有效和最基本的方法. 但是, 有时候需要直接从原方程组来判断它是否有解. 此外, 用消元法化方程组成阶梯形, 阶梯形中方程个数是否唯一呢? 这些问题就要求我们对线性方程组做进一步的研究.

一个线性方程组的解的情况是由方程组中方程之间的关系所确定的. 因此, 为了讨论线性方程组的解, 我们有必要来研究方程之间的关系.

一个 n 元方程

$$a_1x_1 + a_2x_2 + \cdots + a_nx_n = b$$

可以用 $n+1$ 元有序数组

$$(a_1, a_2, \cdots, a_n, b)$$

来表示. 因此, 线性方程之间的关系实际上就是它们所对应的有序数组之间的关系.

3.3.1　向量及其线性运算

定义 3.3.1　称数域 $\mathbb{F}$ 中由 n 个数组成的有序数组 $\boldsymbol{\alpha}=(a_1,a_2,\cdots,a_n)$ 为 $\mathbb{F}$ 上一个 n**维向量**, 其中 $a_i\ (i=1,2,\cdots,n)$ 称为 $\boldsymbol{\alpha}$ 的第 i 个分量.

有时, n 维向量 $\boldsymbol{\alpha}$ 又可以写成下面的列向量:

$$\boldsymbol{\alpha}=\begin{pmatrix} a_1 \\ a_2 \\ \vdots \\ a_n \end{pmatrix}.$$

定义 3.3.1 中表示的向量 $\boldsymbol{\alpha}$ 称为行向量. 它们只是写法上的不同, 在解决实际问题时, 可以根据需要选取不同的表达形式.

定义 3.3.2　若 n 维向量

$$\boldsymbol{\alpha}=(a_1,a_2,\cdots,a_n),\quad \boldsymbol{\beta}=(b_1,b_2,\cdots,b_n)$$

的对应分量都相等, 即 $a_i=b_i\ (i=1,2,\cdots,n)$, 则称向量 $\boldsymbol{\alpha}$ 与 $\boldsymbol{\beta}$**相等**, 记为 $\boldsymbol{\alpha}=\boldsymbol{\beta}$.

定义 3.3.3　若 n 维向量 $\boldsymbol{\alpha}$ 的分量全为 0, 即 $\boldsymbol{\alpha}=(0,\cdots,0)$, 称 $\boldsymbol{\alpha}$ 为**零向量**, 记为$\mathbf{0}$. 称向量 $(-a_1,-a_2,\cdots,-a_n)$ 为 $\boldsymbol{\alpha}=(a_1,a_2,\cdots,a_n)$ 的**负向量**, 记为 $-\boldsymbol{\alpha}$.

定义 3.3.4　设 $\boldsymbol{\alpha}=(a_1,a_2,\cdots,a_n)$, $\boldsymbol{\beta}=(b_1,b_2,\cdots,b_n)$ 为数域 $\mathbb{F}$ 上的向量. 称

$$(a_1+b_1,a_2+b_2,\cdots,a_n+b_n)$$

为向量 $\boldsymbol{\alpha}$ 与 $\boldsymbol{\beta}$ 的**和**, 记为 $\boldsymbol{\alpha}+\boldsymbol{\beta}$.

利用负向量可以定义向量的减法:

$$\boldsymbol{\alpha}-\boldsymbol{\beta}=\boldsymbol{\alpha}+(-\boldsymbol{\beta}).$$

注意, 两个向量的维数相同时, 才能进行加或减, 才能有相等或不相等的讨论.

定义 3.3.5　设 $\boldsymbol{\alpha}=(a_1,a_2,\cdots,a_n)$ 是数域 $\mathbb{F}$ 上的向量, $k\in\mathbb{F}$. 称 $(ka_1, ka_2,\cdots,ka_n)$ 为数 k 与 $\boldsymbol{\alpha}$ 的**数量乘积**, 记作 $k\boldsymbol{\alpha}$.

向量的加法和数乘统称为向量的线性运算.

由定义易知, 向量的线性运算满足下列运算规则:

(1) $\boldsymbol{\alpha}+\boldsymbol{\beta}=\boldsymbol{\beta}+\boldsymbol{\alpha}$;

(2) $(\boldsymbol{\alpha}+\boldsymbol{\beta})+\boldsymbol{\gamma}=\boldsymbol{\alpha}+(\boldsymbol{\beta}+\boldsymbol{\gamma})$;

(3) $\boldsymbol{\alpha}+\mathbf{0}=\boldsymbol{\alpha}$;

(4) $\boldsymbol{\alpha}+(-\boldsymbol{\alpha})=\mathbf{0}$;

(5) $k(\boldsymbol{\alpha}\pm\boldsymbol{\beta})=k\boldsymbol{\alpha}\pm k\boldsymbol{\beta}$;

(6) $(k+l)\boldsymbol{\alpha}=k\boldsymbol{\alpha}+l\boldsymbol{\alpha}$;

(7) $(kl)\boldsymbol{\alpha}=k(l\boldsymbol{\alpha})$;

(8) $1\boldsymbol{\alpha}=\boldsymbol{\alpha}$.

其中 $k,l\in\mathbb{F}$, $\boldsymbol{\alpha},\boldsymbol{\beta},\boldsymbol{\gamma}$ 均为 $\mathbb{F}$ 上的 n 维向量.

由上面的运算规则, 可以证明

(9) $0\boldsymbol{\alpha}=\mathbf{0}$;

(10) $(-1)\boldsymbol{\alpha}=-\boldsymbol{\alpha}$;

(11) $k\mathbf{0}=\mathbf{0}$;

(12) 若 $k\boldsymbol{\alpha}=\mathbf{0}$, 则 $k=0$ 或 $\boldsymbol{\alpha}=\mathbf{0}$.

记 $\mathbb{F}^n=\{(a_1,a_2,\cdots,a_n)\mid a_i\in\mathbb{F},i=1,2,\cdots,n\}$.

定义 3.3.6 数域 $\mathbb{F}$ 上全体 n 维向量集合 $\mathbb{F}^n$, 连同其上的向量的加法和数乘运算, 称为 $\mathbb{F}$ 上 n 维向量空间.

注 如果视 n 维行向量为 $1\times n$ 矩阵, n 维列向量为 $n\times 1$ 矩阵, 向量与矩阵的线性运算及其规律是一致的.

3.3.2 线性相关性

定义 3.3.7 设 $\boldsymbol{\alpha}_1,\boldsymbol{\alpha}_2,\cdots,\boldsymbol{\alpha}_m\in\mathbb{F}^n$, $k_1,k_2,\cdots,k_m\in\mathbb{F}$, 则称

$$k_1\boldsymbol{\alpha}_1+k_2\boldsymbol{\alpha}_2+\cdots+k_m\boldsymbol{\alpha}_m$$

为向量组 $\boldsymbol{\alpha}_1,\boldsymbol{\alpha}_2,\cdots,\boldsymbol{\alpha}_m$ 的一个**线性组合**.

设 $\boldsymbol{\beta}\in\mathbb{F}^n$. 若存在 $k_1,k_2,\cdots,k_m\in\mathbb{F}$, 使得

$$\boldsymbol{\beta}=k_1\boldsymbol{\alpha}_1+k_2\boldsymbol{\alpha}_2+\cdots+k_m\boldsymbol{\alpha}_m,$$

则称 $\boldsymbol{\beta}$ 可由向量组 $\boldsymbol{\alpha}_1,\boldsymbol{\alpha}_2,\cdots,\boldsymbol{\alpha}_m$ 线性表示 (或线性表出), 或称 $\boldsymbol{\beta}$ 是 $\boldsymbol{\alpha}_1,\boldsymbol{\alpha}_2,\cdots,\boldsymbol{\alpha}_m$ 的一个线性组合.

例 3.3.1 设 $\boldsymbol{\varepsilon}_1=(1,0,\cdots,0),\boldsymbol{\varepsilon}_2=(0,1,\cdots,0),\cdots,\boldsymbol{\varepsilon}_n=(0,0,\cdots,1)$, 则任一个 n 维向量 $\boldsymbol{\alpha}=(a_1,a_2,\cdots,a_n)$ 都是 $\boldsymbol{\varepsilon}_1,\boldsymbol{\varepsilon}_2,\cdots,\boldsymbol{\varepsilon}_n$ 的一个线性组合, 这是因为

$$\boldsymbol{\alpha}=a_1\boldsymbol{\varepsilon}_1+a_2\boldsymbol{\varepsilon}_2+\cdots+a_n\boldsymbol{\varepsilon}_n.$$

称向量 $\boldsymbol{\varepsilon}_1,\boldsymbol{\varepsilon}_2,\cdots,\boldsymbol{\varepsilon}_n$ 为 n 维**单位向量**. □

设 $\boldsymbol{\beta}=(b_1,b_2,\cdots,b_n)$, $\boldsymbol{\alpha}_i=(a_{1i},a_{2i},\cdots,a_{ni})$, $i=1,2,\cdots,s$. 如何判定 $\boldsymbol{\beta}$ 是否是 $\boldsymbol{\alpha}_1,\boldsymbol{\alpha}_2,\cdots,\boldsymbol{\alpha}_s$ 的线性组合? 怎样将 $\boldsymbol{\beta}$ 表示成 $\boldsymbol{\alpha}_1,\boldsymbol{\alpha}_2,\cdots,\boldsymbol{\alpha}_s$ 的线性组合呢?

考虑方程 $x_1\boldsymbol{\alpha}_1+x_2\boldsymbol{\alpha}_2+\cdots+x_s\boldsymbol{\alpha}_s=\boldsymbol{\beta}$, 其中 $x_1,x_2,\cdots,x_s$ 为未知量, 按分量写成

$$\begin{cases}a_{11}x_1+a_{12}x_2+\cdots+a_{1s}x_s=b_1,\\ a_{21}x_1+a_{22}x_2+\cdots+a_{2s}x_s=b_2,\\ \qquad\cdots\cdots\\ a_{n1}x_1+a_{n2}x_2+\cdots+a_{ns}x_s=b_n,\end{cases}\tag{3.3.1}$$

所以, $\boldsymbol{\beta}$ 是 $\boldsymbol{\alpha}_1,\boldsymbol{\alpha}_2,\cdots,\boldsymbol{\alpha}_s$ 线性组合的充分必要条件是线性方程组 (3.3.1) 有解.

例 3.3.2 把 $\boldsymbol{\beta}=(1,2,1,1)$ 表示成 $\boldsymbol{\alpha}_1=(1,1,1,1)$, $\boldsymbol{\alpha}_2=(1,1,-1,-1)$, $\boldsymbol{\alpha}_3=(1,-1,1,-1)$ 和 $\boldsymbol{\alpha}_4=(1,-1,-1,1)$ 的线性组合.

解 考虑方程 $x_1\boldsymbol{\alpha}_1+x_2\boldsymbol{\alpha}_2+x_3\boldsymbol{\alpha}_3+x_4\boldsymbol{\alpha}_4=\boldsymbol{\beta}$, 按分量写为

$$\begin{cases}x_1+x_2+x_3+x_4=1,\\ x_1+x_2-x_3-x_4=2,\\ x_1-x_2+x_3-x_4=1,\\ x_1-x_2-x_3+x_4=1.\end{cases}\tag{3.3.2}$$

解此方程组得

$$x_1=\frac{5}{4},\quad x_2=\frac{1}{4},\quad x_3=-\frac{1}{4},\quad x_4=-\frac{1}{4}.$$

因此

$$\boldsymbol{\beta}=\frac{5}{4}\boldsymbol{\alpha}_1+\frac{1}{4}\boldsymbol{\alpha}_2-\frac{1}{4}\boldsymbol{\alpha}_3-\frac{1}{4}\boldsymbol{\alpha}_4.$$

□

定义 3.3.8 设 $\boldsymbol{\alpha}_1,\boldsymbol{\alpha}_2,\cdots,\boldsymbol{\alpha}_s,\boldsymbol{\beta}_1,\boldsymbol{\beta}_2,\cdots,\boldsymbol{\beta}_t\in\mathbb{F}^n$, 若每个分量 $\boldsymbol{\alpha}_i$ $(i=1,2,\cdots,s)$ 可由 $\boldsymbol{\beta}_1,\boldsymbol{\beta}_2,\cdots,\boldsymbol{\beta}_t$ 线性表示, 则称向量组 $\boldsymbol{\alpha}_1,\boldsymbol{\alpha}_2,\cdots,\boldsymbol{\alpha}_s$ 可由向量组 $\boldsymbol{\beta}_1,\boldsymbol{\beta}_2,\cdots,\boldsymbol{\beta}_t$ **线性表示**. 若两个向量组可以互相线性表示, 则称它们**等价**.

可以验证, 向量组之间的等价关系具有以下性质:

(1) 反身性: 每个向量组都与它自身等价.

(2) 对称性: 若向量组 $\boldsymbol{\alpha}_1,\boldsymbol{\alpha}_2,\cdots,\boldsymbol{\alpha}_s$ 与 $\boldsymbol{\beta}_1,\boldsymbol{\beta}_2,\cdots,\boldsymbol{\beta}_t$ 等价, 则 $\boldsymbol{\beta}_1,\boldsymbol{\beta}_2,\cdots,\boldsymbol{\beta}_t$ 与 $\boldsymbol{\alpha}_1,\boldsymbol{\alpha}_2,\cdots,\boldsymbol{\alpha}_s$ 等价.

(3) 传递性: 若向量组 $\boldsymbol{\alpha}_1,\boldsymbol{\alpha}_2,\cdots,\boldsymbol{\alpha}_s$ 与 $\boldsymbol{\beta}_1,\boldsymbol{\beta}_2,\cdots,\boldsymbol{\beta}_t$ 等价, $\boldsymbol{\beta}_1,\boldsymbol{\beta}_2,\cdots,\boldsymbol{\beta}_t$ 与 $\boldsymbol{\gamma}_1,\boldsymbol{\gamma}_2,\cdots,\boldsymbol{\gamma}_l$ 等价, 则 $\boldsymbol{\alpha}_1,\boldsymbol{\alpha}_2,\cdots,\boldsymbol{\alpha}_s$ 与 $\boldsymbol{\gamma}_1,\boldsymbol{\gamma}_2,\cdots,\boldsymbol{\gamma}_l$ 等价.

定义 3.3.9 设 $\boldsymbol{\alpha}_1,\boldsymbol{\alpha}_2,\cdots,\boldsymbol{\alpha}_s\in\mathbb{F}^n$, 若存在不全为零的数 $k_1,k_2,\cdots,k_s\in\mathbb{F}$, 使得

$$k_1\boldsymbol{\alpha}_1+k_2\boldsymbol{\alpha}_2+\cdots+k_s\boldsymbol{\alpha}_s=\mathbf{0},$$

则称 $\boldsymbol{\alpha}_1,\boldsymbol{\alpha}_2,\cdots,\boldsymbol{\alpha}_s$ 在 $\mathbb{F}$ 上是线性相关的.

若只有在 $k_1=k_2=\cdots=k_s=0$ 时, 才能使得 $k_1\boldsymbol{\alpha}_1+k_2\boldsymbol{\alpha}_2+\cdots+k_s\boldsymbol{\alpha}_s=\mathbf{0}$, 则称 $\boldsymbol{\alpha}_1,\boldsymbol{\alpha}_2,\cdots,\boldsymbol{\alpha}_s$ 在 $\mathbb{F}$ 上线性无关.

注 含有零向量的向量组一定线性相关; 单独一个向量 $\boldsymbol{\alpha}$ 线性相关的充分必要条件是 $\boldsymbol{\alpha}=\mathbf{0}$.

例 3.3.3 n 维单位向量组 $\varepsilon_1,\varepsilon_2,\cdots,\varepsilon_n$ 线性无关.

证明 设 $k_1\varepsilon_1+k_2\varepsilon_2+\cdots+k_n\varepsilon_n=\mathbf{0}$, 即

$$(k_1,\cdots,k_n)=(0,\cdots,0).$$

因此 $k_1=k_2=\cdots=k_n=0$, 即得 $\varepsilon_1,\varepsilon_2,\cdots,\varepsilon_n$ 线性无关. □

例 3.3.4 设 $\boldsymbol{\alpha}_1=(2,-1,3)$, $\boldsymbol{\alpha}_2=(3,2,-1)$, $\boldsymbol{\alpha}_3=(1,-4,7)$. 问: $\boldsymbol{\alpha}_1$, $\boldsymbol{\alpha}_2$, $\boldsymbol{\alpha}_3$ 是否线性相关?

解 设 $k_1\boldsymbol{\alpha}_1+k_2\boldsymbol{\alpha}_2+k_3\boldsymbol{\alpha}_3=\mathbf{0}$, 即

$$k_1(2,-1,3)+k_2(3,2,-1)+k_3(1,-4,7)=0.$$

因而

$$\begin{cases}2k_1+3k_2+k_3=0,\\-k_1+2k_2-4k_3=0,\\3k_1-k_2+7k_3=0.\end{cases}\tag{3.3.3}$$

方程组 (3.3.3) 的系数矩阵的行列式为

$$\begin{vmatrix}2&3&1\\-1&2&-4\\3&-1&7\end{vmatrix}=0.$$

于是方程组 (3.3.3) 有非零解, 所以 $\boldsymbol{\alpha}_1,\boldsymbol{\alpha}_2,\boldsymbol{\alpha}_3$ 线性相关. □

一般地, 要判别一个向量组

$$\boldsymbol{\alpha}_i=(a_{1i},a_{2i},\cdots,a_{ni}),\quad i=1,2,\cdots,s\tag{3.3.4}$$

是否线性相关, 根据定义 3.3.9, 即检验

$$x_1\boldsymbol{\alpha}_1+x_2\boldsymbol{\alpha}_2+\cdots+x_s\boldsymbol{\alpha}_s=\mathbf{0}\tag{3.3.5}$$

有无非零解. 式 (3.3.5) 按分量写出来就是

$$\begin{cases}a_{11}x_1+a_{12}x_2+\cdots+a_{1s}x_s=0,\\a_{21}x_1+a_{22}x_2+\cdots+a_{2s}x_s=0,\\\qquad\cdots\cdots\\a_{n1}x_1+a_{n2}x_2+\cdots+a_{ns}x_s=0.\end{cases}\tag{3.3.6}$$

因此, 向量组 $\boldsymbol{\alpha}_1,\boldsymbol{\alpha}_2,\cdots,\boldsymbol{\alpha}_s$ 线性无关的充要条件是齐次线性方程组 (3.3.6) 只有零解. 从这里不难看出, 若向量组 (3.3.4) 线性无关, 则在每一个向量上添加 t 个分量所得到的 $n+t$ 维向量组 (称为"**延长向量组**")

$$\boldsymbol{\beta}_i=(a_{1i},a_{2i},\cdots,a_{ni},a_{n+1,i},\cdots,a_{n+t,i}),\quad i=1,2,\cdots,s \tag{3.3.7}$$

也线性无关.

事实上, 向量组 (3.3.7) 相对应的齐次线性方程组为

$$\begin{cases} a_{11}x_1+\quad a_{12}x_2+\cdots+\quad a_{1s}x_s=0,\\ a_{21}x_1+\quad a_{22}x_2+\cdots+\quad a_{2s}x_s=0,\\ \qquad\cdots\cdots\\ a_{n1}x_1+\quad a_{n2}x_2+\cdots+\quad a_{ns}x_s=0,\\ a_{n+1,1}x_1+a_{n+1,2}x_2+\cdots+a_{n+1,s}x_s=0,\\ \qquad\cdots\cdots\\ a_{n+t,1}x_1+a_{n+t,2}x_2+\cdots+a_{n+t,s}x_s=0. \end{cases} \tag{3.3.8}$$

显然, 方程组 (3.3.8) 的解全是方程组 (3.3.6) 的解. 若方程组 (3.3.6) 只有零解, 则方程组 (3.3.8) 也只有零解.

定理 3.3.1　向量组 $\boldsymbol{\alpha}_1,\boldsymbol{\alpha}_2,\cdots,\boldsymbol{\alpha}_s$ $(s\geqslant 2)$ 线性相关的充要条件是存在某个向量可以由其余向量线性表示.

证明　先证必要性. 设 $\boldsymbol{\alpha}_1,\boldsymbol{\alpha}_2,\cdots,\boldsymbol{\alpha}_s$ 是线性相关的, 则存在不全为零的 k_1, $k_2,\cdots,k_s\in\mathbb{F}$, 使

$$k_1\boldsymbol{\alpha}_1+k_2\boldsymbol{\alpha}_2+\cdots+k_s\boldsymbol{\alpha}_s=\mathbf{0}.$$

不妨设 $k_s\neq 0$, 则

$$\boldsymbol{\alpha}_s=-\frac{k_1}{k_s}\boldsymbol{\alpha}_1-\frac{k_2}{k_s}\boldsymbol{\alpha}_2-\cdots-\frac{k_{s-1}}{k_s}\boldsymbol{\alpha}_{s-1},$$

即 $\boldsymbol{\alpha}_s$ 可由其余向量线性表示.

再证充分性. 设 $\boldsymbol{\alpha}_1,\boldsymbol{\alpha}_2,\cdots,\boldsymbol{\alpha}_s$ 中有一个向量可以用其余向量线性表示, 不妨设

$$\boldsymbol{\alpha}_s=k_1\boldsymbol{\alpha}_1+\cdots+k_{s-1}\boldsymbol{\alpha}_{s-1},\quad k_1,\cdots,k_{s-1}\in\mathbb{F}.$$

于是

$$k_1\boldsymbol{\alpha}_1+k_2\boldsymbol{\alpha}_2+\cdots+k_{s-1}\boldsymbol{\alpha}_{s-1}+(-1)\boldsymbol{\alpha}_s=\mathbf{0}.$$

设 $k_s=-1$, 则 $k_1,\cdots,k_s$ 不全为 0. 因而 $\boldsymbol{\alpha}_1,\boldsymbol{\alpha}_2,\cdots,\boldsymbol{\alpha}_s$ 线性相关. □

定理 3.3.2　设 $\boldsymbol{\alpha}_1,\boldsymbol{\alpha}_2,\cdots,\boldsymbol{\alpha}_s\in\mathbb{F}^n$. 若 $\boldsymbol{\alpha}_1,\boldsymbol{\alpha}_2,\cdots,\boldsymbol{\alpha}_s$ 线性无关, 则它的部分向量组 $\boldsymbol{\alpha}_{i_1},\boldsymbol{\alpha}_{i_2},\cdots,\boldsymbol{\alpha}_{i_r}$ 线性无关 $(1\leqslant r\leqslant s)$.

证明 (反证法) 不妨设 $\boldsymbol{\alpha}_1, \boldsymbol{\alpha}_2, \cdots, \boldsymbol{\alpha}_r$ 线性相关, 则存在不全为零的数 $k_1, k_2, \cdots, k_r \in \mathbb{F}$, 使

$$k_1\boldsymbol{\alpha}_1 + k_2\boldsymbol{\alpha}_2 + \cdots + k_r\boldsymbol{\alpha}_r = \mathbf{0}.$$

取 $k_{r+1} = \cdots = k_s = 0$, 于是有

$$k_1\boldsymbol{\alpha}_1 + \cdots + k_r\boldsymbol{\alpha}_r + k_{r+1}\boldsymbol{\alpha}_{r+1} + \cdots + k_s\boldsymbol{\alpha}_s = \mathbf{0},$$

但 $k_1, \cdots, k_r, k_{r+1}, \cdots, k_s$ 不全为零, 与 $\boldsymbol{\alpha}_1, \boldsymbol{\alpha}_2, \cdots, \boldsymbol{\alpha}_s$ 线性无关相矛盾. 所以 $\boldsymbol{\alpha}_1, \boldsymbol{\alpha}_2, \cdots, \boldsymbol{\alpha}_r$ 线性无关. □

由此可见, 向量组 $\boldsymbol{\alpha}_1, \boldsymbol{\alpha}_2, \cdots, \boldsymbol{\alpha}_s$ 中若有一部分向量组线性相关, 则整个向量组 $\boldsymbol{\alpha}_1, \boldsymbol{\alpha}_2, \cdots, \boldsymbol{\alpha}_s$ 线性相关. 此外线性无关向量组不能包含零向量.

定理 3.3.3 若向量组 $\boldsymbol{\alpha}_1, \boldsymbol{\alpha}_2, \cdots, \boldsymbol{\alpha}_r$ 可由向量组 $\boldsymbol{\beta}_1, \boldsymbol{\beta}_2, \cdots, \boldsymbol{\beta}_s$ 线性表示, 且 $r > s$, 则 $\boldsymbol{\alpha}_1, \boldsymbol{\alpha}_2, \cdots, \boldsymbol{\alpha}_r$ 线性相关.

证明 设

$$\begin{cases} \boldsymbol{\alpha}_1 = a_{11}\boldsymbol{\beta}_1 + a_{12}\boldsymbol{\beta}_2 + \cdots + a_{1s}\boldsymbol{\beta}_s, \\ \boldsymbol{\alpha}_2 = a_{21}\boldsymbol{\beta}_1 + a_{22}\boldsymbol{\beta}_2 + \cdots + a_{2s}\boldsymbol{\beta}_s, \\ \qquad \cdots\cdots \\ \boldsymbol{\alpha}_r = a_{r1}\boldsymbol{\beta}_1 + a_{r2}\boldsymbol{\beta}_2 + \cdots + a_{rs}\boldsymbol{\beta}_s, \end{cases} \tag{3.3.9}$$

则

$$k_1\boldsymbol{\alpha}_1 + k_2\boldsymbol{\alpha}_2 + \cdots + k_r\boldsymbol{\alpha}_r = (k_1a_{11} + k_2a_{21} + \cdots + k_ra_{r1})\boldsymbol{\beta}_1 + \cdots + (k_1a_{1s} + k_2a_{2s} + \cdots + k_ra_{rs})\boldsymbol{\beta}_s.$$

因为 $r > s$, 所以方程组

$$\begin{cases} k_1a_{11} + k_2a_{21} + \cdots + k_ra_{r1} = 0, \\ k_1a_{12} + k_2a_{22} + \cdots + k_ra_{r2} = 0, \\ \qquad \cdots\cdots \\ k_1a_{1s} + k_2a_{2s} + \cdots + k_ra_{rs} = 0 \end{cases} \tag{3.3.10}$$

有非零解, 即存在不全为零的数 $k_1, \cdots, k_r$ 使得

$$k_1\boldsymbol{\alpha}_1 + \cdots + k_r\boldsymbol{\alpha}_r = \mathbf{0}.$$

所以 $\boldsymbol{\alpha}_1, \boldsymbol{\alpha}_2, \cdots, \boldsymbol{\alpha}_r$ 线性相关. □

由定理 3.3.3, 我们有以下推论.

推论 3.3.1 若向量组 $\boldsymbol{\alpha}_1, \boldsymbol{\alpha}_2, \cdots, \boldsymbol{\alpha}_r$ 可由向量组 $\boldsymbol{\beta}_1, \boldsymbol{\beta}_2, \cdots, \boldsymbol{\beta}_s$ 线性表示, 且 $\boldsymbol{\alpha}_1, \boldsymbol{\alpha}_2, \cdots, \boldsymbol{\alpha}_r$ 线性无关, 则 $r \leqslant s$.

推论 3.3.2 任意 $n+1$ 个 n 维向量必线性相关.

事实上, 每个 n 维向量都可以被 n 维单位向量组线性表示.

推论 3.3.3 两个等价的线性无关的向量组含有相同个数的向量.

定义 3.3.10 设 $\boldsymbol{\alpha}_1,\cdots,\boldsymbol{\alpha}_m$ 是一个向量组 I 中的 m 个向量. 若

(1) $\boldsymbol{\alpha}_1,\cdots,\boldsymbol{\alpha}_m$ 线性无关,

(2) 向量组 I 中任一个向量都可由 $\boldsymbol{\alpha}_1,\cdots,\boldsymbol{\alpha}_m$ 线性表示,

则称 $\boldsymbol{\alpha}_1,\cdots,\boldsymbol{\alpha}_m$ 是向量组 I 的一个**极大线性无关组**.

例 3.3.5 设 $\boldsymbol{\alpha}_1=(1,0,0)$, $\boldsymbol{\alpha}_2=(0,1,0)$, $\boldsymbol{\alpha}_3=(1,1,0)$, 求 $\boldsymbol{\alpha}_1$, $\boldsymbol{\alpha}_2$, $\boldsymbol{\alpha}_3$ 的一个极大线性无关组.

解 因为 $\boldsymbol{\alpha}_1,\boldsymbol{\alpha}_2$ 线性无关, 且 $\boldsymbol{\alpha}_3=\boldsymbol{\alpha}_1+\boldsymbol{\alpha}_2$, 所以 $\boldsymbol{\alpha}_1$, $\boldsymbol{\alpha}_2$ 是 $\boldsymbol{\alpha}_1$, $\boldsymbol{\alpha}_2$, $\boldsymbol{\alpha}_3$ 的一个极大线性无关组. 同样 $\boldsymbol{\alpha}_1,\boldsymbol{\alpha}_3$ 或 $\boldsymbol{\alpha}_2,\boldsymbol{\alpha}_3$ 也都是 $\boldsymbol{\alpha}_1$, $\boldsymbol{\alpha}_2$, $\boldsymbol{\alpha}_3$ 的极大线性无关组. □

此例说明, 一个向量组的极大线性无关组一般不是唯一的, 但极大线性无关组中所含向量个数相同. 这个性质具有普遍性.

定理 3.3.4 任一向量组必与它的任一极大线性无关组等价.

推论 3.3.4 任一向量组的两个极大线性无关组必等价.

推论 3.3.5 一个向量组的任意两个极大线性无关组都含有相同个数的向量.

证明 由推论 3.3.3 即得. □

定义 3.3.11 称向量组 $\boldsymbol{\alpha}_1,\boldsymbol{\alpha}_2,\cdots,\boldsymbol{\alpha}_s$ 的极大线性无关组所含向量的个数 r 为这个**向量组的秩**, 记为 $r(\boldsymbol{\alpha}_1,\boldsymbol{\alpha}_2,\cdots,\boldsymbol{\alpha}_s)=r$.

注 向量组 $\boldsymbol{\alpha}_1,\cdots,\boldsymbol{\alpha}_r$ 线性无关的充分必要条件是 $\boldsymbol{\alpha}_1,\cdots,\boldsymbol{\alpha}_r$ 秩为 r. 此外, 等价的向量组有相同的秩.

下面介绍求向量组的极大线性无关组的常用方法. 将向量组按列排成矩阵 $\boldsymbol{A}$, 然后对 $\boldsymbol{A}$ 进行初等行变换, 化成阶梯形矩阵 $\boldsymbol{B}$, $\boldsymbol{B}$ 中非零行的个数就是该向量组的秩, $\boldsymbol{B}$ 的非零行第一个非零元素所在的列对应于 $\boldsymbol{A}$ 的相应列的列向量就构成一个极大线性无关组. 由于行变换的方法不同, 所得的极大线性无关组可能不同.

例 3.3.6 求向量组

$$\boldsymbol{\alpha}_1=(1,-2,-1,-2,2),\quad \boldsymbol{\alpha}_2=(4,1,2,1,3),$$

$$\boldsymbol{\alpha}_3=(2,5,4,-1,0),\quad \boldsymbol{\alpha}_4=\left(1,1,1,1,\frac{1}{3}\right)$$

的极大线性无关组和秩.

解 将 $\boldsymbol{\alpha}_1^{\mathrm{T}},\boldsymbol{\alpha}_2^{\mathrm{T}},\boldsymbol{\alpha}_3^{\mathrm{T}},\boldsymbol{\alpha}_4^{\mathrm{T}}$ 按列排成矩阵

$$\boldsymbol{A}=\begin{pmatrix} 1 & 4 & 2 & 1\\ -2 & 1 & 5 & 1\\ -1 & 2 & 4 & 1\\ -2 & 1 & -1 & 1\\ 2 & 3 & 0 & \dfrac{1}{3} \end{pmatrix},$$

对 $\boldsymbol{A}$ 进行初等行变换化成阶梯形矩阵

$$\boldsymbol{B}=\begin{pmatrix}1&4&2&1\\0&3&3&1\\0&0&1&0\\0&0&0&0\\0&0&0&0\end{pmatrix}.$$

因此, 向量组 $\boldsymbol{\alpha}_1, \boldsymbol{\alpha}_2, \boldsymbol{\alpha}_3, \boldsymbol{\alpha}_4$ 的秩为 3, $\boldsymbol{\alpha}_1, \boldsymbol{\alpha}_2, \boldsymbol{\alpha}_3$ 为其一个极大线性无关组. □

习 题 3.3

1. 设 $\boldsymbol{\alpha}_1=(1,-1,1)$, $\boldsymbol{\alpha}_2=(1,2,0)$, $\boldsymbol{\alpha}_3=(1,0,3)$, $\boldsymbol{\alpha}_4=(2,-3,7)$. 问: $\boldsymbol{\alpha}_1,\boldsymbol{\alpha}_2,\boldsymbol{\alpha}_3$ 是否线性相关? $\boldsymbol{\alpha}_4$ 可否由 $\boldsymbol{\alpha}_1,\boldsymbol{\alpha}_2,\boldsymbol{\alpha}_3$ 线性表示? 如能表示求其表达式.

2. 判断向量组 $\boldsymbol{\alpha}_1=(1,1,1)$, $\boldsymbol{\alpha}_2=(0,2,5)$, $\boldsymbol{\alpha}_3=(1,3,6)$ 的线性相关性.

3. 设 $\boldsymbol{\alpha}_1=(1,2,3)$, $\boldsymbol{\alpha}_2=(-1,0,-1)$, $\boldsymbol{\alpha}_3=(2,1,4)$, $\boldsymbol{\alpha}_4=(3,5,8)$. 试判别 $\boldsymbol{\alpha}_1,\boldsymbol{\alpha}_2,\boldsymbol{\alpha}_3,\boldsymbol{\alpha}_4$ 以及 $\boldsymbol{\alpha}_1,\boldsymbol{\alpha}_2,\boldsymbol{\alpha}_3$ 的线性相关性, 并问 $\boldsymbol{\alpha}_4$ 可否由 $\boldsymbol{\alpha}_1,\boldsymbol{\alpha}_2,\boldsymbol{\alpha}_3$ 线性表示? 如可表示, 写出它的表示式.

4. 设向量组 $\boldsymbol{\alpha}_1,\boldsymbol{\alpha}_2,\boldsymbol{\alpha}_3$ 线性无关，证明: $\boldsymbol{\alpha}_1+\boldsymbol{\alpha}_2$, $\boldsymbol{\alpha}_2+\boldsymbol{\alpha}_3$, $\boldsymbol{\alpha}_3+\boldsymbol{\alpha}_1$ 也线性无关.

5. 给定向量组 $\boldsymbol{\alpha}_1=(6,4,1,-1,2)$, $\boldsymbol{\alpha}_2=(1,0,2,3,-4)$, $\boldsymbol{\alpha}_3=(1,4,-9,-16,22)$, $\boldsymbol{\alpha}_4=(7,1,0,-3,3)$, 求 $\boldsymbol{\alpha}_1,\boldsymbol{\alpha}_2,\boldsymbol{\alpha}_3,\boldsymbol{\alpha}_4$ 的秩及一个极大线性无关组.

3.4 矩 阵 的 秩

本节引入矩阵秩的概念.

设 $\boldsymbol{A}$ 为 $m\times n$ 阶矩阵. 由 $\boldsymbol{A}$ 的某 k 行 l 列 $(1\leqslant k\leqslant m, 1\leqslant l\leqslant n)$ 元素按照原相对位置组成的矩阵称为 $\boldsymbol{A}$ 的**子矩阵**. 若 $k=l$, 则该子矩阵的行列式称为 $\boldsymbol{A}$ 的一个 k**阶子式**.

定义 3.4.1 设 $\boldsymbol{A}$ 为 $m\times n$ 阶矩阵. 若 $\boldsymbol{A}$ 至少有一个 r 阶非零子式, 而其所有 $r+1$ 阶子式全为零, 则称 r 为矩阵 $\boldsymbol{A}$ 的**秩**, 记为 $\operatorname{rank}(\boldsymbol{A})$, 或 $r(\boldsymbol{A})$, 或 “秩 $\boldsymbol{A}$”.

由矩阵秩的定义可知, 一个矩阵的秩既不超过这个矩阵的行数, 也不超过它的列数. 当矩阵的秩等于其行数 (列数) 时, 则称这个矩阵是**行 (列) 满秩的**. 当一个矩阵的秩不仅等于这个矩阵行数, 也等于这个矩阵的列数, 则称这个矩阵是**满秩的**.

显然, 矩阵 $\boldsymbol{A}$ 的秩等于零当且仅当 $\boldsymbol{A}$ 为零矩阵.

定理 3.4.1 初等变换不改变矩阵的秩.

证明 设 $\boldsymbol{A}$ 为 $m\times n$ 阶矩阵, 且 $r(\boldsymbol{A})=r$. 只需证明对 $\boldsymbol{A}$ 做一次初等变换不改变 $\boldsymbol{A}$ 的秩即可. 下面只对初等行变换进行证明, 列变换情形可以类似地

证明. 对于第 1, 2 种初等行变换, 容易看出定理成立. 下面只就第 3 种初等行变换来证明.

将矩阵 $\boldsymbol{A}$ 的第 i 行的 k 倍加到第 j 行得到的矩阵记为 $\boldsymbol{B}$. 下证 $r(\boldsymbol{B}) \leqslant r$.

设 $\boldsymbol{B}_1$ 为 $\boldsymbol{B}$ 的任一 $r+1$ 阶子矩阵. 分以下三种情形讨论.

(1) $\boldsymbol{B}_1$ 不含 $\boldsymbol{B}$ 的第 j 行, 则它也是 $\boldsymbol{A}$ 的一个 $r+1$ 阶子矩阵, 因此有 $|\boldsymbol{B}_1| = 0$.

(2) $\boldsymbol{B}_1$ 同时含 $\boldsymbol{B}$ 的第 j 行和第 i 行, 由行列式的性质, $\boldsymbol{B}_1$ 与 $\boldsymbol{A}$ 的某个 $r+1$ 子矩阵有相同的行列式, 所以 $|\boldsymbol{B}_1| = 0$.

(3) $\boldsymbol{B}_1$ 含 $\boldsymbol{B}$ 的第 j 行, 但不含 $\boldsymbol{B}$ 的第 i 行. 根据行列式的性质, $|\boldsymbol{B}_1| = |\boldsymbol{A}_1| + k|\boldsymbol{A}_2|$, 或 $|\boldsymbol{B}_1| = |\boldsymbol{A}_1| - k|\boldsymbol{A}_2|$, 其中 $\boldsymbol{A}_1, \boldsymbol{A}_2$ 均为 $\boldsymbol{A}$ 的某个 $r+1$ 阶子矩阵, 所以也有 $|\boldsymbol{B}_1| = 0$.

由此可知 $r(\boldsymbol{B}) \leqslant r$.

再将 $-k$ 乘以 $\boldsymbol{B}$ 的第 i 行加到第 j 行, 就得到矩阵 $\boldsymbol{A}$, 按以上分析, 又有 $r(\boldsymbol{A}) \leqslant r(\boldsymbol{B})$.

因此 $r(\boldsymbol{A}) = r(\boldsymbol{B})$. □

定理 3.4.1 给出了求矩阵秩的初等变换方法. 先将矩阵 $\boldsymbol{A}$ 化成阶梯形矩阵, 则此阶梯形矩阵中非零行数就等于 $\boldsymbol{A}$ 的秩.

上一节定义了向量组的秩. 若把矩阵的每一行看成一个向量, 那么矩阵就可以认为是由这些行向量组成的. 类似地, 若把矩阵的每一列看成一个向量, 那么矩阵就可以认为是由这些列向量组成的. 设

$$\boldsymbol{A} = \begin{pmatrix} a_{11} & a_{12} & \cdots & a_{1n} \\ a_{21} & a_{22} & \cdots & a_{2n} \\ \vdots & \vdots & & \vdots \\ a_{m1} & a_{m2} & \cdots & a_{mn} \end{pmatrix} \in \mathbb{F}^{m\times n},$$

其中 $\mathbb{F}^{m\times n}$ 表示数域 $\mathbb{F}$ 上全体 $m \times n$ 矩阵的集合. 记 $\boldsymbol{\alpha}_1 = (a_{11}, a_{12}, \cdots, a_{1n})$, $\boldsymbol{\alpha}_2 = (a_{21}, a_{22}, \cdots, a_{2n})$, $\cdots$, $\boldsymbol{\alpha}_m = (a_{m1}, a_{m2}, \cdots, a_{mn})$, 称 $\boldsymbol{\alpha}_1, \boldsymbol{\alpha}_2, \cdots, \boldsymbol{\alpha}_m$ 为矩阵 $\boldsymbol{A}$ 的行向量组, $\boldsymbol{A}$ 可写成

$$\boldsymbol{A} = \begin{pmatrix} \boldsymbol{\alpha}_1 \\ \boldsymbol{\alpha}_2 \\ \vdots \\ \boldsymbol{\alpha}_m \end{pmatrix}.$$

类似地, 设 $\boldsymbol{\beta}_1, \boldsymbol{\beta}_2, \cdots, \boldsymbol{\beta}_n$ 为 $\boldsymbol{A}$ 的各列构成的 m 维向量组, 称为 $\boldsymbol{A}$ 的列向量组, $\boldsymbol{A}$ 可写成 $\boldsymbol{A}=(\boldsymbol{\beta}_1, \boldsymbol{\beta}_2, \cdots, \boldsymbol{\beta}_n)$.

定义 3.4.2 矩阵的**行秩**定义为矩阵的行向量组的秩; 矩阵的**列秩**定义为矩阵的列向量组的秩.

定理 3.4.2 设 $\boldsymbol{A}\in\mathbb{F}^{m\times n}$, 则 $\boldsymbol{A}$ 的行秩等于 $\boldsymbol{A}$ 的列秩.

证明 设 $\boldsymbol{A}$ 的列秩为 r, $\boldsymbol{A}$ 的列向量组为 $\boldsymbol{\beta}_1,\boldsymbol{\beta}_2,\cdots,\boldsymbol{\beta}_n$. 不妨设 $\boldsymbol{A}$ 的前 r 个列向量构成的向量组 $\boldsymbol{\beta}_1,\boldsymbol{\beta}_2,\cdots,\boldsymbol{\beta}_r$ 为 $\boldsymbol{A}$ 的列向量组的一个极大线性无关组, 并记矩阵 $\boldsymbol{C}=(\boldsymbol{\beta}_1,\boldsymbol{\beta}_2,\cdots,\boldsymbol{\beta}_r)$. 显然 $\boldsymbol{A}$ 的每个列向量是 $\boldsymbol{\beta}_1,\boldsymbol{\beta}_2,\cdots,\boldsymbol{\beta}_r$ 这 r 个列向量的线性组合, 即 $\boldsymbol{\beta}_j=b_{1j}\boldsymbol{\beta}_1+b_{2j}\boldsymbol{\beta}_2+\cdots+b_{rj}\boldsymbol{\beta}_r$. 设 $\boldsymbol{B}=(b_{ij})_{r\times n}$, 则 $\boldsymbol{A}=\boldsymbol{CB}$. 再观察 $\boldsymbol{A}$ 的行向量, 由 $\boldsymbol{A}=\boldsymbol{CB}$ 知 $\boldsymbol{A}$ 的每个行向量都是 $\boldsymbol{B}$ 的行向量的线性组合, 因此 $\boldsymbol{A}$ 的行秩 $\leqslant\boldsymbol{B}$ 的行秩. 但 $\boldsymbol{B}$ 仅有 r 行, 所以 $\boldsymbol{A}$ 的行秩 $\leqslant r=\boldsymbol{A}$ 的列秩. 这就证明了 $\boldsymbol{A}$ 的行秩 $\leqslant\boldsymbol{A}$ 的列秩.

类似可知, $\boldsymbol{A}$ 的列秩 $=\boldsymbol{A}^{\mathrm{T}}$ 的行秩 $\leqslant\boldsymbol{A}^{\mathrm{T}}$ 的列秩 $=\boldsymbol{A}$ 的行秩, 即 $\boldsymbol{A}$ 的列秩 $\leqslant\boldsymbol{A}$ 的行秩. 因此, $\boldsymbol{A}$ 的行秩 $=\boldsymbol{A}$ 的列秩. □

定理 3.4.3 矩阵 $\boldsymbol{A}$ 的秩等于它的行秩和列秩.

证明 设 $\boldsymbol{A}$ 为 $m\times n$ 阶矩阵, 且 $r(\boldsymbol{A})=r$, 则 $\boldsymbol{A}$ 含有 r 阶非零子式, 不妨设该子式所对应的 r 阶子矩阵取 $\boldsymbol{A}$ 的第 $i_1,i_2,\cdots,i_r$ 行, 第 $j_1,j_2,\cdots,j_r$ 列, 记为

$$\boldsymbol{A}\begin{pmatrix} i_1 & i_2 & \cdots & i_r \\ j_1 & j_2 & \cdots & j_r \end{pmatrix}=\begin{pmatrix} a_{i_1j_1} & a_{i_1j_2} & \cdots & a_{i_1j_r} \\ a_{i_2j_1} & a_{i_2j_2} & \cdots & a_{i_2j_r} \\ \vdots & \vdots & & \vdots \\ a_{i_rj_1} & a_{i_rj_2} & \cdots & a_{i_rj_r} \end{pmatrix},$$

其中 $1\leqslant i_1<i_2<\cdots<i_r\leqslant m$, $1\leqslant j_1<j_2<\cdots<j_r\leqslant n$.

考虑 $\boldsymbol{A}$ 的列向量组 $\boldsymbol{\beta}_{j_1},\boldsymbol{\beta}_{j_2},\cdots,\boldsymbol{\beta}_{j_r}$. 设 $x_1,x_2,\cdots,x_r\in\mathbb{F}$, 使得

$$x_1\boldsymbol{\beta}_{j_1}+x_2\boldsymbol{\beta}_{j_2}+\cdots+x_r\boldsymbol{\beta}_{j_r}=\boldsymbol{0}.$$

将上述方程组改写成分量的形式, 即得

$$\begin{cases} a_{1j_1}x_1+a_{1j_2}x_2+\cdots+a_{1j_r}x_r=0, \\ a_{2j_1}x_1+a_{2j_2}x_2+\cdots+a_{2j_r}x_r=0, \\ \cdots\cdots \\ a_{mj_1}x_1+a_{mj_2}x_2+\cdots+a_{mj_r}x_r=0. \end{cases}$$

由于 $\left|\boldsymbol{A}\begin{pmatrix} i_1 & i_2 & \cdots & i_r \\ j_1 & j_2 & \cdots & j_r \end{pmatrix}\right|\neq 0$, 则上述方程组的系数矩阵的秩为 r, 从而方程组只有零解, 即 $x_1=x_2=\cdots=x_r=0$. 因此, $\boldsymbol{\beta}_{j_1},\boldsymbol{\beta}_{j_2},\cdots,\boldsymbol{\beta}_{j_r}$ 线性无关.

设 $\boldsymbol{\beta}_k$ 是 $\boldsymbol{A}$ 的不同于 $\boldsymbol{\beta}_{j_1},\boldsymbol{\beta}_{j_2},\cdots,\boldsymbol{\beta}_{j_r}$ 的任一列向量. 假设有 $x_1,x_2,\cdots,x_r\in\mathbb{F}$, 使得 $x_1\beta_{j_1}+x_2\beta_{j_2}+\cdots+x_r\beta_{j_r}+\beta_k=0$. 将上述方程组也写成分量形式, 即得

$$\begin{cases} a_{1j_1}x_1+a_{1j_2}x_2+\cdots+a_{1j_r}x_r+a_{1k}=0,\\ a_{2j_1}x_1+a_{2j_2}x_2+\cdots+a_{2j_r}x_r+a_{2k}=0,\\ \cdots\cdots\\ a_{mj_1}x_1+a_{mj_2}x_2+\cdots+a_{mj_r}x_r+a_{mk}=0.\end{cases}$$

由于 $\left|\boldsymbol{A}\begin{pmatrix} i_1 & i_2 & \cdots & i_r\\ j_1 & j_2 & \cdots & j_r\end{pmatrix}\right|\neq 0$, 且 $r(\boldsymbol{A})=r$, 则对任意的 i,

$$\left|\boldsymbol{A}\begin{pmatrix} i_1 & i_2 & \cdots & i_r & i\\ j_1 & j_2 & \cdots & j_r & k\end{pmatrix}\right|=0,$$

即上述方程组的系数矩阵与增广矩阵的秩都为 r, 因而方程组必有非零解 $x_1,x_2,\cdots,x_r$, 使得 $x_1\boldsymbol{\beta}_{j_1}+x_2\boldsymbol{\beta}_{j_2}+\cdots+x_r\boldsymbol{\beta}_{j_r}+\boldsymbol{\beta}_k=\mathbf{0}$, 从而向量组 $\boldsymbol{\beta}_{j_1},\boldsymbol{\beta}_{j_2},\cdots,\boldsymbol{\beta}_{j_r},\boldsymbol{\beta}_k$ 线性相关. 根据 k 的任意性, $\boldsymbol{\beta}_{j_1},\boldsymbol{\beta}_{j_2},\cdots,\boldsymbol{\beta}_{j_r}$ 是矩阵 $\boldsymbol{A}$ 的列向量组 $\boldsymbol{\beta}_1,\boldsymbol{\beta}_2,\cdots,\boldsymbol{\beta}_n$ 的一个极大线性无关组. 因此矩阵 $\boldsymbol{A}$ 的列秩等于矩阵 $\boldsymbol{A}$ 的秩.

由定理 3.4.2, 矩阵 $\boldsymbol{A}$ 的行秩也等于矩阵 $\boldsymbol{A}$ 的秩. □

习 题 3.4

1. 指出下列矩阵的一个最高阶非零子式.

(1) $\begin{pmatrix} 0 & 0 & -1 & 4\\ 2 & 3 & 1 & 6\\ 5 & 9 & 12 & 4\end{pmatrix}$; (2) $\begin{pmatrix} 3 & 3 & 6 & 2\\ 1 & 5 & 1 & 7\\ 4 & 3 & 6 & 9\end{pmatrix}$.

2. 求下列矩阵的秩.

(1) $\begin{pmatrix} 1 & -1 & 2 & -1 & 0\\ 2 & -2 & 4 & -2 & 0\\ 3 & 0 & 6 & -7 & 1\\ 0 & 3 & 0 & 0 & 1\end{pmatrix}$; (2) $\begin{pmatrix} 1 & 0 & 0 & 1 & 4\\ 0 & 1 & 0 & 2 & 5\\ 0 & 0 & 1 & 3 & 6\\ 1 & 2 & 3 & 14 & 32\\ 4 & 5 & 6 & 32 & 77\end{pmatrix}$;

(3) $\begin{pmatrix} 1 & 0 & 1 & 0 & 0\\ 1 & 1 & 0 & 0 & 0\\ 0 & 1 & 1 & 0 & 0\\ 0 & 0 & 1 & 1 & 0\\ 0 & 1 & 0 & 1 & 1\end{pmatrix}$.

3. 设 $\boldsymbol{A}$ 是 $m\times n$ 矩阵, $r(\boldsymbol{A})=m\ (m<n)$, $\boldsymbol{B}$ 是 n 阶矩阵, 下列哪个结论成立?

(1) $\boldsymbol{A}$ 中任一 m 阶子式不为零;

(2) $\boldsymbol{A}$ 中任意 m 列线性无关;

(3) 若 $\boldsymbol{AB}=\boldsymbol{0}$, 则 $\boldsymbol{B}=\boldsymbol{0}$;

(4) 若 $r(\boldsymbol{B})=n$, 则 $r(\boldsymbol{AB})=m$.

4. 设 $\boldsymbol{A}$ 是一个 $m\times n$ 矩阵. 证明: 存在非零的 $n\times s$ 矩阵 $\boldsymbol{B}$, 使 $\boldsymbol{AB}=\boldsymbol{0}$ 的充分必要条件是 $r(\boldsymbol{A})<n$.

5. 证明: 线性方程组

$$\begin{cases} a_{11}x_1+a_{12}x_2+\cdots+a_{1n}x_n=b_1,\\ a_{21}x_1+a_{22}x_2+\cdots+a_{2n}x_n=b_2,\\ \qquad\cdots\cdots\\ a_{n1}x_1+a_{n2}x_2+\cdots+a_{nn}x_n=b_n \end{cases}$$

对任何 $b_1,b_2,\cdots,b_n$ 都有解的充分必要条件是系数矩阵的行列式不等于零.

3.5 线性方程组的解

3.5.1 解的判定

定理 3.5.1 设 $\boldsymbol{A},\bar{\boldsymbol{A}}$ 分别为线性方程组 (3.2.1) 的系数矩阵与增广矩阵, 则线性方程组 (3.2.1) 有解的充分必要条件是 $r(\boldsymbol{A})=r(\bar{\boldsymbol{A}})$.

在有解的情况下, 当 $r(\boldsymbol{A})=n$ 时, 方程组有唯一解; 当 $r(\boldsymbol{A})<n$ 时, 方程组有无穷多解.

证明 不妨假设 $a_{11}\neq 0$. 事实上, 若 $a_{ij}\neq 0$, 则可互换第 $1,i$ 行与第 $1,j$ 列使该元素位于矩阵的左上角(注意在互换列时, 自变量位置的变动). 于是, 对 $\bar{\boldsymbol{A}}$ 的第一行乘以 $\dfrac{1}{a_{11}}$, 再用所得的新的第一行乘以 $-a_{i1}$ 分别加至第 i 行, $i=2,3,\cdots,m$, 则 $\bar{\boldsymbol{A}}$ 变为

$$\begin{pmatrix} 1 & * & \cdots & * \\ 0 & * & & * \\ \vdots & \vdots & & \vdots \\ 0 & * & \cdots & * \end{pmatrix}.$$

继续对上面矩阵施以初等行变换及前 n 列的交换, 其中常数项列没有与其他列作

互换, 最终可以化为

$$\bar{\boldsymbol{B}}=\begin{pmatrix}1&0&\cdots&0&c_{1,r+1}&\cdots&c_{1n}&d_1\\0&1&\cdots&0&c_{2,r+1}&\cdots&c_{2n}&d_2\\\vdots&\vdots&&\vdots&\vdots&&\vdots&\vdots\\0&0&\cdots&1&c_{r,r+1}&\cdots&c_{rn}&d_r\\0&0&\cdots&0&0&\cdots&0&d_{r+1}\\0&0&\cdots&0&0&\cdots&0&0\\\vdots&\vdots&&\vdots&\vdots&&\vdots&\vdots\\0&0&\cdots&0&0&\cdots&0&0\end{pmatrix}.$$

用 $\boldsymbol{B}$ 表示 $\bar{\boldsymbol{B}}$ 的前 n 列作成的矩阵. 由定理 3.4.2, 得

$$r(\boldsymbol{A})=r(\boldsymbol{B})=r,\quad r(\bar{\boldsymbol{A}})=r(\bar{\boldsymbol{B}}).$$

根据 $\bar{\boldsymbol{B}}$, 写出对应的线性方程组为

$$\begin{cases}x_{i_1}+c_{1,r+1}x_{i_{r+1}}+\cdots+c_{1n}x_{i_n}=d_1,\\x_{i_2}+c_{2,r+1}x_{i_{r+1}}+\cdots+c_{2n}x_{i_n}=d_2,\\\qquad\cdots\cdots\\x_{i_r}+c_{r,r+1}x_{i_{r+1}}+\cdots+c_{rn}x_{i_n}=d_r,\\\qquad 0=d_{r+1},\end{cases}\tag{3.5.1}$$

其中 $x_{i_1},x_{i_2},\cdots,x_{i_n}$ 是 $x_1,x_2,\cdots,x_n$ 的一个重新排序. 显然, 方程组 (3.5.1) 与方程组 (3.2.1) 同解.

于是, 方程组 (3.2.1) 有解当且仅当 $d_{r+1}=0$, 当且仅当

$$r(\bar{\boldsymbol{A}})=r(\bar{\boldsymbol{B}})=r(\boldsymbol{B})=r(\boldsymbol{A})=r.$$

当 $r(\bar{\boldsymbol{A}})=r(\boldsymbol{A})=r$, 即 $d_{r+1}=0$ 时, 有两种可能情况: $r=n$ 或 $r<n$.

情形 (1): 当 $r=n$ 时, 方程 (3.5.1) 即为

$$\begin{cases}x_{i_1}=d_1,\\x_{i_2}=d_2,\\\quad\cdots\cdots\\x_{i_n}=d_n.\end{cases}$$

即为方程组 (3.2.1) 的唯一解.

情形 (2): 当 $r < n$ 时, 方程组 (3.5.1) 可写成

$$\begin{cases} x_{i_1} = d_1 - c_{1,r+1}x_{i_{r+1}} - \cdots - c_{1n}x_{i_n}, \\ x_{i_2} = d_2 - c_{2,r+1}x_{i_{r+1}} - \cdots - c_{2n}x_{i_n}, \\ \qquad\cdots\cdots \\ x_{i_r} = d_r - c_{r,r+1}x_{i_{r+1}} - \cdots - c_{rn}x_{i_n}. \end{cases}$$

注意到任给 $x_{i_{r+1}}, \cdots, x_{i_n}$ 的一组值 $k_{r+1}, \cdots, k_n$, 就得到方程组 (3.2.1) 的一组解

$$\begin{cases} x_{i_1} = d_1 - c_{1,r+1}k_{r+1} - \cdots - c_{1n}k_n, \\ x_{i_2} = d_2 - c_{2,r+1}k_{r+1} - \cdots - c_{2n}k_n, \\ \qquad\cdots\cdots \\ x_{i_r} = d_r - c_{r,r+1}k_{r+1} - \cdots - c_{rn}x_n, \\ x_{i_{r+1}} = k_{r+1}, \\ \qquad\cdots\cdots \\ x_{i_n} = k_n. \end{cases} \tag{3.5.2}$$

所以方程组 (3.2.1) 有无穷多解. □

由式 (3.5.1) 可知, 我们可以把 $x_{i_1}, x_{i_2}, \cdots, x_{i_r}$ 通过 $x_{i_{r+1}}, \cdots, x_{i_n}$ 表示出来, 式 (3.5.2) 称为方程组 (3.2.1) 的**一般解**, $x_{i_{r+1}}, \cdots, x_{i_n}$ 称为**自由未知量**, 共 $n-r$ 个.

例 3.5.1 判断下列线性方程组是否有解, 若有解给出解的表达式.

$$\begin{cases} x_1 + 2x_2 + 3x_3 + x_4 = 5, \\ 2x_1 + 4x_2 \qquad\quad - x_4 = 4, \\ -x_1 - 2x_2 + 3x_3 + 2x_4 = 1, \\ x_1 + 2x_2 - 9x_3 - 5x_4 = -7, \\ \qquad\qquad 2x_3 + x_4 = 2. \end{cases}$$

解 方程组的增广矩阵为

$$\bar{\boldsymbol{A}} = \begin{pmatrix} 1 & 2 & 3 & 1 & 5 \\ 2 & 4 & 0 & -1 & 4 \\ -1 & -2 & 3 & 2 & 1 \\ 1 & 2 & -9 & -5 & -7 \\ 0 & 0 & 2 & 1 & 2 \end{pmatrix}.$$

对 $\bar{\boldsymbol{A}}$ 进行初等行变换

$$\bar{\boldsymbol{A}} \to \begin{pmatrix} 1 & 2 & 3 & 1 & 5 \\ 0 & 0 & 2 & 1 & 2 \\ 0 & 0 & 0 & 0 & 0 \\ 0 & 0 & 0 & 0 & 0 \\ 0 & 0 & 0 & 0 & 0 \end{pmatrix}.$$

显然 $r(\boldsymbol{A}) = r(\bar{\boldsymbol{A}}) = 2 < 4$. 因此, 原方程组有解并且有无穷多解.

相应的线性方程组为

$$\begin{cases} x_1 + 2x_2 + 3x_3 + x_4 = 5, \\ \qquad\qquad 2x_3 + x_4 = 2. \end{cases}$$

将 x_2, x_4 视为自由未知量, 可得

$$x_1 = 2 - 2x_2 + \frac{1}{2}x_4, \quad x_3 = \frac{1}{2}(2 - x_4).$$

分别取 x_2, x_4 为任意数 k_2, k_4, 可得方程组的一般解为

$$\begin{cases} x_1 = 2 - 2k_2 + \frac{1}{2}k_4, \\ x_2 = k_2, \\ x_3 = 1 - \frac{1}{2}k_4, \\ x_4 = k_4. \end{cases}$$

□

关于齐次线性方程组的解, 我们有以下结论.

定理 3.5.2　齐次线性方程组有非零解的充分必要条件是它的系数矩阵的秩小于未知量的个数.

证明　设方程组未知量的个数为 n, 系数矩阵的秩为 r. 由定理 3.5.1, 当 $r = n$ 时, 方程组中有唯一解, 它只能是零解; 当 $r < n$ 时, 方程组有无穷多解, 因而除零解外, 必然还有非零解. □

以下两个推论经常用到.

推论 3.5.1　含有 n 个方程 n 个未知量的齐次线性方程组有非零解的充要条件是系数矩阵的行列式等于零.

推论 3.5.2　若一个齐次线性方程组中方程的个数小于未知量的个数, 则该齐次线性方程组一定有非零解.

3.5.2　解的结构

上节我们解决了线性方程组是否有解的判别问题. 本节讨论有解的线性方程组的解结构问题.

设齐次线性方程组

$$\begin{cases} a_{11}x_1 + a_{12}x_2 + \cdots + a_{1n}x_n = 0, \\ a_{21}x_1 + a_{22}x_2 + \cdots + a_{2n}x_n = 0, \\ \qquad\cdots\cdots \\ a_{s1}x_1 + a_{s2}x_2 + \cdots + a_{sn}x_n = 0. \end{cases} \tag{3.5.3}$$

为了便于讨论解的结构, 我们把方程组 (3.5.3) 的解看成是 n 维向量, 称为解向量.

(I) **解的性质**

(1) 若 $\boldsymbol{\alpha} = (a_1, a_2, \cdots, a_n)$ 是方程组 (3.5.3) 的解, 则对任意的 $k \in \mathbb{F}$, $k\boldsymbol{\alpha} = (ka_1, ka_2, \cdots, ka_n)$ 也是方程组 (3.5.3) 的解.

(2) 若 $\boldsymbol{\alpha} = (a_1, a_2, \cdots, a_n)$, $\boldsymbol{\beta} = (b_1, b_2, \cdots, b_n)$ 均为方程组 (3.5.3) 的解, 则 $\boldsymbol{\alpha} + \boldsymbol{\beta} = (a_1 + b_1, a_2 + b_2, \cdots, a_n + b_n)$ 也是方程组 (3.5.3) 的解.

(3) 若 $\boldsymbol{\alpha}_1, \boldsymbol{\alpha}_2, \cdots, \boldsymbol{\alpha}_r$ 为方程组 (3.5.3) 的 r 个解向量, 则 $k_1\boldsymbol{\alpha}_1 + k_2\boldsymbol{\alpha}_2 + \cdots + k_r\boldsymbol{\alpha}_r$ 仍为方程组 (3.5.3) 的解, 其中 $k_1, k_2, \cdots, k_r \in \mathbb{F}$.

(II) **基础解系**

定义 3.5.1 设 $\boldsymbol{\eta}_1, \cdots, \boldsymbol{\eta}_t$ 是方程组 (3.5.3) 的一组解. 若

(1) $\boldsymbol{\eta}_1, \cdots, \boldsymbol{\eta}_t$ 线性无关,

(2) 方程组 (3.5.3) 的任一个解都可由 $\boldsymbol{\eta}_1, \cdots, \boldsymbol{\eta}_t$ 线性表示,

则称 $\boldsymbol{\eta}_1, \cdots, \boldsymbol{\eta}_t$ 为方程组 (3.5.3) 的一个**基础解系**.

注 由定义知, 基础解系实际上就是全体解向量的一个极大线性无关组; 基础解系不唯一, 但任两个基础解系都是等价的, 因而有相同个数的解向量.

定理 3.5.3 (基础解系的存在性) 若齐次线性方程组 (3.5.3) 有非零解, 则方程组 (3.5.3) 必存在基础解系, 且基础解系含有 $n-r$ 个向量, 其中 r 为系数矩阵的秩.

证明 设方程组 (3.5.3) 的系数矩阵 $\boldsymbol{A}$ 的秩为 r, 不妨设左上角的 r 阶子式不为 0. 于是方程组 (3.5.3) 同解于

$$\begin{cases} a_{11}x_1 + a_{12}x_2 + \cdots + a_{1r}x_r = -a_{1,r+1}x_{r+1} - \cdots - a_{1n}x_n, \\ a_{21}x_1 + a_{22}x_2 + \cdots + a_{2r}x_r = -a_{2,r+1}x_{r+1} - \cdots - a_{2n}x_n, \\ \qquad\cdots\cdots \\ a_{r1}x_1 + a_{r2}x_2 + \cdots + a_{rr}x_r = -a_{r,r+1}x_{r+1} - \cdots - a_{rn}x_n. \end{cases} \tag{3.5.4}$$

由于

$$\begin{vmatrix} a_{11} & \cdots & a_{1r} \\ \vdots & & \vdots \\ a_{r1} & \cdots & a_{rr} \end{vmatrix} \neq 0,$$

方程组 (3.5.4) 的一般解为

$$\begin{cases} x_1 = c_{11}x_{r+1} + c_{21}x_{r+2} + \cdots + c_{n-r,1}x_n, \\ x_2 = c_{12}x_{r+1} + c_{22}x_{r+2} + \cdots + c_{n-r,2}x_n, \\ \qquad \cdots\cdots \\ x_r = c_{1r}x_{r+1} + c_{2r}x_{r+2} + \cdots + c_{n-r,r}x_n. \end{cases} \tag{3.5.5}$$

由于方程组 (3.5.3) 有非零解, 所以 $r < n$. 从而式 (3.5.5) 中 $x_{r+1}, \cdots, x_n$ 为自由未知量. 自由未知量 $x_{r+1}, \cdots, x_n$ 分别取 $1, 0, \cdots, 0; 0, 1, 0, \cdots, 0; \cdots; 0, \cdots, 0, 1$, 可得 $n-r$ 个解向量

$$\begin{cases} \boldsymbol{\eta}_1 = (c_{11}, \cdots, c_{1r}, 1, 0, \cdots, 0), \\ \boldsymbol{\eta}_2 = (c_{21}, \cdots, c_{2r}, 0, 1, \cdots, 0), \\ \qquad \cdots\cdots \\ \boldsymbol{\eta}_{n-r} = (c_{n-r,1}, \cdots, c_{n-r,r}, 0, 0, \cdots, 1). \end{cases} \tag{3.5.6}$$

下证 $\boldsymbol{\eta}_1, \cdots, \boldsymbol{\eta}_{n-r}$ 就是方程组 (3.5.3) 的一个基础解系.

先证它线性无关. 事实上, 若 $k_1\boldsymbol{\eta}_1 + \cdots + k_{n-r}\boldsymbol{\eta}_{n-r} = \mathbf{0}$, 即

$$k_1\boldsymbol{\eta}_1 + \cdots + k_{n-r}\boldsymbol{\eta}_{n-r} = (*, \cdots, *, k_1, \cdots, k_{n-r}) = \mathbf{0} = (0, \cdots, 0, 0, \cdots, 0).$$

所以 $k_1 = \cdots = k_{n-r} = 0$, 故 $\boldsymbol{\eta}_1, \cdots, \boldsymbol{\eta}_{n-r}$ 线性无关.

再证方程组 (3.5.3) 的任一个解可以由 $\boldsymbol{\eta}_1, \cdots, \boldsymbol{\eta}_{n-r}$ 线性表示. 设 $\boldsymbol{\eta} = (c_1, \cdots, c_r, c_{r+1}, \cdots, c_n)$ 为方程组 (3.5.3) 的任意一个解. 由于 $\boldsymbol{\eta}_1, \cdots, \boldsymbol{\eta}_{n-r}$ 为方程组 (3.5.3) 的解, 所以 $c_{r+1}\boldsymbol{\eta}_1 + \cdots + c_n\boldsymbol{\eta}_{n-r}$ 也为方程组 (3.5.3) 的解. 我们断言 $\boldsymbol{\eta} = c_{r+1}\boldsymbol{\eta}_1 + \cdots + c_n\boldsymbol{\eta}_{n-r}$. 事实上, 令 $\boldsymbol{\varepsilon} = \boldsymbol{\eta} - c_{r+1}\boldsymbol{\eta}_1 - \cdots - c_n\boldsymbol{\eta}_{n-r}$, 则 $\boldsymbol{\varepsilon}$ 为方程组 (3.5.3) 的解, 且 $\boldsymbol{\varepsilon}$ 的后 $n-r$ 个分量均为 0. 故可设 $\boldsymbol{\varepsilon} = (a_1, a_2, \cdots, a_r, 0, \cdots, 0)$. 由方程组 (3.5.5) 知 $a_1 = \cdots = a_r = 0$. 因此, $\boldsymbol{\varepsilon} = \mathbf{0}$, 即 $\boldsymbol{\eta} = c_{r+1}\boldsymbol{\eta}_1 + \cdots + c_n\boldsymbol{\eta}_{n-r}$.

因此, $\boldsymbol{\eta}_1, \cdots, \boldsymbol{\eta}_{n-r}$ 为方程组 (3.5.3) 的一个基础解系. □

定理 3.5.4　设 $\boldsymbol{\eta}_1, \cdots, \boldsymbol{\eta}_{n-r}$ 为方程组 (3.5.3) 的一个基础解系, 则方程组 (3.5.3) 一般解是 $\boldsymbol{\eta} = k_1\boldsymbol{\eta}_1 + \cdots + k_{n-r}\boldsymbol{\eta}_{n-r}$, 其中 $k_1, \cdots, k_{n-r}$ 为数域 $\mathbb{F}$ 中任意数.

例 3.5.2　求齐次线性方程组

$$\begin{cases} x_1 - x_2 + 5x_3 - x_4 = 0, \\ x_1 + x_2 - 2x_3 + 3x_4 = 0, \\ 3x_1 - x_2 + 8x_3 + x_4 = 0, \\ x_1 + 3x_2 - 9x_3 + 7x_4 = 0 \end{cases}$$

的一个基础解系和一般解.

解 对系数矩阵 $\boldsymbol{A}$ 进行初等行变换

$$\boldsymbol{A}=\begin{pmatrix}1&-1&5&-1\\1&1&-2&3\\3&-1&8&1\\1&3&-9&7\end{pmatrix}\to\begin{pmatrix}1&-1&5&-1\\0&2&-7&4\\0&2&-7&4\\0&4&-14&8\end{pmatrix}\to\begin{pmatrix}1&-1&5&-1\\0&2&-7&4\\0&0&0&0\\0&0&0&0\end{pmatrix}.$$

相应的齐次线性方程组为

$$\begin{cases}x_1-x_2+5x_3-x_4=0,\\ \quad 2x_2-7x_3+4x_4=0.\end{cases}$$

x_3,x_4 为自由未知量. 分别取 (1,0), (0,1), 得 $\boldsymbol{\eta}_1=\left(-\frac{3}{2},\frac{7}{2},1,0\right)$, $\boldsymbol{\eta}_2=(-1,-2,0,1)$. 故 $\boldsymbol{\eta}_1,\boldsymbol{\eta}_2$ 是原方程组的一个基础解系. 原方程组的一般解为

$$\boldsymbol{\eta}=k_1\boldsymbol{\eta}_1+k_2\boldsymbol{\eta}_2=\left(-\frac{3}{2}k_1-k_2,\frac{7}{2}k_1-2k_2,k_1,k_2\right),$$

其中 k_1,k_2 为数域 $\mathbb{F}$ 中的任意数. □

设一般线性方程组为

$$\begin{cases}a_{11}x_1+a_{12}x_2+\cdots+a_{1n}x_n=b_1,\\ a_{21}x_1+a_{22}x_2+\cdots+a_{2n}x_n=b_2,\\ \qquad\cdots\cdots\\ a_{s1}x_1+a_{s2}x_2+\cdots+a_{sn}x_n=b_s,\end{cases}\tag{3.5.7}$$

将其常数项 $b_1,\cdots,b_s$ 全换成零, 得到齐次线性方程组

$$\begin{cases}a_{11}x_1+a_{12}x_2+\cdots+a_{1n}x_n=0,\\ a_{21}x_1+a_{22}x_2+\cdots+a_{2n}x_n=0,\\ \qquad\cdots\cdots\\ a_{s1}x_1+a_{s2}x_2+\cdots+a_{sn}x_n=0.\end{cases}\tag{3.5.8}$$

称式 (3.5.8) 为式 (3.5.7) 的导出组.

(I) **解的性质**

(1) 线性方程组 (3.5.7) 的两个解的差是其导出组 (3.5.8) 的解.

(2) 线性方程组 (3.5.7) 的一个解与其导出组 (3.5.8) 的一个解的和仍是式 (3.5.7) 的一个解.

(II) **解的结构**

定理 3.5.4 若 γ_0 是线性方程组 (3.5.7) 的一个解 (称为特解), 则方程组 (3.5.7) 的任一个解 $\boldsymbol{\gamma}$ 都可以表示成 $\boldsymbol{\gamma}=\boldsymbol{\gamma}_0+\boldsymbol{\eta}$, 其中 $\boldsymbol{\eta}$ 是导出组 (3.5.8) 的一个解.

证明 设 γ 是方程组 (3.5.7) 的任一个解, 则 $\gamma=\gamma_0+(\gamma-\gamma_0)$, 记 $\boldsymbol{\eta}=(\gamma-\gamma_0)$, 则由上述性质 (1), $\boldsymbol{\eta}$ 是方程组 (3.5.8) 的一个解. □

根据定理 3.5.5, 我们有一般线性方程组的解结构定理:

定理 3.5.6 设 γ_0 是方程组 (3.5.7) 的一个特解, 则方程组 (3.5.7) 的一般解为 $\gamma=\gamma_0+k_1\boldsymbol{\eta}_1+\cdots+k_r\boldsymbol{\eta}_r$, 其中 $\boldsymbol{\eta}_1,\cdots,\boldsymbol{\eta}_r$ 为其导出组 (3.5.8) 的一个基础解系, $k_1,\cdots,k_r$ 为数域 $\mathbb{F}$ 中的任意数.

推论 3.5.3 在一般线性方程组 (3.5.7) 有解的情况下, 解唯一的充分必要条件是其导出组 (3.5.8) 只有零解.

证明 设方程组 (3.5.7) 有唯一解. 若导出组 (3.5.8) 有非零解, 则其和为方程组 (3.5.7) 的另一个解, 矛盾. 因此, 方程组 (3.5.8) 只有零解. 反过来, 设导出组 (3.5.8) 只有零解. 若方程组 (3.5.7) 有两个解, 则其差为导出组 (3.5.8) 的非零解, 矛盾. 因此方程组 (3.5.7) 的解唯一. □

例 3.5.3 解方程组

$$\begin{cases} x_1+2x_2+3x_3+x_4=5, \\ 2x_1+4x_2-x_4=-3, \\ -x_1-2x_2+3x_3+2x_4=8, \\ x_1+2x_2-9x_3-5x_4=-21. \end{cases} \tag{3.5.9}$$

解 对方程组 (3.5.9) 的增广矩阵 $\bar{\boldsymbol{A}}$ 进行初等行变换, 将其化成阶梯形矩阵 $\bar{\boldsymbol{B}}$.

$$\bar{\boldsymbol{A}}=\begin{pmatrix} 1 & 2 & 3 & 1 & 5 \\ 2 & 4 & 0 & -1 & -3 \\ -1 & -2 & 3 & 2 & 8 \\ 1 & 2 & -9 & -5 & -21 \end{pmatrix} \to \begin{pmatrix} 1 & 2 & 3 & 1 & 5 \\ 0 & 0 & 6 & 3 & 13 \\ 0 & 0 & 0 & 0 & 0 \\ 0 & 0 & 0 & 0 & 0 \end{pmatrix}=\bar{\boldsymbol{B}}.$$

$\bar{\boldsymbol{B}}$ 对应的线性方程组为

$$\begin{cases} x_1+2x_2+3x_3+x_4=5, \\ 6x_3+3x_4=13. \end{cases} \tag{3.5.10}$$

可取 x_2,x_4 为自由未知量. 取 $x_2=x_4=0$, 代入式 (3.5.10) 解得式 (3.5.9) 的一个特解 $\gamma_0=\left(-\dfrac{3}{2},0,\dfrac{13}{6},0\right)$. 方程组 (3.5.10) 的导出组为

$$\begin{cases} x_1+2x_2+3x_3+x_4=0, \\ 6x_3+3x_4=0. \end{cases} \tag{3.5.11}$$

分别令自由未知量$(x_2,x_4)=(1,0),(0,1)$, 方程组 (3.5.9) 的导出组的一个基础解系

$\boldsymbol{\eta}_1=(-2,1,0,0)$, $\boldsymbol{\eta}_2=\left(\frac{1}{2},0,-\frac{1}{2},1\right)$. 因此方程组 (3.5.9) 的一般解为

$$\boldsymbol{\gamma}=\boldsymbol{\gamma}_0+k_1\boldsymbol{\eta}_1+k_2\boldsymbol{\eta}_2=\left(-\frac{3}{2},0,\frac{13}{6},0\right)+k_1(-2,1,0,0)+k_2\left(\frac{1}{2},0,-\frac{1}{2},1\right),$$

其中 k_1,k_2 为数域 $\mathbb{F}$ 中的任意数. □

习　题　3.5

1. 求齐次线性方程组的一个基础解系及一般解.

$$\begin{cases}3x_1+x_2-8x_3+2x_4+x_5=0,\\2x_1-2x_2-3x_3-7x_4+2x_5=0,\\x_1+11x_2-12x_3+34x_4-5x_5=0,\\x_1-5x_2+2x_3-16x_4+3x_5=0.\end{cases}$$

2. 设

$$\boldsymbol{A}=\begin{pmatrix}1&1&2&2&7\\2&2&1&1&2\\5&5&1&2&0\end{pmatrix},$$

求齐次线性方程组 $\boldsymbol{Ax}=\boldsymbol{0}$ 的基础解系与一般解.

3. 设

$$\boldsymbol{A}=\begin{pmatrix}1&1&1\\a&b&c\\a^2&b^2&c^2\end{pmatrix},$$

问 a,b,c 满足什么关系时, $\boldsymbol{Ax}=\boldsymbol{0}$ 只有零解?

4. 求齐次线性方程组 $\boldsymbol{Ax}=\boldsymbol{0}$ 的一般解, 其中系数矩阵为

$$\boldsymbol{A}=\begin{pmatrix}1&2&1&1&1\\2&4&3&1&1\\-1&-2&1&3&-3\\0&0&2&4&-2\end{pmatrix}.$$

5. 求下列非齐次线性方程组的一般解:

(1) $\begin{cases}2x_1+7x_2+3x_3+x_4=6,\\3x_1+5x_2+2x_3+2x_4=4,\\9x_1+4x_2+x_3+7x_4=2;\end{cases}$

(2) $\begin{cases} x_1+x_2+x_3+x_4+x_5=7, \\ 3x_1+2x_2+2x_3+x_4-3x_5=-2, \\ 5x_1+4x_2+3x_3+3x_4-x_5=12, \\ x_2+2x_3+2x_4+6x_5=23. \end{cases}$

复习题 3

1. 已知 4 维向量 $\boldsymbol{\alpha},\boldsymbol{\beta}$ 满足 $3\boldsymbol{\alpha}+4\boldsymbol{\beta}=(2,1,1,2)$, $2\boldsymbol{\alpha}+3\boldsymbol{\beta}=(-1,2,3,1)$，求 $\boldsymbol{\alpha},\boldsymbol{\beta}$.

2. 把向量 $\boldsymbol{\beta}$ 表示成 $\boldsymbol{\alpha}_1,\boldsymbol{\alpha}_2,\boldsymbol{\alpha}_3$ 的线性组合.

$$\boldsymbol{\alpha}_1=(0,1,1),\quad \boldsymbol{\alpha}_2=(1,0,1),\quad \boldsymbol{\alpha}_3=(1,1,0),\quad \boldsymbol{\beta}=(1,1,1).$$

3. 设 $\boldsymbol{\alpha}_1=(1,1,1)$, $\boldsymbol{\alpha}_2=(1,2,3)$, $\boldsymbol{\alpha}_3=(1,3,t)$.

(1) 问当 t 为何值时，向量组 $\boldsymbol{\alpha}_1,\boldsymbol{\alpha}_2,\boldsymbol{\alpha}_3$ 线性无关；

(2) 问当 t 为何值时，向量组 $\boldsymbol{\alpha}_1,\boldsymbol{\alpha}_2,\boldsymbol{\alpha}_3$ 线性相关.

4. 设 $\begin{cases} \boldsymbol{\beta}_1=\boldsymbol{\alpha}_1, \\ \boldsymbol{\beta}_2=\boldsymbol{\alpha}_1+\boldsymbol{\alpha}_2, \\ \cdots\cdots \\ \boldsymbol{\beta}_n=\boldsymbol{\alpha}_1+\boldsymbol{\alpha}_2+\cdots+\boldsymbol{\alpha}_n, \end{cases}$ 证明向量组 $\boldsymbol{\alpha}_1,\boldsymbol{\alpha}_2,\cdots,\boldsymbol{\alpha}_n$ 与向量组 $\boldsymbol{\beta}_1,\boldsymbol{\beta}_2,\cdots,\boldsymbol{\beta}_n$ 等价.

5. 设向量组 $\boldsymbol{\alpha}_1,\boldsymbol{\alpha}_2,\cdots,\boldsymbol{\alpha}_s$ 的秩为 $r\ (r<s)$，证明 $\boldsymbol{\alpha}_1,\boldsymbol{\alpha}_2,\cdots,\boldsymbol{\alpha}_s$ 中任意 r 个线性无关的向量均可以作为该向量组的一个极大线性无关组.

6. 设 $\boldsymbol{A}$ 为 $m\times n$ 矩阵，$\boldsymbol{B}$ 为 $n\times l$ 矩阵，证明 $\boldsymbol{AB}=\boldsymbol{0}$ 的充要条件是 $\boldsymbol{B}$ 的每个列向量均是齐次线性方程组 $\boldsymbol{AX}=\boldsymbol{0}$ 的解.

7. 求一个齐次线性方程组，使它的基础解系为

$$\boldsymbol{\eta}_1=(0,1,2,3),\quad \boldsymbol{\eta}_2=(1,2,3,0).$$

8. 设齐次线性方程组

$$\begin{cases} a_{11}x_1+a_{12}x_2+\cdots+a_{1n}x_n=0, \\ a_{21}x_1+a_{22}x_2+\cdots+a_{2n}x_n=0, \\ \cdots\cdots \\ a_{n1}x_1+a_{n2}x_2+\cdots+a_{nn}x_n=0 \end{cases}$$

的系数矩阵 $\boldsymbol{A}=(a_{ij})_{nn}$ 的秩为 $n-1$，$\boldsymbol{A}$ 中某个元素 a_{i_0,j_0} 的代数余子式 $A_{i_0,j_0}\neq 0$. 证明该方程组的全部解为 $\boldsymbol{c}(A_{i_0,1},A_{i_0,2},\cdots,A_{i_0,n})$，其中 c 为任意常数.

9. 证明：线性方程组

$$\begin{cases} x_1 - x_2 = b_1, \\ x_2 - x_3 = b_2, \\ x_3 - x_1 = b_3 \end{cases}$$

有解的充要条件是 $\sum\limits_{i=1}^{3} b_i = 0$，在有解时求出该方程组的解.

10. 设 $\begin{cases} x_1 + 2x_2 - x_3 + 3x_4 = 4, \\ x_1 + x_2 - 3x_3 + 5x_4 = 5, \\ x_2 + 2x_3 - 2x_4 = \lambda, \end{cases}$ 当 λ 取何值时，方程组有解，并求其解.

11. 设 $\eta_1, \eta_2, \cdots, \eta_s$ 是非齐次线性方程组 $\boldsymbol{AX} = \boldsymbol{\beta}$ 的解. 在什么条件下，$k_1\eta_1 + k_2\eta_2 + \cdots + k_s\eta_s$ 仍是 $\boldsymbol{AX} = \boldsymbol{\beta}$ 的解?

12. 设线性方程组 $\begin{cases} \lambda x_1 + x_2 + x_3 = \lambda - 3, \\ x_1 + \lambda x_2 + x_3 = -2, \\ x_1 + x_2 + \lambda x_3 = -2, \end{cases}$ 讨论 λ 取何值时，方程组无解，有唯一解和有无穷多解；在方程组有无穷多解时，试用其导出组的基础解系表示全部解.

第3章测试题

Chapter 4

第 4 章 矩阵的特征值与特征向量

第4章课件

矩阵的特征值与特征向量以及相似标准形理论是矩阵理论的重要组成部分, 是研究矩阵运算、线性变换等众多线性代数问题的重要工具. 它在数学的其他分支, 如微分方程、概率统计、计算数学中都有着重要应用.

首先来看一个例子: 设 $\boldsymbol{A}=\begin{pmatrix}4&6&0\\-3&-5&0\\-3&-6&1\end{pmatrix}$, 求 $\boldsymbol{A}^{100}$.

如果按照矩阵幂运算的基本方法来处理此问题, 很明显极其复杂. 考虑到前述章节中, 我们发现对角矩阵的幂运算极其方便. 如果存在一个可逆矩阵 $\boldsymbol{P}$, 使得

$$\boldsymbol{P}^{-1}\boldsymbol{A}\boldsymbol{P}=\operatorname{diag}(\lambda_1,\lambda_2,\cdots,\lambda_n)=\begin{pmatrix}\lambda_1&&&\\&\lambda_2&&\\&&\ddots&\\&&&\lambda_n\end{pmatrix},$$

那么

$$\boldsymbol{A}=\boldsymbol{P}\begin{pmatrix}\lambda_1&&&\\&\lambda_2&&\\&&\ddots&\\&&&\lambda_n\end{pmatrix}\boldsymbol{P}^{-1}.$$

于是,

$$\begin{aligned}&\boldsymbol{A}^{100}\\&=\boldsymbol{P}\begin{pmatrix}\lambda_1&&&\\&\lambda_2&&\\&&\ddots&\\&&&\lambda_n\end{pmatrix}\boldsymbol{P}^{-1}\boldsymbol{P}\begin{pmatrix}\lambda_1&&&\\&\lambda_2&&\\&&\ddots&\\&&&\lambda_n\end{pmatrix}\boldsymbol{P}^{-1}\cdots\boldsymbol{P}\begin{pmatrix}\lambda_1&&&\\&\lambda_2&&\\&&\ddots&\\&&&\lambda_n\end{pmatrix}\boldsymbol{P}^{-1}.\end{aligned}$$

从而,

$$A^{100} = P\begin{pmatrix} \lambda_1 & & & \\ & \lambda_2 & & \\ & & \ddots & \\ & & & \lambda_n \end{pmatrix}^{100} P^{-1} = P\begin{pmatrix} \lambda_1^{100} & & & \\ & \lambda_2^{100} & & \\ & & \ddots & \\ & & & \lambda_n^{100} \end{pmatrix} P^{-1}.$$

上述方法涉及矩阵相似对角化问题, 我们从矩阵的特征值与特征向量开始讨论.

4.1 矩阵的特征值与特征向量

定义 4.1.1 设 $\boldsymbol{A}$ 为数域 $\mathbb{F}$ 上的 n 阶矩阵. 若存在数 $\lambda \in \mathbb{F}$ 及非零向量 $\boldsymbol{\alpha} \in F^n$, 使得

$$\boldsymbol{A\alpha} = \lambda\boldsymbol{\alpha}, \tag{4.1.1}$$

则称 λ 为 $\boldsymbol{A}$ 的一个**特征值**, $\boldsymbol{\alpha}$ 为 $\boldsymbol{A}$ 的属于特征值 λ 的一个**特征向量**.

在定义 4.1.1 中, 式 (4.1.1) 与 $(\lambda\boldsymbol{I}-\boldsymbol{A})\boldsymbol{\alpha}=\boldsymbol{0}$ 等价, 即 $\boldsymbol{\alpha}$ 是齐次线性方程组

$$(\lambda\boldsymbol{I}-\boldsymbol{A})\boldsymbol{x}=\boldsymbol{0} \tag{4.1.2}$$

的非零解. 而式 (4.1.2) 有非零解的充要条件为

$$|\lambda\boldsymbol{I}-\boldsymbol{A}| = 0. \tag{4.1.3}$$

定义 4.1.2 设 $\boldsymbol{A}=(a_{ij})_{n\times n}$, λ 为一个变量. 矩阵 $\lambda\boldsymbol{I}-\boldsymbol{A}$ 的行列式

$$|\lambda\boldsymbol{I}-\boldsymbol{A}| = \begin{vmatrix} \lambda-a_{11} & -a_{12} & \cdots & -a_{1n} \\ -a_{21} & \lambda-a_{22} & \cdots & -a_{2n} \\ \vdots & \vdots & & \vdots \\ -a_{n1} & -a_{n2} & \cdots & \lambda-a_{nn} \end{vmatrix}$$

称为 $\boldsymbol{A}$ 的**特征多项式**.

由上面分析可知, 若 λ 为 $\boldsymbol{A}$ 的特征值, 则 λ 一定是 $\boldsymbol{A}$ 的特征多项式在数域 $\mathbb{F}$ 上的一个根; 反过来, 若 λ 是 $\boldsymbol{A}$ 的特征多项式在数域 $\mathbb{F}$ 中的一个根, 则 λ 就是 $\boldsymbol{A}$ 的一个特征值.

因此, 确定矩阵 $\boldsymbol{A}$ 的特征值与特征向量的方法如下:

(1) 写出 $\boldsymbol{A}$ 的特征多项式 $|\lambda\boldsymbol{I}-\boldsymbol{A}|$.

(2) 求出 $|\lambda\boldsymbol{I}-\boldsymbol{A}|=0$ 在数域 $\mathbb{F}$ 中的所有根, 它们就是 $\boldsymbol{A}$ 的全部特征值.

(3) 对每个特征值 λ, 解齐次线性方程组 $(\lambda\boldsymbol{I}-\boldsymbol{A})\boldsymbol{x}=\boldsymbol{0}$, 求出它的基础解系, 基础解系所含向量就是该特征值对应的线性无关的特征向量, 从而可以写出该特征值对应的所有的特征向量.

例 4.1.1　求矩阵

$$\boldsymbol{A}=\begin{pmatrix}0&1&1\\1&0&1\\1&1&0\end{pmatrix}$$

的特征值与特征向量.

解　$\boldsymbol{A}$ 的特征多项式为

$$|\lambda\boldsymbol{I}-\boldsymbol{A}|=\begin{vmatrix}\lambda&-1&-1\\-1&\lambda&-1\\-1&-1&\lambda\end{vmatrix}=(\lambda-2)(\lambda+1)^2.$$

由 $|\lambda\boldsymbol{I}-\boldsymbol{A}|=0$, $\boldsymbol{A}$ 的特征值为 $\lambda_1=2,\ \lambda_2=\lambda_3=-1$.

对于 $\lambda_1=2$, 解齐次方程组 $(2\boldsymbol{I}-\boldsymbol{A})\,\boldsymbol{x}=\boldsymbol{0}$,

$$\begin{pmatrix}2&-1&-1\\-1&2&-1\\-1&-1&2\end{pmatrix}\begin{pmatrix}x_1\\x_2\\x_3\end{pmatrix}=\begin{pmatrix}0\\0\\0\end{pmatrix},$$

基础解系 $\boldsymbol{\alpha}_1=\begin{pmatrix}1\\1\\1\end{pmatrix}$, 故 $\boldsymbol{A}$ 的属于特征值 $\lambda_1=2$ 的全部特征向量为

$$k_1\boldsymbol{\alpha}_1\quad(k_1\text{为任意非零常数}).$$

对于 $\lambda_2=\lambda_3=-1$, 解齐次方程组 $(-\boldsymbol{I}-\boldsymbol{A})\,\boldsymbol{x}=\boldsymbol{0}$,

$$\begin{pmatrix}-1&-1&-1\\-1&-1&-1\\-1&-1&-1\end{pmatrix}\begin{pmatrix}x_1\\x_2\\x_3\end{pmatrix}=\begin{pmatrix}0\\0\\0\end{pmatrix},$$

基础解系 $\boldsymbol{\alpha}_2=\begin{pmatrix}-1\\1\\0\end{pmatrix},\boldsymbol{\alpha}_3=\begin{pmatrix}-1\\0\\1\end{pmatrix}$, 故 $\boldsymbol{A}$ 的属于特征值 $\lambda_2=\lambda_3=-1$ 的全部特征向量为

$$k_2\boldsymbol{\alpha}_2+k_3\boldsymbol{\alpha}_3\quad(k_2,k_3\text{为任意不全为零常数}).$$ □

例 4.1.2 求矩阵

$$A=\begin{pmatrix}1&0&0\\-2&1&0\\3&0&2\end{pmatrix}$$

的特征值与特征向量.

解 A 的特征多项式为

$$|\lambda I-A|=\begin{vmatrix}\lambda-1&0&0\\2&\lambda-1&0\\-3&0&\lambda-2\end{vmatrix}=(\lambda-2)(\lambda-1)^2.$$

由 $|\lambda I-A|=0$, 得 A 的特征值为 $\lambda_1=2, \lambda_2=\lambda_3=1$.

对于 $\lambda_1=2$, 解齐次方程组 $(2I-A)x=0$,

$$\begin{pmatrix}1&0&0\\2&1&0\\-3&0&0\end{pmatrix}\begin{pmatrix}x_1\\x_2\\x_3\end{pmatrix}=\begin{pmatrix}0\\0\\0\end{pmatrix},$$

基础解系 $\alpha_1=\begin{pmatrix}0\\0\\1\end{pmatrix}$, 故 A 的属于特征值 $\lambda_1=2$ 的全部特征向量为

$$k_1\alpha_1\quad(k_1\text{为任意非零常数}).$$

对于 $\lambda_2=\lambda_3=1$, 解齐次方程组 $(I-A)x=0$,

$$\begin{pmatrix}0&0&0\\2&0&0\\-3&0&-1\end{pmatrix}\begin{pmatrix}x_1\\x_2\\x_3\end{pmatrix}=\begin{pmatrix}0\\0\\0\end{pmatrix},$$

基础解系 $\alpha_2=\begin{pmatrix}0\\1\\0\end{pmatrix}$, 故 A 的属于特征值 $\lambda_2=\lambda_3=1$ 的全部特征向量为

$$k_2\alpha_2\quad(k_2\text{为任意非零常数}).$$ □

下面在复数域内讨论特征值与特征向量的一些性质.

性质 4.1.1 设 $A=(a_{ij})_{n\times n}$ 为一个 n 阶矩阵, $\lambda_1,\lambda_2,\cdots,\lambda_n$ 为 A 的全部特征值, 则

$$\lambda_1+\lambda_2+\cdots+\lambda_n=a_{11}+a_{22}+\cdots+a_{nn},$$

$$\lambda_1\lambda_2\cdots\lambda_n=|A|.$$

证明

$$|\lambda \boldsymbol{I}-\boldsymbol{A}|=\begin{vmatrix}\lambda-a_{11} & -a_{12} & \cdots & -a_{1n}\\ -a_{21} & \lambda-a_{22} & \cdots & -a_{2n}\\ \vdots & \vdots & & \vdots\\ -a_{n1} & -a_{n2} & \cdots & \lambda-a_{nn}\end{vmatrix}$$
$$=\lambda^n-(a_{11}+a_{22}+\cdots+a_{nn})\lambda^{n-1}+\cdots+(-1)^n|\boldsymbol{A}|.$$

利用代数基本定理及多项式根与系数的关系,

$$|\lambda \boldsymbol{I}-\boldsymbol{A}|=(\lambda-\lambda_1)(\lambda-\lambda_2)\cdots(\lambda-\lambda_n)$$
$$=\lambda^n-(\lambda_1+\lambda_2+\cdots+\lambda_n)\lambda^{n-1}+\cdots+(-1)^n\lambda_1\lambda_2\cdots\lambda_n.$$

因而

$$\lambda_1+\lambda_2+\cdots+\lambda_n=a_{11}+a_{22}+\cdots+a_{nn},$$
$$\lambda_1\lambda_2\cdots\lambda_n=|\boldsymbol{A}|.$$

□

注　矩阵 $\boldsymbol{A}=(a_{ij})_{n\times n}$ 的对角线元素的和称为 $\boldsymbol{A}$ 的**迹**, 记为 $\mathrm{tr}(\boldsymbol{A})$. 故 $\mathrm{tr}(\boldsymbol{A})=a_{11}+a_{22}+\cdots+a_{nn}=\lambda_1+\lambda_2+\cdots+\lambda_n$.

推论 4.1.1　n 阶矩阵 $\boldsymbol{A}$ 可逆的充要条件是 $\boldsymbol{A}$ 的所有特征值全不为零.

下面我们不加证明地给出特征值的另一个重要性质, 有兴趣的读者可以自行证明.

性质 4.1.2　设 $\boldsymbol{A}=(a_{ij})_{n\times n}$, λ 是其特征值.

(1) 若 $f(\boldsymbol{A})=a_m\boldsymbol{A}^m+\cdots+a_1\boldsymbol{A}+a_0\boldsymbol{I}$, 则 $f(\boldsymbol{A})$ 一定有特征值 $f(\lambda)$.

(2)$\boldsymbol{A}^{-1},\boldsymbol{A}^*$ 分别有特征值 $\dfrac{1}{\lambda},\dfrac{|\boldsymbol{A}|}{\lambda}$, 其中 $\lambda\neq 0$, 且前者要求 $\boldsymbol{A}$ 可逆.

例 4.1.3　已知 $0,1$ 为三阶矩阵 $\boldsymbol{A}$ 的特征值, 且 $|2\boldsymbol{I}-\boldsymbol{A}|=0$. 求 $|\boldsymbol{A}+\boldsymbol{I}|$.

解　由 $|2\boldsymbol{I}-\boldsymbol{A}|=0$, 知三阶矩阵 $\boldsymbol{A}$ 有特征值 2, 由性质 4.1.2 知, 矩阵 $\boldsymbol{A}+\boldsymbol{I}$ 有特征值: $1,2,3$, 由性质 4.1.1 知 $|\boldsymbol{A}+\boldsymbol{I}|=1\times 2\times 3=6$. □

性质 4.1.3　矩阵 $\boldsymbol{A}$ 的属于不同特征值的特征向量线性无关.

证明　对特征值的个数 k 用数学归纳法.

当 $k=1$ 时, 设 $\boldsymbol{\alpha}_1$ 为属于特征值 λ_1 的特征值向量, 所以 $\boldsymbol{\alpha}_1$ 线性无关.

当 $k>1$ 时, 假设结论对 $k-1$ 个特征值成立. 设 $\lambda_1,\cdots,\lambda_k$ 为 k 个不同的特征值, $\boldsymbol{\alpha}_1,\cdots,\boldsymbol{\alpha}_k$ 分别属于 $\lambda_1,\cdots,\lambda_k$ 的特征向量. 设

$$l_1\boldsymbol{\alpha}_1+\cdots+l_k\boldsymbol{\alpha}_k=\boldsymbol{0},\tag{4.1.4}$$

则

$$\boldsymbol{A}(l_1\boldsymbol{\alpha}_1+\cdots+l_k\boldsymbol{\alpha}_k)=\boldsymbol{0},$$
$$l_1\boldsymbol{A}\boldsymbol{\alpha}_1+\cdots+l_k\boldsymbol{A}\boldsymbol{\alpha}_k=\boldsymbol{0},$$

即

$$l_1\lambda_1\boldsymbol{\alpha}_1+\cdots+l_k\lambda_k\boldsymbol{\alpha}_k=\mathbf{0}. \tag{4.1.5}$$

用 λ_k 乘式 (4.1.4) 得

$$l_1\lambda_k\boldsymbol{\alpha}_1+\cdots+l_k\lambda_k\boldsymbol{\alpha}_k=\mathbf{0}. \tag{4.1.6}$$

由式 (4.1.5) 及式 (4.1.6) 得

$$l_1(\lambda_k-\lambda_1)\boldsymbol{\alpha}_1+\cdots+l_{k-1}(\lambda_k-\lambda_{k-1})\boldsymbol{\alpha}_{k-1}=\mathbf{0}.$$

由归纳假设 $\boldsymbol{\alpha}_1,\cdots,\boldsymbol{\alpha}_{k-1}$ 线性无关, 所以

$$l_i(\lambda_k-\lambda_i)\boldsymbol{\alpha}_i=\mathbf{0},\quad i=1,2,\cdots,k-1.$$

由此得 $l_i=0, i=1,2,\cdots,k-1$, 从而式 (4.1.4) 变为 $l_k\boldsymbol{\alpha}_k=0$, $l_k=0$. 因此 $\boldsymbol{\alpha}_1,\cdots,\boldsymbol{\alpha}_k$ 线性无关. □

性质 4.1.4　设 λ_1,λ_2 是 $\boldsymbol{A}$ 的不同特征值, $\boldsymbol{\alpha}_1,\cdots,\boldsymbol{\alpha}_s$ 是 $\boldsymbol{A}$ 的属于 λ_1 的线性无关的特征向量, $\boldsymbol{\beta}_1,\cdots,\boldsymbol{\beta}_t$ 是 $\boldsymbol{A}$ 的属于 λ_2 的线性无关的特征向量, 则 $\boldsymbol{\alpha}_1,\cdots,\boldsymbol{\alpha}_s$, $\boldsymbol{\beta}_1,\cdots,\boldsymbol{\beta}_t$ 线性无关.

证明　设

$$k_1\boldsymbol{\alpha}_1+\cdots+k_s\boldsymbol{\alpha}_s+c_1\boldsymbol{\beta}_1+\cdots+c_t\boldsymbol{\beta}_t=\mathbf{0}.$$

设

$$\begin{aligned}\boldsymbol{\alpha}&=k_1\boldsymbol{\alpha}_1+\cdots+k_s\boldsymbol{\alpha}_s,\\ \boldsymbol{\beta}&=c_1\boldsymbol{\beta}_1+\cdots+c_t\boldsymbol{\beta}_t,\end{aligned}$$

则

$$\boldsymbol{\alpha}+\boldsymbol{\beta}=\mathbf{0}. \tag{4.1.7}$$

若 $\boldsymbol{\alpha}\neq\mathbf{0}$, 则 $\boldsymbol{\beta}\neq\mathbf{0}$. 因为 $\boldsymbol{\alpha},\boldsymbol{\beta}$ 分别是属于 λ_1,λ_2 的特征向量, $\boldsymbol{\alpha},\boldsymbol{\beta}$ 线性无关, 与式 (4.1.7) 矛盾. 因此 $\boldsymbol{\alpha}=\mathbf{0}$, $\boldsymbol{\beta}=\mathbf{0}$, 即

$$k_1\boldsymbol{\alpha}_1+\cdots+k_s\boldsymbol{\alpha}_s=\mathbf{0},\quad c_1\boldsymbol{\beta}_1+\cdots+c_t\boldsymbol{\beta}_t=\mathbf{0},$$

所以, $k_1=\cdots=k_s=0$, $c_1=\cdots=c_t=0$, 故 $\boldsymbol{\alpha}_1,\cdots,\boldsymbol{\alpha}_s$, $\boldsymbol{\beta}_1,\cdots,\boldsymbol{\beta}_t$ 线性无关. □

注　性质 4.1.4 可以推广到多个特征值的情形.

例 4.1.4　设 $\boldsymbol{A}$ 为 n 阶矩阵, λ_1,λ_2 是 $\boldsymbol{A}$ 的两个不同特征值, $\boldsymbol{\alpha}_1,\boldsymbol{\alpha}_2$ 分别是 $\boldsymbol{A}$ 的属于 λ_1,λ_2 的特征向量, 证明: $\boldsymbol{\alpha}_1+\boldsymbol{\alpha}_2$ 不是 $\boldsymbol{A}$ 的特征向量.

证明　假设 $\boldsymbol{\alpha}_1+\boldsymbol{\alpha}_2$ 是 $\boldsymbol{A}$ 的特征向量, 则存在 λ, 使得 $\boldsymbol{A}(\boldsymbol{\alpha}_1+\boldsymbol{\alpha}_2)=\lambda(\boldsymbol{\alpha}_1+\boldsymbol{\alpha}_2)$. 又因为 $\boldsymbol{A}\boldsymbol{\alpha}_1=\lambda_1\boldsymbol{\alpha}_1$, $\boldsymbol{A}\boldsymbol{\alpha}_2=\lambda_2\boldsymbol{\alpha}_2$,

$$\boldsymbol{A}(\boldsymbol{\alpha}_1+\boldsymbol{\alpha}_2)=\lambda_1\boldsymbol{\alpha}_1+\lambda_2\boldsymbol{\alpha}_2,$$

从而 $\lambda(\boldsymbol{\alpha}_1+\boldsymbol{\alpha}_2)=\lambda_1\boldsymbol{\alpha}_1+\lambda_2\boldsymbol{\alpha}_2$, 即

$$(\lambda-\lambda_1)\boldsymbol{\alpha}_1+(\lambda-\lambda_2)\boldsymbol{\alpha}_2=\mathbf{0}.$$

由 $\boldsymbol{\alpha}_1,\boldsymbol{\alpha}_2$ 线性无关, 得 $\lambda_1=\lambda_2=\lambda$, 此与 λ_1,λ_2 互异矛盾. 故 $\boldsymbol{\alpha}_1+\boldsymbol{\alpha}_2$ 不是 $\boldsymbol{A}$ 的特征向量. □

习　题　4.1

1. 求下列矩阵的特征值与特征向量.

(1) $\boldsymbol{A}=\begin{pmatrix}2&3&2\\1&4&2\\1&-3&1\end{pmatrix}$;

(2) $\boldsymbol{A}=\begin{pmatrix}3&1&1\\2&4&2\\1&1&3\end{pmatrix}$;

(3) $\boldsymbol{A}=\begin{pmatrix}3&2&4\\2&0&2\\4&2&3\end{pmatrix}$;

(4) $\boldsymbol{A}=\begin{pmatrix}1&3&1&2\\0&-1&1&3\\0&0&2&5\\0&0&0&2\end{pmatrix}$.

2. 设 n 阶矩阵 $\boldsymbol{A}$ 的各行元素之和都是 3, 求 $\boldsymbol{A}$ 的一个特征值及相应的一个特征向量.

3. 若三维列向量 $\boldsymbol{\alpha},\boldsymbol{\beta}$ 满足 $\boldsymbol{\alpha}^{\mathrm{T}}\boldsymbol{\beta}=2$, 求矩阵 $\boldsymbol{\beta}\boldsymbol{\alpha}^{\mathrm{T}}$ 的一个非零特征值.

4. 设 2 是矩阵 $\boldsymbol{A}=\begin{pmatrix}3&0&0\\1&t&3\\1&2&3\end{pmatrix}$ 的特征值.

(1) 求 t 的值;

(2) 求属于 2 的所有特征向量.

5. 设 $\boldsymbol{A}$ 为三阶可逆矩阵, 满足 $|\boldsymbol{A}|=2$, $|\boldsymbol{I}+\boldsymbol{A}|=0$, $\left|\boldsymbol{I}-\boldsymbol{A}^{-1}\right|=0$, 求矩阵 $\boldsymbol{A}+\boldsymbol{I}$ 的所有特征值.

6. 设 $\boldsymbol{A}$ 为 n 阶矩阵, 证明: $\boldsymbol{A}$ 与 $\boldsymbol{A}^{\mathrm{T}}$ 有相同的特征值.

4.2　矩阵的相似

定义 4.2.1　设 $\boldsymbol{A},\boldsymbol{B}$ 为数域 $\mathbb{F}$ 上的两个 n 阶矩阵. 若存在数域 $\mathbb{F}$ 上的 n 阶

可逆矩阵 $\boldsymbol{P}$, 使得 $\boldsymbol{B}=\boldsymbol{P}^{-1}\boldsymbol{A}\boldsymbol{P}$, 则称 $\boldsymbol{A}$ 相似于 $\boldsymbol{B}$, 记作 $\boldsymbol{A}\sim\boldsymbol{B}$.

显然相似满足以下基本性质:

(1) 反身性: $\boldsymbol{A}\sim\boldsymbol{A}$;

(2) 对称性: 若 $\boldsymbol{A}\sim\boldsymbol{B}$, 则 $\boldsymbol{B}\sim\boldsymbol{A}$;

(3) 传递性: 若 $\boldsymbol{A}\sim\boldsymbol{B}$, $\boldsymbol{B}\sim\boldsymbol{C}$, 则 $\boldsymbol{A}\sim\boldsymbol{C}$.

性质 4.2.1 相似矩阵有相同的特征多项式, 因此有相同的特征值.

证明 若 $\boldsymbol{A}\sim\boldsymbol{B}$, 则存在可逆矩阵 $\boldsymbol{P}$, 使得 $\boldsymbol{B}=\boldsymbol{P}^{-1}\boldsymbol{A}\boldsymbol{P}$, 于是

$$|\lambda\boldsymbol{I}-\boldsymbol{B}|=\left|\lambda\boldsymbol{I}-\boldsymbol{P}^{-1}\boldsymbol{A}\boldsymbol{P}\right|=\left|\boldsymbol{P}^{-1}(\lambda\boldsymbol{I}-\boldsymbol{A})\boldsymbol{P}\right|=\left|\boldsymbol{P}^{-1}\right||\lambda\boldsymbol{I}-\boldsymbol{A}||\boldsymbol{P}|=|\lambda\boldsymbol{I}-\boldsymbol{A}|.$$

□

注意, 此结论反之不真, 如 $\boldsymbol{A}=\begin{pmatrix}1&0\\0&1\end{pmatrix}$, $\boldsymbol{B}=\begin{pmatrix}1&1\\0&1\end{pmatrix}$. 显然 $\boldsymbol{A}$ 与 $\boldsymbol{B}$ 有相同的特征多项式及特征值, 但是 $\boldsymbol{A}$ 与 $\boldsymbol{B}$ 不相似, 因为与 $\boldsymbol{A}$ 相似的矩阵只能是 $\boldsymbol{A}$ 本身.

注 1 显然, 相似矩阵有相同的行列式.

注 2 矩阵相似一定等价, 从而相似矩阵有相同的秩.

性质 4.2.2 若 $\boldsymbol{A}\sim\boldsymbol{B}$, 则有 $\boldsymbol{A}^{\mathrm{T}}\sim\boldsymbol{B}^{\mathrm{T}}$, $\boldsymbol{A}^{-1}\sim\boldsymbol{B}^{-1}$(若 $\boldsymbol{A},\boldsymbol{B}$ 可逆), $\boldsymbol{A}^{*}\sim\boldsymbol{B}^{*}$.

例 4.2.1 设 $\boldsymbol{A}=\begin{pmatrix}2&0&0\\0&0&1\\0&1&a\end{pmatrix}$, $\boldsymbol{B}=\begin{pmatrix}2&0&0\\0&3&4\\0&-2&b\end{pmatrix}$. 若 $\boldsymbol{A}$ 与 $\boldsymbol{B}$ 相似, 求 a,b 的值.

解 由 $\boldsymbol{A}$ 与 $\boldsymbol{B}$ 相似, 根据相似的性质知 $\boldsymbol{A}$ 与 $\boldsymbol{B}$ 有相同的特征值, 从而有相同的行列式与迹, 于是

$$\begin{cases}|\boldsymbol{A}|=|\boldsymbol{B}|,\\ \operatorname{tr}(\boldsymbol{A})=\operatorname{tr}(\boldsymbol{B}),\end{cases}$$

即

$$\begin{cases}-2=2(8+3b),\\ 2+0+a=2+3+b,\end{cases}$$

故

$$a=0,\quad b=-3.$$

□

现在, 回到本章开始提出的问题, 即关于矩阵可对角化的问题.

若 n 阶矩阵 $\boldsymbol{A}$ 相似于对角矩阵, 则称矩阵 $\boldsymbol{A}$ 可以**相似对角化**, 即存在 n 阶可

逆矩阵 $\boldsymbol{P}$, 使得

$$\boldsymbol{P}^{-1}\boldsymbol{A}\boldsymbol{P}=\operatorname{diag}(\lambda_1,\lambda_2,\cdots,\lambda_n)=\begin{pmatrix}\lambda_1 & & & \\ & \lambda_2 & & \\ & & \ddots & \\ & & & \lambda_n\end{pmatrix}.$$

此时, 称 $\boldsymbol{\Lambda}=\begin{pmatrix}\lambda_1 & & & \\ & \lambda_2 & & \\ & & \ddots & \\ & & & \lambda_n\end{pmatrix}$ 为矩阵 $\boldsymbol{A}$ 的**相似标准形**.

定理 4.2.1　n 阶矩阵 $\boldsymbol{A}$ 可以相似对角化的充分必要条件是 $\boldsymbol{A}$ 有 n 个线性无关的特征向量.

证明　设 $\boldsymbol{A}$ 可以相似对角化, 则存在可逆矩阵 $\boldsymbol{P}$, 使得

$$\boldsymbol{P}^{-1}\boldsymbol{A}\boldsymbol{P}=\operatorname{diag}(\lambda_1,\lambda_2,\cdots,\lambda_n)=\begin{pmatrix}\lambda_1 & & & \\ & \lambda_2 & & \\ & & \ddots & \\ & & & \lambda_n\end{pmatrix}.$$

设 $\boldsymbol{P}=(\boldsymbol{\alpha}_1,\boldsymbol{\alpha}_2,\cdots,\boldsymbol{\alpha}_n)$, 则 $\boldsymbol{\alpha}_1,\boldsymbol{\alpha}_2,\cdots,\boldsymbol{\alpha}_n$ 线性无关. 于是

$$\boldsymbol{A}(\boldsymbol{\alpha}_1,\boldsymbol{\alpha}_2,\cdots,\boldsymbol{\alpha}_n)=(\boldsymbol{\alpha}_1,\boldsymbol{\alpha}_2,\cdots,\boldsymbol{\alpha}_n)\begin{pmatrix}\lambda_1 & & & \\ & \lambda_2 & & \\ & & \ddots & \\ & & & \lambda_n\end{pmatrix},$$

即 $\boldsymbol{A}\boldsymbol{\alpha}_i=\lambda_i\boldsymbol{\alpha}_i, i=1,2,\cdots,n$, 因此, $\boldsymbol{\alpha}_1,\boldsymbol{\alpha}_2,\cdots,\boldsymbol{\alpha}_n$ 是 $\boldsymbol{A}$ 的 n 个线性无关的特征向量. 反过来, 将上述过程逆推过去即得. □

显然, 若 n 阶矩阵 $\boldsymbol{A}$ 与对角矩阵

$$\boldsymbol{\Lambda}=\begin{pmatrix}\lambda_1 & & & \\ & \lambda_2 & & \\ & & \ddots & \\ & & & \lambda_n\end{pmatrix}$$

相似, 则 $\lambda_1,\lambda_2,\cdots,\lambda_n$ 是 $\boldsymbol{A}$ 的全部特征值.

推论 4.2.1 若 n 阶矩阵 $\boldsymbol{A}$ 有 n 个不同特征值, 则矩阵 $\boldsymbol{A}$ 一定可以相似对角化.

值得注意的是, 这是一个充分而非必要条件. 例如, 数量矩阵 $k\boldsymbol{I}$ 是可对角化的, 但它只有特征值 k (n 重的).

例 4.2.2 设 $\boldsymbol{A}=\begin{pmatrix} 4 & 6 & 0 \\ -3 & -5 & 0 \\ -3 & -6 & 1 \end{pmatrix}$.

(1) 证明 $\boldsymbol{A}$ 可对角化;

(2) 求 $\boldsymbol{A}^{100}$.

解 (1) $\boldsymbol{A}$ 的特征多项式为

$$|\lambda \boldsymbol{I}-\boldsymbol{A}|=\begin{vmatrix} \lambda-4 & -6 & 0 \\ 3 & \lambda+5 & 0 \\ 3 & 6 & \lambda-1 \end{vmatrix}=(\lambda-1)^2(\lambda+2),$$

故 $\boldsymbol{A}$ 的特征值 $\lambda_1=-2$, $\lambda_2=\lambda_3=1$.

对特征值 $\lambda_1=-2$, 解齐次方程组 $(-2\boldsymbol{I}-\boldsymbol{A})\boldsymbol{x}=\boldsymbol{0}$, 基础解系

$$\boldsymbol{\alpha}_1=\begin{pmatrix} -1 \\ 1 \\ 1 \end{pmatrix}.$$

此为特征值 $\lambda_1=-2$ 的特征向量.

对特征值 $\lambda_2=\lambda_3=1$, 解齐次方程组 $(\boldsymbol{I}-\boldsymbol{A})\boldsymbol{x}=\boldsymbol{0}$, 基础解系

$$\boldsymbol{\alpha}_2=\begin{pmatrix} -2 \\ 1 \\ 0 \end{pmatrix}, \quad \boldsymbol{\alpha}_3=\begin{pmatrix} 0 \\ 0 \\ 1 \end{pmatrix},$$

此为特征值 $\lambda_2=\lambda_3=1$ 的线性无关的特征向量.

因此 $\boldsymbol{\alpha}_1=\begin{pmatrix} -1 \\ 1 \\ 1 \end{pmatrix}, \boldsymbol{\alpha}_2=\begin{pmatrix} -2 \\ 1 \\ 0 \end{pmatrix}, \boldsymbol{\alpha}_3=\begin{pmatrix} 0 \\ 0 \\ 1 \end{pmatrix}$ 为 $\boldsymbol{A}$ 的 3 个线性无关的特

征向量, 故 $\boldsymbol{A}$ 可以对角化. 设 $\boldsymbol{P}=\begin{pmatrix}-1&-2&0\\1&1&0\\1&0&1\end{pmatrix}$, 则

$$\boldsymbol{P}^{-1}\boldsymbol{A}\boldsymbol{P}=\begin{pmatrix}-2&&\\&1&\\&&1\end{pmatrix}.$$

(2) 由 (1), $\boldsymbol{A}=\boldsymbol{P}\begin{pmatrix}-2&&\\&1&\\&&1\end{pmatrix}\boldsymbol{P}^{-1}$, 于是

$$\boldsymbol{A}^{100}=\boldsymbol{P}\begin{pmatrix}-2&&\\&1&\\&&1\end{pmatrix}\boldsymbol{P}^{-1}\boldsymbol{P}\begin{pmatrix}-2&&\\&1&\\&&1\end{pmatrix}\boldsymbol{P}^{-1}\cdots\boldsymbol{P}\begin{pmatrix}-2&&\\&1&\\&&1\end{pmatrix}\boldsymbol{P}^{-1}.$$

从而

$$\begin{aligned}\boldsymbol{A}^{100}&=\boldsymbol{P}\begin{pmatrix}-2&&\\&1&\\&&1\end{pmatrix}^{100}\boldsymbol{P}^{-1}=\boldsymbol{P}\begin{pmatrix}(-2)^{100}&&\\&1&\\&&1\end{pmatrix}\boldsymbol{P}^{-1}\\&=\begin{pmatrix}-2^{100}+2&-2^{101}+2&0\\2^{100}-1&2^{101}-1&0\\2^{100}-1&2^{101}-2&1\end{pmatrix}.\end{aligned}$$

□

最后, 不加证明地给出另一个常见的判定矩阵可对角化的方法.

定理 4.2.2　n 阶矩阵 $\boldsymbol{A}$ 可以相似对角化的充分必要条件是对于每一个 n_i 重特征值 λ_i, 恰好有 n_i 个线性无关的特征向量, 即秩 $r(\lambda_i\boldsymbol{I}-\boldsymbol{A})=n-n_i$.

例 4.2.3　判定矩阵 $\boldsymbol{A}=\begin{pmatrix}2&0&0\\0&2&1\\0&0&1\end{pmatrix}$ 是否可以相似对角化.

解　$|\lambda\boldsymbol{I}-\boldsymbol{A}|=\begin{vmatrix}\lambda-2&0&0\\0&\lambda-2&-1\\0&0&\lambda-1\end{vmatrix}=(\lambda-2)^2(\lambda-1)=0$, 故特征值为 $\lambda_1=\lambda_2=2,\lambda_3=1$.

对于 2 重特征值 $\lambda_1=\lambda_2=2$, $r(2\boldsymbol{I}-\boldsymbol{A})=1$. 因此, 矩阵 $\boldsymbol{A}$ 不能相似对角化.

□

注 上述两种矩阵相似对角化的判定方法中, 定理 4.2.1 利用线性无关的特征向量个数来判定, 而定理 4.2.2 侧重于利用矩阵的秩, 不需要计算特征向量. 读者在不同情形下灵活运用.

习 题 4.2

1. 若 n 阶矩阵 $\boldsymbol{A}$ 与 $\boldsymbol{B}$ 相似, 证明:

(1) $\boldsymbol{A}^{\mathrm{T}}$ 与 $\boldsymbol{B}^{\mathrm{T}}$ 相似;

(2) $\boldsymbol{A}^*$ 与 $\boldsymbol{B}^*$ 相似;

(3) 若 $\boldsymbol{A}, \boldsymbol{B}$ 可逆, 则 $\boldsymbol{A}^{-1}$ 与 $\boldsymbol{B}^{-1}$ 相似.

2. 设 $\boldsymbol{\alpha}$ 是 n 阶矩阵 $\boldsymbol{A}$ 属于特征值 λ 的特征向量, 求 $\boldsymbol{B} = \boldsymbol{P}^{-1}\boldsymbol{A}\boldsymbol{P}$ 的一个特征值, 并求出相应的一个特征向量.

3. 判断下列矩阵能否相似对角化. 如果能, 求出相似变换矩阵 $\boldsymbol{P}$, 使得 $\boldsymbol{P}^{-1}\boldsymbol{A}\boldsymbol{P}$ 为对角矩阵; 如果不能, 说明理由.

(1) $\boldsymbol{A} = \begin{pmatrix} 1 & -3 & 3 \\ 3 & -5 & 3 \\ 6 & -6 & 4 \end{pmatrix}$;

(2) $\boldsymbol{A} = \begin{pmatrix} 3 & -2 & 0 \\ -1 & 3 & -1 \\ -5 & 7 & -1 \end{pmatrix}$;

(3) $\boldsymbol{A} = \begin{pmatrix} 1 & -1 & 1 \\ 2 & 4 & -2 \\ -3 & -3 & 5 \end{pmatrix}$.

4. 设矩阵 $\boldsymbol{A} = \begin{pmatrix} 0 & 0 & 1 \\ x & 1 & y \\ 1 & 0 & 0 \end{pmatrix}$ 可相似于一个对角矩阵, 试求 x, y 应满足的条件.

5. 设矩阵 $\boldsymbol{A} = \begin{pmatrix} 2 & 0 & 0 \\ 0 & 0 & 1 \\ 0 & 1 & a \end{pmatrix}$, $\boldsymbol{B} = \begin{pmatrix} 2 & 0 & 0 \\ 0 & b & 0 \\ 0 & 0 & -1 \end{pmatrix}$, 且 $\boldsymbol{A}$ 与 $\boldsymbol{B}$ 相似.

(1) 求 a, b 的值;

(2) 求可逆矩阵 $\boldsymbol{P}$, 使得 $\boldsymbol{P}^{-1}\boldsymbol{A}\boldsymbol{P} = \boldsymbol{B}$.

6. 设三阶矩阵 $\boldsymbol{A} = \begin{pmatrix} 2 & 1 & 1 \\ 0 & 2 & 0 \\ 0 & -1 & 1 \end{pmatrix}$, 求 $\boldsymbol{A}^n$ (n 为正整数).

7. 设 $\boldsymbol{A}=\begin{pmatrix}3 & 2 & -2\\ -k & -1 & k\\ 4 & 2 & -3\end{pmatrix}$ 有 3 个线性无关的特征向量, 求可逆矩阵 $\boldsymbol{P}$, 使得 $\boldsymbol{P}^{-1}\boldsymbol{A}\boldsymbol{P}$ 为对角矩阵.

4.3 内积与正交矩阵

在第 3 章中, 我们介绍了向量及其运算, 包括加法与数乘运算, 为我们解决向量线性相关性问题、线性方程组解的理论问题提供了重要的基础. 为进一步研究向量间关系的需要, 我们再引入一种向量的运算 —— 内积.

定义 4.3.1 设 $\boldsymbol{\alpha}=(a_1,a_2,\cdots,a_n)^{\mathrm{T}}$, $\boldsymbol{\beta}=(b_1,b_2,\cdots,b_n)^{\mathrm{T}}\in\mathbb{R}^n$. 定义**内积**

$$(\boldsymbol{\alpha},\boldsymbol{\beta})=\boldsymbol{\alpha}^{\mathrm{T}}\boldsymbol{\beta}=a_1b_1+a_2b_2+\cdots+a_nb_n.$$

由内积定义, 不难验证下列基本性质:

(1) $(\boldsymbol{\alpha},\boldsymbol{\beta})=(\boldsymbol{\beta},\boldsymbol{\alpha})$;

(2) $(k\boldsymbol{\alpha},\boldsymbol{\beta})=k\,(\boldsymbol{\alpha},\boldsymbol{\beta})$;

(3) $(\boldsymbol{\alpha}+\boldsymbol{\beta},\boldsymbol{\gamma})=(\boldsymbol{\alpha},\boldsymbol{\gamma})+(\boldsymbol{\beta},\boldsymbol{\lambda})$;

(4) $(\boldsymbol{\alpha},\boldsymbol{\alpha})\geqslant 0$, 且 $(\boldsymbol{\alpha},\boldsymbol{\alpha})=0$ 当且仅当 $\boldsymbol{\alpha}=\mathbf{0}$,

其中 $\boldsymbol{\alpha},\boldsymbol{\beta},\boldsymbol{\gamma}\in\mathbb{R}^n$, $k\in\mathbb{R}$.

有了内积运算, 我们可以更好地度量向量.

定义 4.3.2 设 $\boldsymbol{\alpha}\in\mathbb{R}^n$, 称非负实数 $\sqrt{(\boldsymbol{\alpha},\boldsymbol{\alpha})}$ 为向量 $\boldsymbol{\alpha}$ 的**长度** (**模**), 记为 $||\boldsymbol{\alpha}||$, 即 $||\boldsymbol{\alpha}||=\sqrt{(\boldsymbol{\alpha},\boldsymbol{\alpha})}$.

显然, $||\boldsymbol{\alpha}||=\mathbf{0}$ 的充要条件是 $\boldsymbol{\alpha}=\mathbf{0}$. 当 $||\boldsymbol{\alpha}||=1$ 时, 称 $\boldsymbol{\alpha}$ 为一个**单位向量**. 若 $\boldsymbol{\alpha}\neq 0$, 则 $\dfrac{1}{||\boldsymbol{\alpha}||}\boldsymbol{\alpha}$ 为一个单位向量, 并称之为 $\boldsymbol{\alpha}$ 的**单位化**.

定理 4.3.1 对于 $\mathbb{R}^n$ 中任意两个向量 $\boldsymbol{\alpha},\boldsymbol{\beta}$, 有下列不等式

$$|\,(\boldsymbol{\alpha},\boldsymbol{\beta})\,|\leqslant||\boldsymbol{\alpha}||\cdot||\boldsymbol{\beta}||,$$

其中等号成立的充要条件是 $\boldsymbol{\alpha},\boldsymbol{\beta}$ 线性相关.

证明 如果 $\boldsymbol{\alpha},\boldsymbol{\beta}$ 线性相关, 则 $\boldsymbol{\alpha}=\mathbf{0}$ 或 $\boldsymbol{\beta}=k\boldsymbol{\alpha}$, $k\in\mathbb{R}$, 无论哪种情况都有

$$(\boldsymbol{\alpha},\boldsymbol{\beta})^2=(\boldsymbol{\alpha},\boldsymbol{\alpha})\,(\boldsymbol{\beta},\boldsymbol{\beta})\,,$$

从而有 $|\,(\boldsymbol{\alpha},\boldsymbol{\beta})\,|=||\boldsymbol{\alpha}||\cdot||\boldsymbol{\beta}||$.

设 $\boldsymbol{\alpha},\boldsymbol{\beta}$ 线性无关, 则对任意 $t\in\mathbb{R}$, $t\boldsymbol{\alpha}+\boldsymbol{\beta}\neq\mathbf{0}$, 于是 $(t\boldsymbol{\alpha}+\boldsymbol{\beta},t\boldsymbol{\alpha}+\boldsymbol{\beta})>0$, 即

$$t^2\,(\boldsymbol{\alpha},\boldsymbol{\alpha})+2t\,(\boldsymbol{\alpha},\boldsymbol{\beta})+(\boldsymbol{\beta},\boldsymbol{\beta})>0.$$

上式左边是 t 的二次多项式, 由于它对任意的 t 都成立, 所以

$$(\boldsymbol{\alpha},\boldsymbol{\beta})^2-(\boldsymbol{\alpha},\boldsymbol{\alpha})(\boldsymbol{\beta},\boldsymbol{\beta})<0,$$

从而 $|(\boldsymbol{\alpha},\boldsymbol{\beta})|<||\boldsymbol{\alpha}||\cdot||\boldsymbol{\beta}||$. □

上述不等式称为柯西 (Cauchy) 不等式, 我们容易得到其一个特例.

例 4.3.1 对于任意实数 $a_1,a_2,\cdots,a_n;b_1,b_2,\cdots,b_n$, 有

$$|a_1b_1+a_2b_2+\cdots+a_nb_n|\leqslant\sqrt{a_1^2+a_2^2+\cdots+a_n^2}\sqrt{b_1^2+b_2^2+\cdots+b_n^2}.$$

定义 4.3.3 设 $\boldsymbol{\alpha},\boldsymbol{\beta}\in\mathbb{R}^n$, 定义 $\boldsymbol{\alpha},\boldsymbol{\beta}$ 的**夹角**为

$$\langle\boldsymbol{\alpha},\boldsymbol{\beta}\rangle=\arccos\frac{(\boldsymbol{\alpha},\boldsymbol{\beta})}{||\boldsymbol{\alpha}||\cdot||\boldsymbol{\beta}||}.$$

有了内积运算, 不仅可以更好地度量向量, 还可以深入地研究向量间的关系.

定义 4.3.4 设 $\boldsymbol{\alpha},\boldsymbol{\beta}\in\mathbb{R}^n$. 若 $(\boldsymbol{\alpha},\boldsymbol{\beta})=0$, 则称向量 $\boldsymbol{\alpha}$ 与 $\boldsymbol{\beta}$ **正交**, 记为 $\boldsymbol{\alpha}\perp\boldsymbol{\beta}$.

显然, 根据内积的定义, 正交在几何上表示垂直, 故正交也称垂直. 零向量与任何向量正交.

定义 4.3.5 设非零向量 $\boldsymbol{\alpha}_1,\boldsymbol{\alpha}_2,\cdots,\boldsymbol{\alpha}_r\in\mathbb{R}^n$. 若它们是两两正交的向量组, 则称 $\boldsymbol{\alpha}_1,\boldsymbol{\alpha}_2,\cdots,\boldsymbol{\alpha}_r$ 为一个**正交向量组**. 进一步地, 若每个向量还都是单位向量, 则称 $\boldsymbol{\alpha}_1,\boldsymbol{\alpha}_2,\cdots,\boldsymbol{\alpha}_r$ 为一个**单位正交向量组**.

正交向量组是我们遇到又一类比较特殊的向量组, 在前面我们曾经探讨过线性无关组, 那么这两种向量组有什么关系呢?

定理 4.3.2 正交向量组一定是线性无关组.

证明 设 $\boldsymbol{\alpha}_1,\boldsymbol{\alpha}_2,\cdots,\boldsymbol{\alpha}_r$ 为一个正交向量组. 假设

$$k_1\boldsymbol{\alpha}_1+k_2\boldsymbol{\alpha}_2+\cdots+k_r\boldsymbol{\alpha}_r=\mathbf{0}.$$

用 $\boldsymbol{\alpha}_i$ 与上式两边作内积

$$(\boldsymbol{\alpha}_i,k_1\boldsymbol{\alpha}_1+k_2\boldsymbol{\alpha}_2+\cdots+k_r\boldsymbol{\alpha}_r)=(\boldsymbol{\alpha}_i,\mathbf{0}).$$

由内积的性质及正交的定义知

$$k_i(\boldsymbol{\alpha}_i,\boldsymbol{\alpha}_i)=0.$$

由于 $\boldsymbol{\alpha}_i\neq\mathbf{0}$ 知 $(\boldsymbol{\alpha}_i,\boldsymbol{\alpha}_i)>0$, 故 $k_i=0\ (i=1,2,\cdots,r)$. □

显然, 定理的逆命题不成立, 但可以由线性无关组构造正交向量组, 这就是施密特 (Schmidt) 正交化方法.

定理 4.3.3　设 $\boldsymbol{\alpha}_1, \boldsymbol{\alpha}_2, \cdots, \boldsymbol{\alpha}_r$ 为一个线性无关组, 则一定存在一个正交向量组 $\boldsymbol{\beta}_1, \boldsymbol{\beta}_2, \cdots, \boldsymbol{\beta}_r$, 且两组向量等价.

证明　设

$$\begin{aligned}
&\boldsymbol{\beta}_1 = \boldsymbol{\alpha}_1, \\
&\boldsymbol{\beta}_2 = \boldsymbol{\alpha}_2 - \frac{(\boldsymbol{\alpha}_2, \boldsymbol{\beta}_1)}{(\boldsymbol{\beta}_1, \boldsymbol{\beta}_1)}\boldsymbol{\beta}_1, \\
&\cdots\cdots \\
&\boldsymbol{\beta}_r = \boldsymbol{\alpha}_r - \frac{(\boldsymbol{\alpha}_r, \boldsymbol{\beta}_1)}{(\boldsymbol{\beta}_1, \boldsymbol{\beta}_1)}\boldsymbol{\beta}_1 - \cdots - \frac{(\boldsymbol{\alpha}_r, \boldsymbol{\beta}_{r-1})}{(\boldsymbol{\beta}_{r-1}, \boldsymbol{\beta}_{r-1})}\boldsymbol{\beta}_{r-1},
\end{aligned}$$

则 $\boldsymbol{\beta}_1, \boldsymbol{\beta}_2, \cdots, \boldsymbol{\beta}_r$ 即为一个所求的正交向量组. 请读者自己验证. □

例 4.3.2　在 $\mathbb{R}^4$ 中, 把向量组 $\boldsymbol{\alpha}_1=(1,1,0,0)$, $\boldsymbol{\alpha}_2=(1,0,1,0)$, $\boldsymbol{\alpha}_3=(-1,0,0,1)$ 化成单位正交向量组.

解　第一步: 正交化.

$$\begin{aligned}
\boldsymbol{\beta}_1 &= \boldsymbol{\alpha}_1 = (1,1,0,0), \\
\boldsymbol{\beta}_2 &= \boldsymbol{\alpha}_2 - \frac{(\boldsymbol{\alpha}_2, \boldsymbol{\beta}_1)}{(\boldsymbol{\beta}_1, \boldsymbol{\beta}_1)}\boldsymbol{\beta}_1 = (1,0,1,0) - \frac{1}{2}(1,1,0,0) = \left(\frac{1}{2}, -\frac{1}{2}, 1, 0\right), \\
\boldsymbol{\beta}_3 &= \boldsymbol{\alpha}_3 - \frac{(\boldsymbol{\alpha}_3, \boldsymbol{\beta}_1)}{(\boldsymbol{\beta}_1, \boldsymbol{\beta}_1)}\boldsymbol{\beta}_1 - \frac{(\boldsymbol{\alpha}_3, \boldsymbol{\beta}_2)}{(\boldsymbol{\beta}_2, \boldsymbol{\beta}_2)}\boldsymbol{\beta}_2 \\
&= (-1,0,0,1) + \frac{1}{2}(1,1,0,0) + \frac{1}{3}\left(\frac{1}{2}, -\frac{1}{2}, 1, 0\right) = \left(-\frac{1}{3}, \frac{1}{3}, \frac{1}{3}, 1\right).
\end{aligned}$$

第二步: 单位化.

$$\begin{aligned}
\boldsymbol{\eta}_1 &= \frac{\boldsymbol{\beta}_1}{||\boldsymbol{\beta}_1||} = \left(\frac{1}{\sqrt{2}}, \frac{1}{\sqrt{2}}, 0, 0\right), \\
\boldsymbol{\eta}_2 &= \frac{\boldsymbol{\beta}_2}{||\boldsymbol{\beta}_2||} = \left(\frac{1}{\sqrt{6}}, -\frac{1}{\sqrt{6}}, \frac{2}{\sqrt{6}}, 0\right), \\
\boldsymbol{\eta}_3 &= \frac{\boldsymbol{\beta}_3}{||\boldsymbol{\beta}_3||} = \left(-\frac{1}{\sqrt{12}}, \frac{1}{\sqrt{12}}, \frac{1}{\sqrt{12}}, \frac{3}{\sqrt{12}}\right).
\end{aligned}$$

则 $\boldsymbol{\eta}_1, \boldsymbol{\eta}_2, \boldsymbol{\eta}_3$ 即为所求的单位正交向量组. □

向量组与矩阵联系紧密, 列 (行) 向量组线性无关的方阵为一个可逆矩阵, 那么列 (行) 向量组为单位正交向量组的方阵又具有什么特性呢?

定义 4.3.6　设 $\boldsymbol{A}$ 为 n 阶矩阵, $\boldsymbol{I}$ 为 n 阶单位矩阵. 若

$$\boldsymbol{A}^{\mathrm{T}}\boldsymbol{A} = \boldsymbol{A}\boldsymbol{A}^{\mathrm{T}} = \boldsymbol{I},$$

则称 $\boldsymbol{A}$ 为**正交矩阵**.

显然, 正交矩阵具有以下良好性质.

(1) 若 $\boldsymbol{A}$ 为正交矩阵, 则 $\boldsymbol{A}$ 为一个可逆矩阵;

(2) 若 $\boldsymbol{A}$ 为正交矩阵, 则 $|\boldsymbol{A}|=\pm1$;

(3) 若 $\boldsymbol{A}$ 为正交矩阵, 则 $\boldsymbol{A}^{-1},\boldsymbol{A}^{\mathrm{T}},\boldsymbol{A}^*$ 也是正交矩阵;

(4) 若 $\boldsymbol{A},\boldsymbol{B}$ 均为正交矩阵, 则 $\boldsymbol{AB}$ 也是正交矩阵.

定理 4.3.4 设 $\boldsymbol{A}$ 为 n 阶实矩阵, 则 $\boldsymbol{A}$ 为正交矩阵的充要条件是其列 (行) 向量组是单位正交向量组.

证明 设 $\boldsymbol{A}=(\boldsymbol{\alpha}_1,\boldsymbol{\alpha}_2,\cdots,\boldsymbol{\alpha}_n)$, 其中 $\boldsymbol{\alpha}_1,\boldsymbol{\alpha}_2,\cdots,\boldsymbol{\alpha}_n$ 为 $\boldsymbol{A}$ 的列向量组. $\boldsymbol{A}$ 为正交矩阵等价于 $\boldsymbol{A}^{\mathrm{T}}\boldsymbol{A}=\boldsymbol{I}$, 而

$$\boldsymbol{A}^{\mathrm{T}}\boldsymbol{A}=\begin{pmatrix}\boldsymbol{\alpha}_1^{\mathrm{T}}\\\boldsymbol{\alpha}_2^{\mathrm{T}}\\\vdots\\\boldsymbol{\alpha}_n^{\mathrm{T}}\end{pmatrix}(\boldsymbol{\alpha}_1,\boldsymbol{\alpha}_2,\cdots,\boldsymbol{\alpha}_n)=\begin{pmatrix}\boldsymbol{\alpha}_1^{\mathrm{T}}\boldsymbol{\alpha}_1&\boldsymbol{\alpha}_1^{\mathrm{T}}\boldsymbol{\alpha}_2&\cdots&\boldsymbol{\alpha}_1^{\mathrm{T}}\boldsymbol{\alpha}_n\\\boldsymbol{\alpha}_2^{\mathrm{T}}\boldsymbol{\alpha}_1&\boldsymbol{\alpha}_2^{\mathrm{T}}\boldsymbol{\alpha}_2&\cdots&\boldsymbol{\alpha}_2^{\mathrm{T}}\boldsymbol{\alpha}_n\\\vdots&\vdots&&\vdots\\\boldsymbol{\alpha}_n^{\mathrm{T}}\boldsymbol{\alpha}_1&\boldsymbol{\alpha}_n^{\mathrm{T}}\boldsymbol{\alpha}_2&\cdots&\boldsymbol{\alpha}_n^{\mathrm{T}}\boldsymbol{\alpha}_n\end{pmatrix}$$

$$=\begin{pmatrix}(\boldsymbol{\alpha}_1,\boldsymbol{\alpha}_1)&(\boldsymbol{\alpha}_1,\boldsymbol{\alpha}_2)&\cdots&(\boldsymbol{\alpha}_1,\boldsymbol{\alpha}_n)\\(\boldsymbol{\alpha}_2,\boldsymbol{\alpha}_1)&(\boldsymbol{\alpha}_2,\boldsymbol{\alpha}_2)&\cdots&(\boldsymbol{\alpha}_2,\boldsymbol{\alpha}_n)\\\vdots&\vdots&&\vdots\\(\boldsymbol{\alpha}_n,\boldsymbol{\alpha}_1)&(\boldsymbol{\alpha}_n,\boldsymbol{\alpha}_2)&\cdots&(\boldsymbol{\alpha}_n,\boldsymbol{\alpha}_n)\end{pmatrix},$$

故 $\boldsymbol{A}^{\mathrm{T}}\boldsymbol{A}=\boldsymbol{I}$ 等价于

$$\begin{cases}(\boldsymbol{\alpha}_i,\boldsymbol{\alpha}_i)=1, & i=1,2,\cdots,n,\\(\boldsymbol{\alpha}_i,\boldsymbol{\alpha}_j)=0, & i\neq j,\quad i,j=1,2,\cdots,n.\end{cases}$$

即 $\boldsymbol{A}$ 为正交矩阵的充要条件是其列向量组为单位正交向量组.

类似可证 $\boldsymbol{A}$ 为正交矩阵的充要条件是其行向量组为单位正交向量组. □

习 题 4.3

1. 在 $\mathbb{R}^4$ 中, 求向量 $\boldsymbol{\alpha}=(1,2,2,3)$ 与 $\boldsymbol{\beta}=(3,1,5,1)$ 的夹角 $\langle\boldsymbol{\alpha},\boldsymbol{\beta}\rangle$.

2. 用施密特正交化方法将下列向量组化为单位正交向量组.

(1) $\boldsymbol{\alpha}_1=(1,0,1)$, $\boldsymbol{\alpha}_2=(1,1,0)$, $\boldsymbol{\alpha}_3=(0,1,1)$;

(2) $\boldsymbol{\alpha}_1=(1,1,1,1)$, $\boldsymbol{\alpha}_2=(1,-2,-3,-4)$, $\boldsymbol{\alpha}_3=(1,2,2,3)$.

3. 已知 $\boldsymbol{\alpha}_1=(1,1,1)$, 求非零向量 $\boldsymbol{\alpha}_2$, $\boldsymbol{\alpha}_3$, 使得 $\boldsymbol{\alpha}_1$, $\boldsymbol{\alpha}_2$, $\boldsymbol{\alpha}_3$ 两两正交.

4. 判别下列矩阵是否为正交矩阵.

$$(1)\begin{pmatrix} 1 & -\frac{1}{2} & \frac{1}{3} \\ -\frac{1}{2} & 1 & \frac{1}{2} \\ \frac{1}{3} & \frac{1}{2} & -1 \end{pmatrix};\quad (2)\begin{pmatrix} \frac{1}{9} & -\frac{8}{9} & -\frac{4}{9} \\ -\frac{8}{9} & \frac{1}{9} & -\frac{4}{9} \\ -\frac{4}{9} & -\frac{4}{9} & \frac{7}{9} \end{pmatrix}.$$

5. 设 $\boldsymbol{A}$ 为 n 阶正交矩阵, n 为奇数, 且 $|\boldsymbol{A}|=1$, 证明: $\boldsymbol{I}-\boldsymbol{A}$ 不可逆.

4.4　实对称矩阵的对角化

现在, 我们回到矩阵对角化问题上来, 在 4.2 节中我们知道并不是每个矩阵都是可以对角化的, 但是有一类矩阵一定可以对角化, 这就是实对称矩阵.

一般地, 实矩阵的特征值未必全是实数, 但对于实对称矩阵, 我们有

定理 4.4.1　实对称矩阵的特征值都是实数.

证明　设 λ 为 $\boldsymbol{A}$ 的特征值, $\boldsymbol{\alpha}$ 为 $\boldsymbol{A}$ 的属于 λ 的特征向量. 则

$$\boldsymbol{A}\boldsymbol{\alpha}=\lambda\boldsymbol{\alpha}$$

两边取共轭,

$$\boldsymbol{A}\bar{\boldsymbol{\alpha}}=\bar{\lambda}\bar{\boldsymbol{\alpha}}.$$

因此,

$$\lambda\bar{\boldsymbol{\alpha}}^{\mathrm{T}}\boldsymbol{\alpha}=\bar{\boldsymbol{\alpha}}^{\mathrm{T}}(\boldsymbol{A}\boldsymbol{\alpha})=(\boldsymbol{A}\bar{\boldsymbol{\alpha}})^{\mathrm{T}}\boldsymbol{\alpha}=\bar{\lambda}\bar{\boldsymbol{\alpha}}^{\mathrm{T}}\boldsymbol{\alpha}.$$

由于 $\boldsymbol{\alpha}$ 为非零向量, $\bar{\boldsymbol{\alpha}}^{\mathrm{T}}\boldsymbol{\alpha}\neq 0$, 故 $\lambda=\bar{\lambda}$, 即 λ 为实数. □

定理 4.4.2　实对称矩阵的属于不同特征值的特征向量相互正交.

证明　设 λ_1,λ_2 是实对称矩阵 $\boldsymbol{A}$ 的不同特征值, $\boldsymbol{\alpha}_1,\boldsymbol{\alpha}_2$ 分别为 $\boldsymbol{A}$ 的属于特征值 λ_1,λ_2 的特征向量, 于是

$$\boldsymbol{A}\boldsymbol{\alpha}_1=\lambda_1\boldsymbol{\alpha}_1,\quad \boldsymbol{A}\boldsymbol{\alpha}_2=\lambda_2\boldsymbol{\alpha}_2.$$

分别用 $\boldsymbol{\alpha}_2^{\mathrm{T}},\boldsymbol{\alpha}_1^{\mathrm{T}}$ 左乘上面两式, 得

$$\boldsymbol{\alpha}_2^{\mathrm{T}}\boldsymbol{A}\boldsymbol{\alpha}_1=\lambda_1\boldsymbol{\alpha}_2^{\mathrm{T}}\boldsymbol{\alpha}_1,\quad \boldsymbol{\alpha}_1^{\mathrm{T}}\boldsymbol{A}\boldsymbol{\alpha}_2=\lambda_2\boldsymbol{\alpha}_1^{\mathrm{T}}\boldsymbol{\alpha}_2.$$

因为 $\boldsymbol{A}$ 为实对称矩阵, 以及 $\boldsymbol{\alpha}_2^{\mathrm{T}}\boldsymbol{A}\boldsymbol{\alpha}_1$ 是一个数, 所以

$$\boldsymbol{\alpha}_2^{\mathrm{T}}\boldsymbol{A}\boldsymbol{\alpha}_1=(\boldsymbol{\alpha}_2^{\mathrm{T}}\boldsymbol{A}\boldsymbol{\alpha}_1)^{\mathrm{T}}=\boldsymbol{\alpha}_1^{\mathrm{T}}\boldsymbol{A}\boldsymbol{\alpha}_2,$$

故 $\lambda_1\boldsymbol{\alpha}_2^{\mathrm{T}}\boldsymbol{\alpha}_1=\lambda_2\boldsymbol{\alpha}_1^{\mathrm{T}}\boldsymbol{\alpha}_2$, 而 $\boldsymbol{\alpha}_2^{\mathrm{T}}\boldsymbol{\alpha}_1=\boldsymbol{\alpha}_1^{\mathrm{T}}\boldsymbol{\alpha}_2$, 故 $(\lambda_1-\lambda_2)\boldsymbol{\alpha}_2^{\mathrm{T}}\boldsymbol{\alpha}_1=0$. 所以 $\boldsymbol{\alpha}_2^{\mathrm{T}}\boldsymbol{\alpha}_1=0$, 即 $\boldsymbol{\alpha}_1,\boldsymbol{\alpha}_2$ 正交. □

定理 4.4.3 设 $\boldsymbol{A}$ 为 n 阶实对称矩阵, 则存在正交矩阵 $\boldsymbol{Q}$, 使得

$$\boldsymbol{Q}^{-1}\boldsymbol{A}\boldsymbol{Q}=\boldsymbol{Q}^{\mathrm{T}}\boldsymbol{A}\boldsymbol{Q}=\begin{pmatrix}\lambda_1 & & & \\ & \lambda_2 & & \\ & & \ddots & \\ & & & \lambda_n\end{pmatrix},$$

其中 $\lambda_1,\lambda_2,\cdots,\lambda_n$ 是 $\boldsymbol{A}$ 的特征值.

证明 对矩阵 $\boldsymbol{A}$ 的阶用数学归纳法.

当 $n=1$ 时, 一阶矩阵 $\boldsymbol{A}$ 已是对角矩阵, 结论显然成立.

假设对任意的 $n-1$ 阶实对称矩阵, 结论成立. 下面证明对 n 阶实对称矩阵 $\boldsymbol{A}$, 结论也成立.

设 λ_1 是 $\boldsymbol{A}$ 的一个特征值, $\boldsymbol{\alpha}_1$ 是 $\boldsymbol{A}$ 的属于特征值 λ_1 的一个实特征向量. 由于 $\dfrac{1}{||\boldsymbol{\alpha}_1||}\boldsymbol{\alpha}_1$ 也是 $\boldsymbol{A}$ 的属于特征值 λ_1 的特征向量, 故不妨设 $\boldsymbol{\alpha}_1$ 已是单位向量. 记 $\boldsymbol{Q}_1$ 是以 $\boldsymbol{\alpha}_1$ 为第一列的 n 阶正交矩阵, 把 $\boldsymbol{Q}_1$ 分块为 $\boldsymbol{Q}_1=(\boldsymbol{\alpha}_1,\boldsymbol{R})$, 其中 $\boldsymbol{R}$ 为 $n\times(n-1)$ 矩阵, 则

$$\boldsymbol{Q}_1^{-1}\boldsymbol{A}\boldsymbol{Q}_1=\boldsymbol{Q}_1^{\mathrm{T}}\boldsymbol{A}\boldsymbol{Q}_1=\begin{pmatrix}\boldsymbol{\alpha}_1^{\mathrm{T}}\\ \boldsymbol{R}^{\mathrm{T}}\end{pmatrix}\boldsymbol{A}(\boldsymbol{\alpha}_1,\boldsymbol{R})=\begin{pmatrix}\boldsymbol{\alpha}_1^{\mathrm{T}}\boldsymbol{A}\boldsymbol{\alpha}_1 & \boldsymbol{\alpha}_1^{\mathrm{T}}\boldsymbol{A}\boldsymbol{R}\\ \boldsymbol{R}^{\mathrm{T}}\boldsymbol{A}\boldsymbol{\alpha}_1 & \boldsymbol{R}^{\mathrm{T}}\boldsymbol{A}\boldsymbol{R}\end{pmatrix}.$$

注意到 $\boldsymbol{A}\boldsymbol{\alpha}_1=\lambda_1\boldsymbol{\alpha}_1$, $\boldsymbol{\alpha}_1^{\mathrm{T}}\boldsymbol{\alpha}_1=1$ 及 $\boldsymbol{\alpha}_1$ 与 $\boldsymbol{R}$ 的各列向量都正交, 从而有

$$\boldsymbol{Q}_1^{-1}\boldsymbol{A}\boldsymbol{Q}_1=\begin{pmatrix}\lambda_1 & \boldsymbol{0}\\ \boldsymbol{0} & \boldsymbol{A}_1\end{pmatrix},$$

其中 $\boldsymbol{A}_1=\boldsymbol{R}^{\mathrm{T}}\boldsymbol{A}\boldsymbol{R}$ 为 $n-1$ 阶实对称矩阵. 对于 $\boldsymbol{A}_1$, 根据归纳假设知, 存在 $n-1$ 阶正交矩阵 $\boldsymbol{Q}_2$, 使得

$$\boldsymbol{Q}_2^{-1}\boldsymbol{A}_1\boldsymbol{Q}_2=\begin{pmatrix}\lambda_2 & & & \\ & \lambda_3 & & \\ & & \ddots & \\ & & & \lambda_n\end{pmatrix}.$$

设 $\boldsymbol{Q}_3=\begin{pmatrix}1 & \boldsymbol{0}\\ \boldsymbol{0} & \boldsymbol{Q}_2\end{pmatrix}$, 不难验证 $\boldsymbol{Q}_3$ 仍是正交矩阵, 并且

$$\boldsymbol{Q}_3^{-1}(\boldsymbol{Q}_1^{-1}\boldsymbol{A}\boldsymbol{Q}_1)\boldsymbol{Q}_3=\begin{pmatrix}1 & \boldsymbol{0}\\ \boldsymbol{0} & \boldsymbol{Q}_2\end{pmatrix}^{-1}\begin{pmatrix}\lambda_1 & \boldsymbol{0}\\ \boldsymbol{0} & \boldsymbol{A}_1\end{pmatrix}\begin{pmatrix}1 & \boldsymbol{0}\\ \boldsymbol{0} & \boldsymbol{Q}_2\end{pmatrix}$$

$$=\begin{pmatrix} \lambda_1 & \mathbf{0} \\ \mathbf{0} & \boldsymbol{Q}_2^{-1}\boldsymbol{A}_1\boldsymbol{Q}_2 \end{pmatrix} = \begin{pmatrix} \lambda_1 & & & \\ & \lambda_2 & & \\ & & \ddots & \\ & & & \lambda_n \end{pmatrix}.$$

记 $\boldsymbol{Q} = \boldsymbol{Q}_1\boldsymbol{Q}_3$, 则结论对 n 也成立. □

由上述证明过程, 不难得到实对称矩阵正交相似对角化的步骤.

(1) 求出对称矩阵 $\boldsymbol{A}$ 的特征值, 设 $\lambda_1, \lambda_2, \cdots, \lambda_r$ 是 $\boldsymbol{A}$ 的全部互不相同的特征值;

(2) 对每个特征值 λ_i, 解齐次线性方程组

$$(\lambda_i \boldsymbol{I} - \boldsymbol{A})\,\boldsymbol{x} = \mathbf{0},$$

求出一个基础解系 $\boldsymbol{\alpha}_{i1}, \cdots, \boldsymbol{\alpha}_{ik_i}$, 将其正交化和单位化, 得 $\boldsymbol{\eta}_{i1}, \cdots, \boldsymbol{\eta}_{ik_i}$;

(3) 设 $\boldsymbol{Q} = (\boldsymbol{\eta}_{11}, \cdots, \boldsymbol{\eta}_{1k_1}, \cdots, \boldsymbol{\eta}_{r1}, \cdots, \boldsymbol{\eta}_{rk_r})$, 则 $\boldsymbol{Q}$ 即为所求的正交矩阵.

例 4.4.1　设 $\boldsymbol{A} = \begin{pmatrix} 4 & 2 & 2 \\ 2 & 4 & 2 \\ 2 & 2 & 4 \end{pmatrix}$. 求正交矩阵 $\boldsymbol{Q}$, 使得 $\boldsymbol{Q}^{-1}\boldsymbol{A}\boldsymbol{Q}$ 为对角矩阵.

解　矩阵 $\boldsymbol{A}$ 的特征多项式

$$|\lambda \boldsymbol{I} - \boldsymbol{A}| = \begin{vmatrix} \lambda-4 & -2 & -2 \\ -2 & \lambda-4 & -2 \\ -2 & -2 & \lambda-4 \end{vmatrix} = (\lambda-2)^2(\lambda-8),$$

故 $\boldsymbol{A}$ 的特征值为 $\lambda_1 = \lambda_2 = 2$, $\lambda_3 = 8$.

对于 $\lambda_1 = \lambda_2 = 2$, 解齐次方程组 $(2\boldsymbol{I} - \boldsymbol{A})\,\boldsymbol{x} = \mathbf{0}$, 得一个基础解系

$$\boldsymbol{\alpha}_1 = \begin{pmatrix} -1 \\ 1 \\ 0 \end{pmatrix}, \quad \boldsymbol{\alpha}_2 = \begin{pmatrix} -1 \\ 0 \\ 1 \end{pmatrix}.$$

对于 $\lambda_3 = 8$, 解齐次方程组 $(8\boldsymbol{I} - \boldsymbol{A})\,\boldsymbol{x} = \mathbf{0}$, 得一个基础解系

$$\boldsymbol{\alpha}_3 = \begin{pmatrix} 1 \\ 1 \\ 1 \end{pmatrix}.$$

下面对 $\boldsymbol{\alpha}_1 = \begin{pmatrix} -1 \\ 1 \\ 0 \end{pmatrix}, \boldsymbol{\alpha}_2 = \begin{pmatrix} -1 \\ 0 \\ 1 \end{pmatrix}, \boldsymbol{\alpha}_3 = \begin{pmatrix} 1 \\ 1 \\ 1 \end{pmatrix}$ 进行施密特正交化.

正交化.

设

$$\beta_1 = \alpha_1 = \begin{pmatrix} -1 \\ 1 \\ 0 \end{pmatrix},$$

$$\beta_2 = \alpha_2 - \frac{(\alpha_2, \beta_1)}{(\beta_1, \beta_1)}\beta_1 = \begin{pmatrix} -\frac{1}{2} \\ -\frac{1}{2} \\ 1 \end{pmatrix},$$

$$\beta_3 = \alpha_3.$$

单位化.

$$\eta_1 = \frac{\beta_1}{||\beta_1||} = \left(-\frac{1}{\sqrt{2}}, \frac{1}{\sqrt{2}}, 0\right)^{\mathrm{T}},$$

$$\eta_2 = \frac{\beta_2}{||\beta_2||} = \left(-\frac{1}{\sqrt{6}}, -\frac{1}{\sqrt{6}}, \frac{2}{\sqrt{6}}\right)^{\mathrm{T}},$$

$$\eta_3 = \frac{\beta_3}{||\beta_3||} = \left(\frac{1}{\sqrt{3}}, \frac{1}{\sqrt{3}}, \frac{1}{\sqrt{3}}\right)^{\mathrm{T}},$$

故

$$Q = (\eta_1, \eta_2, \eta_3) = \begin{pmatrix} -\frac{1}{\sqrt{2}} & -\frac{1}{\sqrt{6}} & \frac{1}{\sqrt{3}} \\ \frac{1}{\sqrt{2}} & -\frac{1}{\sqrt{6}} & \frac{1}{\sqrt{3}} \\ 0 & \frac{2}{\sqrt{6}} & \frac{1}{\sqrt{3}} \end{pmatrix},$$

此时

$$Q^{-1}AQ = Q^{\mathrm{T}}AQ = \begin{pmatrix} 2 & & \\ & 2 & \\ & & 8 \end{pmatrix}.$$ □

例 4.4.2 已知 3 阶实对称矩阵 A 的特征值是 $\lambda_1 = -1, \lambda_2 = \lambda_3 = 1$, 对应于 $\lambda_1 = -1$ 的特征向量为 $\alpha_1 = \begin{pmatrix} 0 \\ 1 \\ 1 \end{pmatrix}$, 求矩阵 A.

解 因为 A 是实对称矩阵, 所以属于不同特征值的特征向量正交.

设 $\lambda_2=\lambda_3=1$ 对应的特征向量为 $\begin{pmatrix} x_1\\ x_2\\ x_3\end{pmatrix}$, 于是有

$$x_2+x_3=0.$$

解此齐次线性方程组得一个基础解系

$$\boldsymbol{\alpha}_2=\begin{pmatrix}1\\0\\0\end{pmatrix},\quad \boldsymbol{\alpha}_3=\begin{pmatrix}0\\1\\-1\end{pmatrix}.$$

此为属于 $\lambda_2=\lambda_3=1$ 的两个线性无关且正交的特征向量.

设

$$\begin{aligned}\boldsymbol{\eta}_1&=\frac{\boldsymbol{\alpha}_1}{||\boldsymbol{\alpha}_1||}=\left(0,0,\frac{1}{\sqrt{2}}\right)^{\mathrm{T}},\\ \boldsymbol{\eta}_2&=\frac{\boldsymbol{\alpha}_2}{||\boldsymbol{\alpha}_2||}=(1,0,0)^{\mathrm{T}},\\ \boldsymbol{\eta}_3&=\frac{\boldsymbol{\alpha}_3}{||\boldsymbol{\alpha}_3||}=\left(0,\frac{1}{\sqrt{2}},-\frac{1}{\sqrt{2}}\right)^{\mathrm{T}}.\end{aligned}$$

另一方面, 因为 $\boldsymbol{A}$ 是实对称矩阵, 故 $\boldsymbol{A}$ 一定可以对角化, 故设

$$\boldsymbol{Q}=(\boldsymbol{\eta}_1,\boldsymbol{\eta}_2,\boldsymbol{\eta}_3)=\begin{pmatrix}0&1&0\\ \dfrac{1}{\sqrt{2}}&0&\dfrac{1}{\sqrt{2}}\\ \dfrac{1}{\sqrt{2}}&0&-\dfrac{1}{\sqrt{2}}\end{pmatrix},$$

此时

$$\boldsymbol{Q}^{-1}\boldsymbol{A}\boldsymbol{Q}=\boldsymbol{Q}^{\mathrm{T}}\boldsymbol{A}\boldsymbol{Q}=\begin{pmatrix}-1&&\\&1&\\&&1\end{pmatrix}.$$

所以

$$\boldsymbol{A}=\boldsymbol{Q}\begin{pmatrix}-1&&\\&1&\\&&1\end{pmatrix}\boldsymbol{Q}^{-1}=\begin{pmatrix}1&0&0\\0&0&-1\\0&-1&0\end{pmatrix}.$$ □

习 题 4.4

1. 求正交矩阵 $\boldsymbol{Q}$, 使得 $\boldsymbol{Q}^{\mathrm{T}}\boldsymbol{A}\boldsymbol{Q}$ 为对角矩阵.

(1) $\boldsymbol{A}=\begin{pmatrix}1&2&2\\2&1&2\\2&2&1\end{pmatrix}$;

(2) $\boldsymbol{A}=\begin{pmatrix}3&4&-2\\4&3&2\\-2&2&6\end{pmatrix}$;

(3) $\boldsymbol{A}=\begin{pmatrix}1&1&0&-1\\1&1&-1&0\\0&-1&1&1\\-1&0&1&1\end{pmatrix}$.

2. 设 3 阶实对称矩阵 $\boldsymbol{A}$ 的特征值为 $1,1,-1$, 与 $\lambda=1$ 对应的特征向量为

$$\boldsymbol{\alpha}_1=\begin{pmatrix}1\\1\\1\end{pmatrix},\quad \boldsymbol{\alpha}_2=\begin{pmatrix}2\\2\\1\end{pmatrix}.$$

求矩阵 $\boldsymbol{A}$.

3. 设 3 阶实对称矩阵 $\boldsymbol{A}$ 的各行元素之和为 3, $\boldsymbol{\alpha}_1=\begin{pmatrix}-1\\2\\-1\end{pmatrix}$, $\boldsymbol{\alpha}_2=\begin{pmatrix}0\\-1\\1\end{pmatrix}$ 是齐次线性方程组 $\boldsymbol{A}\boldsymbol{x}=\boldsymbol{0}$ 的两个解.

(1) 求 $\boldsymbol{A}$ 的特征值与特征向量;

(2) 求正交矩阵 $\boldsymbol{Q}$, 使得 $\boldsymbol{Q}^{\mathrm{T}}\boldsymbol{A}\boldsymbol{Q}$ 为对角矩阵.

4. 设 $\boldsymbol{A},\boldsymbol{B}$ 都是实对称矩阵, 证明: 存在正交矩阵 $\boldsymbol{Q}$, 使得 $\boldsymbol{Q}^{-1}\boldsymbol{A}\boldsymbol{Q}=\boldsymbol{B}$ 的充分必要条件是 $\boldsymbol{A}$ 与 $\boldsymbol{B}$ 有相同的特征值.

5. 设 $\boldsymbol{A}$ 是 n 阶实对称矩阵, 且 $\boldsymbol{A}^2=\boldsymbol{A}$, 证明: 存在正交矩阵 $\boldsymbol{Q}$, 使得

$$\boldsymbol{Q}^{\mathrm{T}}\boldsymbol{A}\boldsymbol{Q}=\begin{pmatrix}1&&&&&\\&\ddots&&&&\\&&1&&&\\&&&0&&\\&&&&\ddots&\\&&&&&0\end{pmatrix}.$$

复习题 4

1. 求下列矩阵的特征值与特征向量.

(1) $\boldsymbol{A}=\begin{pmatrix}2&0&0\\1&2&-1\\1&0&1\end{pmatrix}$; (2) $\boldsymbol{A}=\begin{pmatrix}8&-2&-1\\-2&5&-2\\-3&-6&6\end{pmatrix}$.

2. 设 $\boldsymbol{\alpha}=(1,\ 1,\ 1)^{\mathrm{T}}$, $\boldsymbol{\beta}=(1,\ 0,\ k)^{\mathrm{T}}$, 若矩阵 $\boldsymbol{\alpha}\boldsymbol{\beta}^{\mathrm{T}}$ 相似于 $\begin{pmatrix}3&0&0\\0&0&0\\0&0&0\end{pmatrix}$, 则 $k=$__.

3. 设已知 $\boldsymbol{\xi}=\begin{pmatrix}1\\1\\-1\end{pmatrix}$ 是矩阵 $\boldsymbol{A}=\begin{pmatrix}2&-1&2\\5&a&3\\-1&b&-2\end{pmatrix}$ 的一个特征向量.

(1) 试确定参数 a, b 及特征向量 $\boldsymbol{\xi}$ 所对应的特征值;

(2) 问 $\boldsymbol{A}$ 能否相似于对角阵? 说明理由.

4. 设矩阵 $\boldsymbol{A}=\begin{pmatrix}1&2&-3\\-1&4&-3\\1&a&5\end{pmatrix}$ 的特征方程有一个 2 重根, 求 a 的值, 并讨论 $\boldsymbol{A}$ 是否可相似对角化.

5. 已知 $\boldsymbol{A}=\begin{pmatrix}1&1&1\\a&b&c\\d&e&f\end{pmatrix}$ 且 $\boldsymbol{\alpha}_1=(1,0,1)^{\mathrm{T}}$, $\boldsymbol{\alpha}_2=(1,0,-1)^{\mathrm{T}}$, $\boldsymbol{\alpha}_3=(1,1,0)^{\mathrm{T}}$ 是 $\boldsymbol{A}$ 的特征向量, 求矩阵 $\boldsymbol{A}$.

6. 设矩阵 $\boldsymbol{A}=\begin{pmatrix}1&1&a\\1&a&1\\a&1&1\end{pmatrix}$, $\boldsymbol{\beta}=\begin{pmatrix}1\\1\\-2\end{pmatrix}$. 已知线性方程组 $\boldsymbol{A}\boldsymbol{x}=\boldsymbol{\beta}$ 有解但不唯一, 试求:

(1) a 的值; (2) 正交矩阵 $\boldsymbol{Q}$, 使得 $\boldsymbol{Q}^{\mathrm{T}}\boldsymbol{A}\boldsymbol{Q}$ 为对角矩阵.

第4章测试题

Chapter 5

第5章 二 次 型

第5章课件

二次型的理论来源于解析几何中二次曲线和二次曲面的研究. 在平面解析几何中, 中心在坐标原点的二次曲线的一般方程为

$$ax^2+bxy+cy^2=1.$$

为研究它的几何性质, 选择适当的坐标旋转变换

$$\begin{cases} x=x'\cos\theta-y'\sin\theta, \\ y=x'\sin\theta+y'\cos\theta, \end{cases}$$

把方程化为标准形式

$$a'x'^2+b'y'^2=1.$$

这类问题具有普遍性, 在许多理论问题和实际问题中常会遇到. 本章将这类问题一般化, 讨论 n 个变量的二次齐次多项式的标准形问题.

5.1 二次型及其矩阵

定义 5.1.1 系数在数域 $\mathbb{F}$ 中的含 n 个变量 $x_1,\cdots,x_n$ 的二次齐次多项式

$$\begin{aligned} &f(x_1,\cdots,x_n)\\ =&a_{11}x_1^2+2a_{12}x_1x_2+\cdots+2a_{1n}x_1x_n+a_{22}x_2^2+\cdots+2a_{2n}x_2x_n+\cdots+a_{nn}x_n^2 \end{aligned} \tag{5.1.1}$$

称为是数域 $\mathbb{F}$ 上的一个 n **元二次型**, 简称**二次型**. 当 $\mathbb{F}=\mathbb{R}$ 时, $f(x_1,\cdots,x_n)$ 为**实二次型**; 当 $\mathbb{F}=\mathbb{C}$ 时, $f(x_1,\cdots,x_n)$ 为**复二次型**.

本章只讨论实二次型. 例如

$$f(x_1, x_2, x_3) = 2x_1^2 + 4x_2^2 + 5x_3^2 - 4x_1x_3$$

和

$$f(x_1, x_2, x_3) = x_1x_2 + x_1x_3 + x_2x_3$$

都是二次型, 而

$$f(x_1, x_2, x_3) = x_1^2 + x_2^2 + x_3^2 - 9$$

和

$$f(x_1, x_2, x_3) = x_1^2 + 2x_1x_2 + x_3^2 - 2x_1 + 4x_3 + 5$$

都不是二次型.

为了讨论的方便, 在式 (5.1.1) 中, 定义 $a_{ji} = a_{ij}$ $(i < j)$, 则

$$2a_{ij}x_ix_j = a_{ij}x_ix_j + a_{ji}x_jx_i \ (i < j),$$

于是式 (5.1.1) 可以改写成

$$\begin{aligned} f(x_1, \cdots, x_n) &= a_{11}x_1^2 + a_{12}x_1x_2 + \cdots + a_{1n}x_1x_n \\ &\quad + a_{21}x_2x_1 + a_{22}x_2^2 + \cdots + a_{2n}x_2x_n + \cdots \\ &\quad + a_{n1}x_nx_1 + a_{n2}x_nx_2 + \cdots + a_{nn}x_n^2 \\ &= \sum_{i=1}^{n}\sum_{j=1}^{n} a_{ij}x_ix_j. \end{aligned} \tag{5.1.2}$$

将式 (5.1.2) 的系数排成一个 n 阶矩阵, 得

$$\boldsymbol{A} = \begin{pmatrix} a_{11} & a_{12} & \cdots & a_{1n} \\ a_{21} & a_{22} & \cdots & a_{2n} \\ \vdots & \vdots & & \vdots \\ a_{n1} & a_{n2} & \cdots & a_{nn} \end{pmatrix},$$

记 $\boldsymbol{X} = \begin{pmatrix} x_1 \\ x_2 \\ \vdots \\ x_n \end{pmatrix}$, 则可以得到

$$\boldsymbol{X}^{\mathrm{T}}\boldsymbol{A}\boldsymbol{X} = (x_1, x_2, \cdots, x_n)\begin{pmatrix} a_{11} & a_{12} & \cdots & a_{1n} \\ a_{21} & a_{22} & \cdots & a_{2n} \\ \vdots & \vdots & & \vdots \\ a_{n1} & a_{n2} & \cdots & a_{nn} \end{pmatrix}\begin{pmatrix} x_1 \\ x_2 \\ \vdots \\ x_n \end{pmatrix}$$

$$= \sum_{i=1}^{n}\sum_{j=1}^{n} a_{ij}x_ix_j.$$

于是二次型 (5.1.1) 可以写成 $f(x_1,\cdots,x_n)=\boldsymbol{X}^{\mathrm{T}}\boldsymbol{A}\boldsymbol{X}$, 其中 $\boldsymbol{A}$ 称为二次型 $f(x_1,\cdots,x_n)$ 的矩阵. 显然 $\boldsymbol{A}^{\mathrm{T}}=\boldsymbol{A}$, 矩阵 $\boldsymbol{A}$ 的秩称为是**二次型的秩**. 于是二次型 $f(x_1,\cdots,x_n)$ 和它的矩阵 $\boldsymbol{A}$ 是相互唯一确定的, 即 n 元实二次型与 n 阶实对称矩阵之间有一一对应关系.

例 5.1.1 二次型 $f(x_1,x_2,x_3)=2x_1^2+4x_2^2+5x_3^2-4x_1x_3$ 的矩阵是

$$\boldsymbol{A}=\begin{pmatrix} 2 & 0 & -2 \\ 0 & 4 & 0 \\ -2 & 0 & 5 \end{pmatrix}.$$

反之, 上述矩阵 $\boldsymbol{A}$ 所对应的二次型是

$$\begin{aligned}\boldsymbol{X}^{\mathrm{T}}\boldsymbol{A}\boldsymbol{X} &= (x_1,x_2,x_3)\begin{pmatrix} 2 & 0 & -2 \\ 0 & 4 & 0 \\ -2 & 0 & 5 \end{pmatrix}\begin{pmatrix} x_1 \\ x_2 \\ x_3 \end{pmatrix} \\ &= f(x_1,x_2,x_3)=2x_1^2+4x_2^2+5x_3^2-4x_1x_3.\end{aligned}$$

□

例 5.1.2 求二次型 $f(x_1,x_2,x_3)=x_1^2-4x_1x_2+2x_1x_3-2x_2^2+6x_3^2$ 的秩.

解 二次型对应的矩阵 $\boldsymbol{A}=\begin{pmatrix} 1 & -2 & 1 \\ -2 & -2 & 0 \\ 1 & 0 & 6 \end{pmatrix}$, 对 $\boldsymbol{A}$ 作初等变换

$$\boldsymbol{A}\rightarrow\begin{pmatrix} 1 & -2 & 1 \\ 0 & -6 & 2 \\ 0 & 2 & 5 \end{pmatrix}\rightarrow\begin{pmatrix} 1 & -2 & 1 \\ 0 & 2 & 5 \\ 0 & 0 & 17 \end{pmatrix},$$

即 $r(\boldsymbol{A})=3$. 所以二次型的秩为 3. □

为了深入地研究二次型, 希望通过变量的线性变换来化简二次型.

定义 5.1.2 称

$$\begin{cases} x_1 = c_{11}y_1 + c_{12}y_2 + \cdots + c_{1n}y_n, \\ x_2 = c_{21}y_1 + c_{22}y_2 + \cdots + c_{2n}y_n, \\ \qquad\cdots\cdots \\ x_n = c_{n1}y_1 + c_{n2}y_2 + \cdots + c_{nn}y_n, \end{cases} \tag{5.1.3}$$

为由变量 $x_1,x_2,\cdots,x_n$ 到变量 $y_1,y_2,\cdots,y_n$ 的一个**线性变换**.

记

$$\boldsymbol{C}=\begin{pmatrix} c_{11} & c_{12} & \cdots & c_{1n} \\ c_{21} & c_{22} & \cdots & c_{2n} \\ \vdots & \vdots & & \vdots \\ c_{n1} & c_{n2} & \cdots & c_{nn} \end{pmatrix}, \quad \boldsymbol{Y}=\begin{pmatrix} y_1 \\ y_2 \\ \vdots \\ y_n \end{pmatrix},$$

则式 (5.1.3) 可写成矩阵形式 $\boldsymbol{X}=\boldsymbol{C}\boldsymbol{Y}$.

当 $\boldsymbol{C}$ 为可逆矩阵时, 称该线性变换为**非退化的** (**或可逆的**) **线性变换**.

对一般二次型 $f=\boldsymbol{X}^{\mathrm{T}}\boldsymbol{A}\boldsymbol{X}$, 经可逆线性变换 $\boldsymbol{X}=\boldsymbol{C}\boldsymbol{Y}$, 可将其化为

$$f=\boldsymbol{X}^{\mathrm{T}}\boldsymbol{A}\boldsymbol{X}=(\boldsymbol{C}\boldsymbol{Y})^{\mathrm{T}}\boldsymbol{A}(\boldsymbol{C}\boldsymbol{Y})=\boldsymbol{Y}^{\mathrm{T}}(\boldsymbol{C}^{\mathrm{T}}\boldsymbol{A}\boldsymbol{C})\boldsymbol{Y}=\boldsymbol{Y}^{\mathrm{T}}\boldsymbol{B}\boldsymbol{Y},$$

其中 $\boldsymbol{B}=\boldsymbol{C}^{\mathrm{T}}\boldsymbol{A}\boldsymbol{C}$. 因为 $\boldsymbol{B}^{\mathrm{T}}=(\boldsymbol{C}^{\mathrm{T}}\boldsymbol{A}\boldsymbol{C})^{\mathrm{T}}=\boldsymbol{C}^{\mathrm{T}}AC=\boldsymbol{B}$, 所以 $\boldsymbol{Y}^{\mathrm{T}}\boldsymbol{B}\boldsymbol{Y}$ 为关于 $y_1,y_2,\cdots,y_n$ 的二次型, 对应的矩阵为 $\boldsymbol{B}=\boldsymbol{C}^{\mathrm{T}}\boldsymbol{A}\boldsymbol{C}$.

关于 $\boldsymbol{A}$ 与 $\boldsymbol{C}^{\mathrm{T}}\boldsymbol{A}\boldsymbol{C}$ 的关系, 我们给出下列定义.

定义 5.1.3 设 $\boldsymbol{A},\boldsymbol{B}$ 为两个 n 阶矩阵. 如果存在可逆矩阵 $\boldsymbol{C}$, 使得 $\boldsymbol{C}^{\mathrm{T}}\boldsymbol{A}\boldsymbol{C}=\boldsymbol{B}$, 则称 $\boldsymbol{A}$ 与 $\boldsymbol{B}$ **是合同的**, 或 $\boldsymbol{A}$ **合同于** $\boldsymbol{B}$, 记 $\boldsymbol{A}\simeq\boldsymbol{B}$.

易见, 二次型 $f=\boldsymbol{X}^{\mathrm{T}}\boldsymbol{A}\boldsymbol{X}$ 的矩阵 $\boldsymbol{A}$ 与经可逆线性变换 $\boldsymbol{X}=\boldsymbol{C}\boldsymbol{Y}$ 得到的新二次型的矩阵 $\boldsymbol{B}=\boldsymbol{C}^{\mathrm{T}}\boldsymbol{A}\boldsymbol{C}$ 是合同的.

矩阵合同具有以下基本性质:

(1) 反身性: 对任一 n 阶矩阵 $\boldsymbol{A}$, $\boldsymbol{A}\simeq\boldsymbol{A}$;

(2) 对称性: 若 $\boldsymbol{A}\simeq\boldsymbol{B}$, 则 $\boldsymbol{B}\simeq\boldsymbol{A}$;

(3) 传递性: 若 $\boldsymbol{A}\simeq\boldsymbol{B}$, $\boldsymbol{B}\simeq\boldsymbol{C}$, 则 $\boldsymbol{A}\simeq\boldsymbol{C}$.

习 题 5.1

1. 写出下列二次型的矩阵, 并求出二次型的秩:

(1) $f(x_1,x_2,x_3)=x_1^2+2x_2^2+x_1x_2-2x_2x_3$;

(2) $f(x_1,x_2,x_3)=x_1^2+2x_2^2+4x_3^2+2x_1x_2+4x_2x_3$;

(3) $f(x_1,x_2,x_3,x_4)=x_1x_2-2x_2x_3+3x_3x_4$;

(4) $f(x_1,x_2,x_3,x_4)=x_1^2+2x_2^2+x_4^2+4x_1x_2+4x_1x_3+2x_1x_4+2x_2x_3+2x_2x_4+2x_3x_4$.

2. 写出对称矩阵 $\boldsymbol{A}=\begin{pmatrix} 1 & -2 & 1 \\ -2 & 0 & 1 \\ 1 & 1 & 1 \end{pmatrix}$ 所对应的二次型.

3. 写出二次型 $f(x_1,x_2,x_3)=(x_1,x_2,x_3)\begin{pmatrix} 1 & 2 & 3 \\ 4 & 5 & 6 \\ 7 & 8 & 9 \end{pmatrix}\begin{pmatrix} x_1 \\ x_2 \\ x_3 \end{pmatrix}$ 的矩阵.

4. 设 $\boldsymbol{A}=\begin{pmatrix}0&1&1\\1&2&1\\1&1&0\end{pmatrix}$, $\boldsymbol{B}=\begin{pmatrix}2&1&1\\1&0&1\\1&1&0\end{pmatrix}$. 求可逆矩阵 $\boldsymbol{C}$, 使得 $\boldsymbol{C}^{\mathrm{T}}\boldsymbol{A}\boldsymbol{C}=\boldsymbol{B}$.

5. 设二次型 $f(x_1,x_2,x_3)=2x_1^2+x_2^2-4x_1x_2-4x_2x_3$, 分别作下列可逆线性变换, 求出新的二次型:

(1) $\boldsymbol{x}=\begin{pmatrix}1&1&-2\\0&1&-2\\0&0&1\end{pmatrix}\boldsymbol{y}$;　　(2) $\boldsymbol{x}=\begin{pmatrix}\frac{1}{\sqrt{2}}&1&-2\\0&1&-1\\0&0&\frac{1}{2}\end{pmatrix}\boldsymbol{y}$.

5.2 二次型的标准形

如果二次型 $f(x_1,x_2,\cdots x_n)=\boldsymbol{X}^{\mathrm{T}}\boldsymbol{A}\boldsymbol{X}$ 经可逆线性变换 $\boldsymbol{X}=\boldsymbol{C}\boldsymbol{Y}$ 化为只含平方项的二次型 $\boldsymbol{Y}^{\mathrm{T}}\boldsymbol{B}\boldsymbol{Y}$, 即

$$\boldsymbol{Y}^{\mathrm{T}}\boldsymbol{B}\boldsymbol{Y}=d_1y_1^2+d_2y_2^2+\cdots+d_ny_n^2, \tag{5.2.1}$$

则称式 (5.2.1) 为二次型 $\boldsymbol{X}^{\mathrm{T}}\boldsymbol{A}\boldsymbol{X}$ 的标准形.

易见, 二次型 (5.2.1) 的矩阵 $\boldsymbol{B}$ 为 n 阶对角矩阵, 即

$$\boldsymbol{B}=\boldsymbol{C}^{\mathrm{T}}\boldsymbol{A}\boldsymbol{C}=\mathrm{diag}(d_1,d_2,\cdots d_n).$$

从而, 一个二次型能否化为标准形, 归结为该二次型的矩阵是否与一个对角矩阵合同. 我们从三个方面来讨论这个问题.

5.2.1 用配方法化二次型为标准形

先看下面的例子.

例 5.2.1 将 $\mathbb{R}^3$ 上的二次型 $f(x,y,z)=x^2+2y^2+5z^2+2xy+2xz+6yz$ 化为标准形, 并求出所用的线性变换.

解 先将含 x 的项配方得

$$\begin{aligned}f(x,y,z)&=x^2+2x(y+z)+2y^2+5z^2+6yz\\&=(x+y+z)^2+2y^2+5z^2+6yz-(y+z)^2\\&=(x+y+z)^2+y^2+4z^2+4yz,\end{aligned}$$

再对后面含 y 的项配方得 $f(x,y,z)=(x+y+z)^2+(y+2z)^2$. 设

$$\begin{cases}x_1=x+y+z,\\y_1=y+2z,\\z_1=z,\end{cases}$$

即

$$\begin{pmatrix} x_1 \\ y_1 \\ z_1 \end{pmatrix} = \begin{pmatrix} 1 & 1 & 1 \\ 0 & 1 & 2 \\ 0 & 0 & 1 \end{pmatrix} \begin{pmatrix} x \\ y \\ z \end{pmatrix},$$

也就是作可逆线性变换

$$\begin{pmatrix} x \\ y \\ z \end{pmatrix} = \begin{pmatrix} 1 & 1 & 1 \\ 0 & 1 & 2 \\ 0 & 0 & 1 \end{pmatrix}^{-1} \begin{pmatrix} x_1 \\ y_1 \\ z_1 \end{pmatrix},$$

则原二次型化为标准形 $f(x, y, z) = x_1^2 + y_1^2$. □

例 5.2.2　将二次型 $f(x_1, x_2, x_3) = x_1x_2 + x_1x_3 + x_2x_3$ 化为标准形.

解　此二次型没有平方项, 故先作一个线性变换, 使其出现平方项, 然后再如例 5.2.1 的方法进行配方. 设

$$\begin{cases} x_1 = y_1 - y_2, \\ x_2 = y_1 + y_2, \\ x_3 = y_3, \end{cases}$$

即

$$\begin{pmatrix} x_1 \\ x_2 \\ x_3 \end{pmatrix} = \begin{pmatrix} 1 & -1 & 0 \\ 1 & 1 & 0 \\ 0 & 0 & 1 \end{pmatrix} \begin{pmatrix} y_1 \\ y_2 \\ y_3 \end{pmatrix},$$

则原二次型化为

$$\begin{aligned} f(x_1, x_2, x_3) &= (y_1 - y_2)(y_1 + y_2) + (y_1 - y_2)y_3 + (y_1 + y_2)y_3 \\ &= y_1^2 - y_2^2 + 2y_1y_3 \\ &= (y_1 + y_3)^2 - y_2^2 - y_3^2, \end{aligned}$$

再设

$$\begin{cases} z_1 = y_1 + y_3, \\ z_2 = y_2, \\ z_3 = y_3, \end{cases} \quad \text{即} \quad \begin{cases} y_1 = z_1 - z_3, \\ y_2 = z_2, \\ y_3 = z_3, \end{cases}$$

也就是

$$\begin{pmatrix} y_1 \\ y_2 \\ y_3 \end{pmatrix} = \begin{pmatrix} 1 & 0 & -1 \\ 0 & 1 & 0 \\ 0 & 0 & 1 \end{pmatrix} \begin{pmatrix} z_1 \\ z_2 \\ z_3 \end{pmatrix}.$$

于是原二次型化为标准形 $f(x_1,x_2,x_3)=z_1^2-z_2^2-z_3^2$, 且所作的可逆线性变换为

$$\begin{pmatrix}x_1\\x_2\\x_3\end{pmatrix}=\begin{pmatrix}1&-1&0\\1&1&0\\0&0&1\end{pmatrix}\begin{pmatrix}y_1\\y_2\\y_3\end{pmatrix}=\begin{pmatrix}1&-1&0\\1&1&0\\0&0&1\end{pmatrix}\begin{pmatrix}1&0&-1\\0&1&0\\0&0&1\end{pmatrix}\begin{pmatrix}z_1\\z_2\\z_3\end{pmatrix}$$
$$=\begin{pmatrix}1&-1&-1\\1&1&-1\\0&0&1\end{pmatrix}\begin{pmatrix}z_1\\z_2\\z_3\end{pmatrix}.$$ □

一般地, 利用配方法可以得到以下结论.

定理 5.2.1 任一个 n 元二次型都可以通过可逆线性变换化为标准形.

用配方法化二次型为标准形的一般步骤:

(1) 若二次型含有 x_i 的平方项, 则先把含有 x_i 的乘积项集中, 然后配方, 再对其余变量重复上述过程, 直到所有变量都配成平方项为止.

(2) 若二次型中不含有平方项, 但是 $a_{ij}\neq 0\ (i\neq j)$. 则先作可逆线性变换

$$\begin{cases}x_i=y_i-y_j,\\x_j=y_i+y_j,\\x_k=y_k\quad(k=1,2,\cdots,n;k\neq i,j),\end{cases}$$

化二次型为含有平方项的二次型, 然后再按 (1) 中的方法配方.

用矩阵的语言, 定理 5.2.1 可叙述为以下形式.

定理 5.2.2 任意实对称矩阵都合同于对角矩阵.

5.2.2 用初等变换法化二次型为标准形

设有可逆线性变换 $\boldsymbol{X}=\boldsymbol{CY}$, 它将二次型 $\boldsymbol{X}^{\mathrm{T}}\boldsymbol{AX}$ 化为标准形 $\boldsymbol{Y}^{\mathrm{T}}\boldsymbol{BY}$, 则 $\boldsymbol{C}^{\mathrm{T}}\boldsymbol{AC}$ 为对角矩阵. 因为任一可逆矩阵均可表示为若干个初等矩阵的乘积, 故存在初等矩阵 $\boldsymbol{P}_1,\boldsymbol{P}_2,\cdots,\boldsymbol{P}_s$ 使得 $\boldsymbol{C}=\boldsymbol{P}_1\boldsymbol{P}_2\cdots\boldsymbol{P}_s$, 且

$$\boldsymbol{C}^{\mathrm{T}}\boldsymbol{AC}=\boldsymbol{P}_s^{\mathrm{T}}\cdots\boldsymbol{P}_2^{\mathrm{T}}\boldsymbol{P}_1^{\mathrm{T}}\boldsymbol{AP}_1\boldsymbol{P}_2\cdots\boldsymbol{P}_s$$

为对角矩阵.

由此可见, 对 $2n\times n$ 矩阵 $\begin{pmatrix}\boldsymbol{A}\\\boldsymbol{I}\end{pmatrix}$ 施以相应于右乘 $\boldsymbol{P}_1,\boldsymbol{P}_2,\cdots,\boldsymbol{P}_s$ 的初等列变换, 再对 $\boldsymbol{A}$ 施以相应于左乘 $\boldsymbol{P}_1^{\mathrm{T}},\boldsymbol{P}_2^{\mathrm{T}},\cdots,\boldsymbol{P}_S^{\mathrm{T}}$ 的初等行变换, 则矩阵 $\boldsymbol{A}$ 变为对角矩阵, 而 $\boldsymbol{I}$ 就变为所要求的可逆矩阵 $\boldsymbol{C}$, 即

$$\begin{pmatrix}\boldsymbol{A}\\\boldsymbol{I}\end{pmatrix}\xrightarrow[\text{对}\begin{pmatrix}\boldsymbol{A}\\\boldsymbol{I}\end{pmatrix}\text{施以一系列同样的初等列变换}]{\text{对 }\boldsymbol{A}\text{ 施以一系列初等行变换}}\begin{pmatrix}\boldsymbol{P}_s^{\mathrm{T}}\cdots\boldsymbol{P}_2^{\mathrm{T}}\boldsymbol{P}_1^{\mathrm{T}}\boldsymbol{AP}_1\boldsymbol{P}_2\cdots\boldsymbol{P}_s\\\boldsymbol{IP}_1\boldsymbol{P}_2\cdots\boldsymbol{P}_s\end{pmatrix}.$$

例 5.2.3　用初等变换法将下面的二次型化为标准形.

$$f(x_1,x_2,x_3)=x_1^2+4x_1x_2-4x_1x_3+4x_2^2-2x_2x_3.$$

解　二次型的矩阵为

$$\boldsymbol{A}=\begin{pmatrix}1 & 2 & -2\\ 2 & 4 & -1\\ -2 & -1 & 0\end{pmatrix}.$$

于是

$$\begin{pmatrix}\boldsymbol{A}\\ \boldsymbol{I}\end{pmatrix}=\begin{pmatrix}1 & 2 & -2\\ 2 & 4 & -1\\ -2 & -1 & 0\\ 1 & 0 & 0\\ 0 & 1 & 0\\ 0 & 0 & 1\end{pmatrix}\to\begin{pmatrix}1 & 2 & -2\\ 0 & 0 & 3\\ 0 & 3 & -4\\ 1 & 0 & 0\\ 0 & 1 & 0\\ 0 & 0 & 1\end{pmatrix}$$

$$\to\begin{pmatrix}1 & 0 & 0\\ 0 & 0 & 3\\ 0 & 3 & -4\\ 1 & -2 & 2\\ 0 & 1 & 0\\ 0 & 0 & 1\end{pmatrix}\to\begin{pmatrix}1 & 0 & 0\\ 0 & 3 & -4\\ 0 & 0 & 3\\ 1 & -2 & 2\\ 0 & 1 & 0\\ 0 & 0 & 1\end{pmatrix}$$

$$\to\begin{pmatrix}1 & 0 & 0\\ 0 & -4 & 3\\ 0 & 3 & 0\\ 1 & 2 & -2\\ 0 & 0 & 1\\ 0 & 1 & 0\end{pmatrix}\to\begin{pmatrix}1 & 0 & 0\\ 0 & -4 & 3\\ 0 & 0 & \frac{9}{4}\\ 1 & 2 & -2\\ 0 & 0 & 1\\ 0 & 1 & 0\end{pmatrix}\to\begin{pmatrix}1 & 0 & 0\\ 0 & -4 & 0\\ 0 & 0 & \frac{9}{4}\\ 1 & 2 & -\frac{1}{2}\\ 0 & 0 & 1\\ 0 & 1 & \frac{3}{4}\end{pmatrix}.$$

设 $\boldsymbol{C}=\begin{pmatrix}1 & 2 & -\frac{1}{2}\\ 0 & 0 & 1\\ 0 & 1 & \frac{3}{4}\end{pmatrix}$, 作可逆线性变换 $\boldsymbol{X}=\boldsymbol{CY}$, 则

$$\boldsymbol{C}^{\mathrm{T}}\boldsymbol{AC}=\mathrm{diag}\left(1,-4,\frac{9}{4}\right).$$

从而原二次型可化为标准形 $f(x_1,x_2,x_3)=y_1^2-4y_2^2+\frac{9}{4}y_3^2$. □

类似地, 若构造 $n\times 2n$ 矩阵 $\begin{pmatrix}\boldsymbol{A} & \boldsymbol{I}\end{pmatrix}$. 对 $\boldsymbol{A}$ 每施行一次初等列变换, 就对 $\begin{pmatrix}\boldsymbol{A} & \boldsymbol{I}\end{pmatrix}$ 施行一次相同的初等行变换. 当 $\boldsymbol{A}$ 化为对角矩阵时, $\boldsymbol{I}$ 就化为所要求的可逆矩阵 $\boldsymbol{C}^{\mathrm{T}}$. 即

$$\begin{pmatrix}\boldsymbol{A} & \boldsymbol{I}\end{pmatrix}\xrightarrow[\text{对 }\boldsymbol{A}\text{ 施以一系列同样的初等列变换}]{\text{对 }(\boldsymbol{A}\ \ \boldsymbol{I})\text{ 施以一系列初等行变换}}$$
$$\begin{pmatrix}\boldsymbol{P}_s^{\mathrm{T}}\cdots\boldsymbol{P}_2^{\mathrm{T}}\boldsymbol{P}_1^{\mathrm{T}}\boldsymbol{A}\boldsymbol{P}_1\boldsymbol{P}_2\cdots\boldsymbol{P}_s & \boldsymbol{P}_s^{\mathrm{T}}\cdots\boldsymbol{P}_2^{\mathrm{T}}\boldsymbol{P}_1^{\mathrm{T}}\boldsymbol{I}\end{pmatrix}.$$

例 5.2.4 用初等变换法化二次型 $f(x_1,x_2,x_3)=x_1x_2+x_1x_3+x_2x_3$ 为标准形.

解 二次型的矩阵为 $\boldsymbol{A}=\begin{pmatrix}0&\frac{1}{2}&\frac{1}{2}\\\frac{1}{2}&0&\frac{1}{2}\\\frac{1}{2}&\frac{1}{2}&0\end{pmatrix}$. 于是

$$\begin{pmatrix}\boldsymbol{A} & \boldsymbol{I}\end{pmatrix}=\begin{pmatrix}0&\frac{1}{2}&\frac{1}{2}&1&0&0\\\frac{1}{2}&0&\frac{1}{2}&0&1&0\\\frac{1}{2}&\frac{1}{2}&0&0&0&1\end{pmatrix}\to\begin{pmatrix}\frac{1}{2}&\frac{1}{2}&\frac{1}{2}&1&0&0\\\frac{1}{2}&0&\frac{1}{2}&0&1&0\\1&\frac{1}{2}&0&0&0&1\end{pmatrix}$$
$$\to\begin{pmatrix}1&\frac{1}{2}&1&1&1&0\\\frac{1}{2}&0&\frac{1}{2}&0&1&0\\1&\frac{1}{2}&0&0&0&1\end{pmatrix}\to\begin{pmatrix}1&0&0&1&1&0\\\frac{1}{2}&-\frac{1}{4}&0&0&1&0\\1&0&-1&0&0&1\end{pmatrix}$$
$$\to\begin{pmatrix}1&0&0&1&1&0\\0&-\frac{1}{4}&0&-\frac{1}{2}&\frac{1}{2}&0\\0&0&-1&-1&-1&1\end{pmatrix}.$$

设

$$\boldsymbol{C}^{\mathrm{T}}=\begin{pmatrix}1&1&0\\-\frac{1}{2}&\frac{1}{2}&0\\-1&-1&1\end{pmatrix},\quad 即\quad \boldsymbol{C}=\begin{pmatrix}1&-\frac{1}{2}&-1\\1&\frac{1}{2}&-1\\0&0&1\end{pmatrix}.$$

作可逆线性变换 $\boldsymbol{X}=\boldsymbol{C}\boldsymbol{Y}$, 则原二次型的标准形为 $f(x_1,x_2,x_3)=y_1^2-\frac{1}{4}y_2^2-y_3^2$. □

5.2.3　用正交变换化二次型为标准形

由于实二次型的矩阵为实对称矩阵, 而由第 4 章知, 实对称矩阵一定可以通过正交矩阵实现对角化, 从而我们有

定理 5.2.3　对于实二次型 $f(x_1, x_2, \cdots, x_n) = \boldsymbol{X}^{\mathrm{T}}\boldsymbol{A}\boldsymbol{X}$, 存在 n 阶正交矩阵 $\boldsymbol{P}$, 使得经线性变换 $\boldsymbol{X} = \boldsymbol{P}\boldsymbol{Y}$, 将 $\boldsymbol{X}^{\mathrm{T}}\boldsymbol{A}\boldsymbol{X}$ 化为标准形.

如果线性变换的系数矩阵为正交矩阵, 则称该线性变换为**正交线性变换**.

由定理 5.2.3 可知, 用正交线性变换 $\boldsymbol{X} = \boldsymbol{P}\boldsymbol{Y}$ 化二次型 $f(x_1, x_2, \cdots, x_n) = \boldsymbol{X}^{\mathrm{T}}\boldsymbol{A}\boldsymbol{X}$ 为标准形的方法与求正交矩阵 $\boldsymbol{P}$ 使 $\boldsymbol{P}^{-1}\boldsymbol{A}\boldsymbol{P}$ 为对角矩阵的方法一样. 具体步骤:

(1) 写出二次型所对应的矩阵 $\boldsymbol{A}$;

(2) 求出 $\boldsymbol{A}$ 的所有特征值 $\lambda_1, \lambda_2, \cdots, \lambda_n$;

(3) 求出对应于各特征值的线性无关的特征向量 $\boldsymbol{\alpha}_1, \boldsymbol{\alpha}_2, \cdots, \boldsymbol{\alpha}_n$;

(4) 将特征向量 $\boldsymbol{\alpha}_1, \boldsymbol{\alpha}_2, \cdots, \boldsymbol{\alpha}_n$ 正交化和单位化, 得 $\boldsymbol{\eta}_1, \boldsymbol{\eta}_2, \cdots, \boldsymbol{\eta}_n$. 记

$$\boldsymbol{P} = (\boldsymbol{\eta}_1, \boldsymbol{\eta}_2, \cdots, \boldsymbol{\eta}_n);$$

(5) 作正交变换 $\boldsymbol{X} = \boldsymbol{P}\boldsymbol{Y}$, 则 f 的标准形为 $f = \lambda_1 y_1^2 + \lambda_2 y_2^2 + \cdots + \lambda_n y_n^2$.

例 5.2.5　用正交线性变换化下面二次型为标准形, 并写出所作的正交线性变换.

$$f(x_1, x_2, x_3) = 2x_1^2 + 4x_1x_2 - 4x_1x_3 + 5x_2^2 - 8x_2x_3 + 5x_3^2.$$

解　二次型所对应的矩阵为 $\boldsymbol{A} = \begin{pmatrix} 2 & 2 & -2 \\ 2 & 5 & -4 \\ -2 & -4 & 5 \end{pmatrix}$. 由

$$|\lambda \boldsymbol{I} - \boldsymbol{A}| = \begin{vmatrix} \lambda - 2 & -2 & 2 \\ -2 & \lambda - 5 & 4 \\ 2 & 4 & \lambda - 5 \end{vmatrix} = (\lambda - 1)^2(\lambda - 10)$$

知 $\boldsymbol{A}$ 的特征值为 $\lambda_1 = \lambda_2 = 1, \lambda_3 = 10$.

对 $\lambda_1 = \lambda_2 = 1$, 解齐次线性方程组 $(\boldsymbol{I} - \boldsymbol{A})\boldsymbol{X} = \boldsymbol{0}$, 其基础解系为 $\boldsymbol{\alpha}_1 = (-2, 1, 0)^{\mathrm{T}}$, $\boldsymbol{\alpha}_2 = (2, 0, 1)^{\mathrm{T}}$. 将其正交化和单位化, 得

$$\boldsymbol{\eta}_1 = \left(\frac{-2}{\sqrt{5}}, \frac{1}{\sqrt{5}}, 0\right)^{\mathrm{T}}, \quad \boldsymbol{\eta}_2 = \left(\frac{2}{3\sqrt{5}}, \frac{4}{3\sqrt{5}}, \frac{5}{3\sqrt{5}}\right)^{\mathrm{T}}.$$

对 $\lambda_3 = 10$, 解齐次线性方程组 $(10\boldsymbol{I} - \boldsymbol{A})\boldsymbol{X} = \boldsymbol{0}$, 其基础解系为 $\boldsymbol{\alpha}_3 = (-1, -2, 2)^{\mathrm{T}}$. 将其单位化, 得 $\boldsymbol{\eta}_3 = \left(\frac{-1}{3}, \frac{-2}{3}, \frac{2}{3}\right)^{\mathrm{T}}$.

设

$$P=(\boldsymbol{\eta}_1,\boldsymbol{\eta}_2,\boldsymbol{\eta}_3)=\begin{pmatrix}-\frac{2}{\sqrt{5}} & \frac{2}{3\sqrt{5}} & -\frac{1}{3}\\ \frac{1}{\sqrt{5}} & \frac{4}{3\sqrt{5}} & -\frac{2}{3}\\ 0 & \frac{5}{3\sqrt{5}} & \frac{2}{3}\end{pmatrix},$$

作 $\boldsymbol{X}=\boldsymbol{PY}$, 原二次型化为 $y_1^2+y_2^2+10y_3^2$. □

5.2.4 惯性定理

由例 5.2.2 和例 5.2.4 可以看出, 二次型的标准形不是唯一的, 与所作的可逆线性变换有关. 但是, 由于经可逆线性变换, 二次型的矩阵变成一个与之合同的矩阵, 而合同矩阵有相同的秩. 因此, 尽管同一个二次型可以化为不同的标准形, 但是标准形中非零平方项的个数是相同的. 本节将进一步证明, 同一个二次型的标准形中所含的正, 负平方项的个数也相同.

定义 5.2.1 如果二次型 $f(x_1,x_2,\cdots,x_n)=\boldsymbol{X}^{\mathrm{T}}\boldsymbol{AX}$ 经过可逆线性变换化为

$$y_1^2+\cdots+y_p^2-y_{p+1}^2-\cdots-y_r^2,\quad 其中\ p\leqslant r\leqslant n. \tag{5.2.2}$$

则称式 (5.2.2) 为该二次型的**规范形**.

定理 5.2.4 (惯性定理) 任意实二次型 $f(x_1,x_2,\cdots,x_n)$ 都可以通过可逆线性变换化为规范形, 且规范形是唯一的.

证明 由定理 5.2.1 知, 任一二次型通过可逆线性变换 $\boldsymbol{X}=\boldsymbol{CY}$ 可以化为标准形

$$f(x_1,x_2,\cdots,x_n)=d_1y_1^2+\cdots+d_py_p^2-d_{p+1}y_{p+1}^2-\cdots-d_ry_r^2,$$

其中 $d_i>0\ (i=1,2,\cdots,r)$, r 为二次型 $f(x_1,x_2,\cdots,x_n)$ 的秩.

再作可逆线性变换

$$\begin{cases} y_1=\dfrac{1}{\sqrt{d_1}}z_1,\\ \quad\cdots\cdots\\ y_r=\dfrac{1}{\sqrt{d_r}}z_r,\\ y_{r+1}=z_{r+1},\\ \quad\cdots\cdots\\ y_n=z_n,\end{cases}$$

则二次型化为规范形

$$f(x_1,\cdots,x_n)=z_1^2+\cdots+z_p^2-z_{p+1}^2-\cdots-z_r^2.$$

规范形的唯一性证明略. □

例 5.2.6 在例 5.2.4 中, 二次型 $f(x_1,x_2,x_3)=x_1x_2+x_1x_3+x_2x_3$ 的标准形为 $f(x_1,x_2,x_3)=y_1^2-\dfrac{1}{4}y_2^2-y_3^2$, 作可逆线性变换

$$\begin{cases} y_1=z_1, \\ y_2=2z_2, \\ y_3=z_3, \end{cases} \quad \text{即} \quad \begin{pmatrix} y_1 \\ y_2 \\ y_3 \end{pmatrix}=\begin{pmatrix} 1 & 0 & 0 \\ 0 & 2 & 0 \\ 0 & 0 & 1 \end{pmatrix}\begin{pmatrix} z_1 \\ z_2 \\ z_3 \end{pmatrix};$$

即二次型 $f(x_1,x_2,x_3)$ 化为规范形 $f(x_1,x_2,x_3)=z_1^2-z_2^2-z_3^2$. □

用矩阵的语言, 定理 5.2.4 可以叙述为

定理 5.2.5 设 $\boldsymbol{A}$ 为 n 阶实对称矩阵, 则存在可逆矩阵 $\boldsymbol{C}$, 使得 $\boldsymbol{C}^{\mathrm{T}}\boldsymbol{A}\boldsymbol{C}=\begin{pmatrix} \boldsymbol{I}_p & & \\ & -\boldsymbol{I}_{r-p} & \\ & & \boldsymbol{0} \end{pmatrix}$, 其中 $r=r(\boldsymbol{A})$, $0\leqslant p\leqslant r$, 且 p 由 $\boldsymbol{A}$ 唯一确定.

规范形中的正项个数 p 称为是二次型的**正惯性指数**, 负项个数 $r-p$ 称为是二次型的**负惯性指数**, 而它们的差 $p-(r-p)=2p-r$ 称为是二次型的**符号差**.

由定理 5.2.5 得

推论 5.2.1 两个 n 阶实对称矩阵合同的充分必要条件是它们有相同的秩和正惯性指数.

习 题 5.2

1. 分别用配方法和初等变换法将下列二次型化为标准形, 并写出所用的线性变换.

(1) $f(x_1,x_2,x_3)=x_1^2+2x_2^2+4x_3^2+2x_1x_2+4x_2x_3$;

(2) $f(x_1,x_2,x_3)=-x_1^2+4x_3^2+2x_1x_2+4x_1x_3+6x_2x_3$;

(3) $f(x_1,x_2,x_3)=2x_1x_2+4x_1x_3$;

(4) $f(x_1,x_2,x_3)=x_1^2-3x_2^2+x_3^2-2x_1x_2+2x_1x_3-6x_2x_3$.

2. 用正交变换法将下列二次型化为标准形, 并写出所用的正交线性变换.

(1) $f(x_1,x_2,x_3)=2x_1^2+3x_2^2+3x_3^2+4x_2x_3$;

(2) $f(x_1,x_2,x_3)=x_1^2-2x_2^2-2x_3^2-4x_1x_2+4x_1x_3+8x_2x_3$.

3. 将下列二次型化为规范形, 并指出其正惯性指数及秩.

(1) $x_1^2+2x_2^2+2x_1x_2-2x_1x_3$;

(2) $2x_1x_2+2x_2x_3+2x_3x_4+2x_1x_4$.

5.3 正定二次型

在实二次型中, 正定二次型占有特殊的地位. 本节中, 我们给出它的定义以及

常用的判别条件.

定义 5.3.1 设实二次型 $f(x_1,\cdots,x_n)=\boldsymbol{X}^{\mathrm{T}}\boldsymbol{A}\boldsymbol{X}$ ($\boldsymbol{A}^{\mathrm{T}}=\boldsymbol{A}$). 如果对任意的 $\boldsymbol{X}=(x_1,x_2,\cdots,x_n)^{\mathrm{T}}\neq\boldsymbol{0}$, 都有 $\boldsymbol{X}^{\mathrm{T}}\boldsymbol{A}\boldsymbol{X}>0$, 则称该二次型为**正定二次型**, 矩阵 $\boldsymbol{A}$ 称为**正定矩阵**.

易见, 正定矩阵首先是实对称矩阵.

例 5.3.1 二次型 $f(x_1,x_2,x_3)=x_1^2+x_2^2+\cdots+x_n^2$ 是正定二次型.

例 5.3.2 二次型 $f(x_1,x_2,x_3)=x_1^2+x_2^2$ 不是正定二次型.

例 5.3.3 二次型 $f(x_1,\cdots,x_n)=d_1x_1^2+d_2x_2^2+\cdots+d_nx_n^2$ 是正定二次型的充分必要条件 $d_i>0$ $(i=1,2,\cdots,n)$.

由上面的例子可以看出, 如果二次型已经是标准形, 那么就很容易判断二次型的正定性.

引理 5.3.1 可逆线性变换不改变二次型的正定性.

证明 设二次型 $f(x_1,\cdots,x_n)=\boldsymbol{X}^{\mathrm{T}}\boldsymbol{A}\boldsymbol{X}$ 为正定二次型. 经可逆线性变换 $\boldsymbol{X}=\boldsymbol{C}\boldsymbol{Y}$ 化为 $f(x_1,\cdots,x_n)=\boldsymbol{X}^{\mathrm{T}}\boldsymbol{A}\boldsymbol{X}=\boldsymbol{Y}^{\mathrm{T}}(\boldsymbol{C}^{\mathrm{T}}\boldsymbol{A}\boldsymbol{C})\boldsymbol{Y}=g(y_1,y_2,\cdots,y_n)$. 因对任意的 $\boldsymbol{Y}=(y_1,\cdots,y_n)^{\mathrm{T}}\neq\boldsymbol{0}$, 由于 $\boldsymbol{C}$ 是可逆的, $\boldsymbol{X}=\boldsymbol{C}\boldsymbol{Y}\neq\boldsymbol{0}$. 从而 $g(y_1,y_2,\cdots,y_n)=\boldsymbol{Y}^{\mathrm{T}}(\boldsymbol{C}^{\mathrm{T}}\boldsymbol{A}\boldsymbol{C})\boldsymbol{Y}=\boldsymbol{X}^{\mathrm{T}}\boldsymbol{A}\boldsymbol{X}>0$, 故二次型 $g(y_1,y_2,\cdots,y_n)$ 是正定的.

类似可证, 当 $g(y_1,y_2,\cdots,y_n)$ 是正定时, $f(x_1,\cdots,x_n)$ 也正定. □

定理 5.3.1 n 元实二次型 $f(x_1,\cdots,x_n)$ 是正定的充分必要条件是它的正惯性指数等于 n.

证明 设二次型 $f(x_1,\cdots,x_n)$ 经可逆线性变换化为标准形

$$d_1x_1^2+d_2x_2^2+\cdots+d_nx_n^2. \tag{5.3.1}$$

由引理 5.3.1 知, $f(x_1,\cdots,x_n)$ 正定当且仅当二次型 (5.3.1) 正定, 而由例 5.3.3 知, 二次型 (5.3.1) 正定的充分必要条件是 $d_i>0$ $(i=1,2,\cdots,n)$, 即正惯性指数为 n. □

注 定理 5.3.1 说明正定二次型 $f(x_1,\cdots,x_n)$ 的规范形为 $y_1^2+y_2^2+\cdots+y_n^2$.

下面讨论正定矩阵的若干性质.

命题 5.3.1 对角矩阵 $\mathrm{diag}(d_1,d_2,\cdots,d_n)$ 为正定矩阵的充分必要条件是 $d_i>0$ $(i=1,2,\cdots,n)$.

由引理 5.3.1 得

命题 5.3.2 设 $\boldsymbol{A},\boldsymbol{B}$ 为 n 阶对称矩阵, 且 $\boldsymbol{A}$ 与 $\boldsymbol{B}$ 合同. 则 $\boldsymbol{A}$ 正定当且仅当 $\boldsymbol{B}$ 正定.

由定理 5.3.1 得

命题 5.3.3 实对称矩阵 $\boldsymbol{A}$ 正定当且仅当 $\boldsymbol{A}$ 合同于单位矩阵 $\boldsymbol{I}$, 即存在可逆矩阵 $\boldsymbol{C}$, 使 $\boldsymbol{A}=\boldsymbol{C}^{\mathrm{T}}\boldsymbol{I}\boldsymbol{C}=\boldsymbol{C}^{\mathrm{T}}\boldsymbol{C}$.

推论 5.3.1　若 $\boldsymbol{A}$ 为正定矩阵, 则 $|\boldsymbol{A}|>0$.

证明　因为存在可逆矩阵 $\boldsymbol{C}$ 使得 $\boldsymbol{A}=\boldsymbol{C}^{\mathrm{T}}\boldsymbol{C}$, 所以 $|\boldsymbol{A}|=\left|\boldsymbol{C}^{\mathrm{T}}\boldsymbol{C}\right|=|\boldsymbol{C}|^2$. 因为 $\boldsymbol{C}$ 是可逆矩阵, $|\boldsymbol{C}|\neq 0$, 故 $|\boldsymbol{A}|>0$. □

值得注意的是, 如果实对称矩阵 $\boldsymbol{A}$ 的行列式大于零, 那么 $\boldsymbol{A}$ 不一定是正定矩阵. 例如 $\boldsymbol{A}=\begin{pmatrix}1&0&0\\0&-2&0\\0&0&-3\end{pmatrix}$, $|\boldsymbol{A}|=6>0$, 但 $\boldsymbol{A}$ 不是正定矩阵.

命题 5.3.4　实对称矩阵 $\boldsymbol{A}$ 正定的充分必要条件是它的特征值全大于零.

证明　对任一实对称矩阵 $\boldsymbol{A}$, 总存在正交矩阵 $\boldsymbol{P}$, 使得

$$\boldsymbol{P}^{-1}\boldsymbol{A}\boldsymbol{P}=\boldsymbol{P}^{\mathrm{T}}\boldsymbol{A}\boldsymbol{P}=\operatorname{diag}(\lambda_1,\lambda_2,\cdots,\lambda_n),$$

其中 $\lambda_1,\cdots,\lambda_n$ 是 $\boldsymbol{A}$ 的全部特征值, 则结论由命题 5.3.1 及命题 5.3.2 可得. □

定义 5.3.2　设 n 阶矩阵 $\boldsymbol{A}=(a_{ij})$. $\boldsymbol{A}$ 的行标与列标相同的 k 阶主子阵的行列式

$$\begin{vmatrix}a_{i_1i_1}&a_{i_1i_2}&\cdots&a_{i_1i_k}\\a_{i_2i_1}&a_{i_2i_2}&\cdots&a_{i_2i_k}\\\vdots&\vdots&&\vdots\\a_{i_ki_1}&a_{i_ki_2}&\cdots&a_{i_ki_k}\end{vmatrix}\quad(1\leqslant i_1<i_2<\cdots<i_k\leqslant n)$$

称为是 $\boldsymbol{A}$ 的 ***k* 阶主子式** $(k=1,2,\cdots,n)$, 而主子式

$$|\boldsymbol{A}_k|=\begin{vmatrix}a_{11}&a_{12}&\cdots&a_{1k}\\a_{21}&a_{22}&\cdots&a_{2k}\\\vdots&\vdots&&\vdots\\a_{k1}&a_{k2}&\cdots&a_{kk}\end{vmatrix}\quad(k=1,2,\cdots,n)$$

称为是 $\boldsymbol{A}$ 的 ***k* 阶顺序主子式**.

定理 5.3.2　n 阶实对称矩阵 $\boldsymbol{A}$ 为正定矩阵的充分必要条件是 $\boldsymbol{A}$ 的所有顺序主子式全大于零, 即 $|\boldsymbol{A}_k|>0\ (k=1,2,\cdots,n)$.

证明　必要性. 设 $\boldsymbol{A}$ 为正定矩阵, 则对应的 n 元二次型 $f(x_1,\cdots,x_n)=\boldsymbol{X}^{\mathrm{T}}\boldsymbol{A}\boldsymbol{X}$ 为正定二次型. 取 $\boldsymbol{X}^{\mathrm{T}}=(x_1,\cdots,x_k,0,\cdots,0)\neq\boldsymbol{0}$, 则

$$f(x_1,\cdots,x_k,0,\cdots,0)=(x_1,\cdots,x_k,0,\cdots,0)\boldsymbol{A}\begin{pmatrix}x_1\\\vdots\\x_k\\0\\\vdots\\0\end{pmatrix}$$

$$= (x_1, \cdots, x_k)\boldsymbol{A}_k \begin{pmatrix} x_1 \\ \vdots \\ x_k \end{pmatrix} > 0,$$

故 $\boldsymbol{A}$ 的顺序主子式 $|\boldsymbol{A}_k| > 0\ (k = 1, 2, \cdots, n)$.

充分性. 设 $\boldsymbol{A}$ 的各阶顺序主子式 $|\boldsymbol{A}_k| > 0\ (k = 1, 2, \cdots, n)$. 下证 $\boldsymbol{A}$ 为正定矩阵. 对 $\boldsymbol{A}$ 的阶数 n 用数学归纳法.

当 $n = 1$ 时, $|\boldsymbol{A}_1| = a_{11} > 0$, 显然结论成立.

假设结论对阶为 $n-1$ 的情形成立. 设二次型

$$f(x_1, \cdots, x_n) = \frac{1}{a_{11}}(a_{11}x_1 + a_{12}x_2 + \cdots + a_{1n}x_n)^2 + \sum_{i=2}^{n}\sum_{j=2}^{n} b_{ij}x_ix_j,$$

其中 $b_{ij} = a_{ij} - \dfrac{a_{1i}a_{1j}}{a_{11}}\ (i, j = 2, 3, \cdots, n)$. 显然 $b_{ij} = b_{ji}$, 即 $\sum\limits_{i=2}^{n}\sum\limits_{j=2}^{n} b_{ij}x_ix_j$ 是一个 $n-1$ 元二次型. 考察行列式

$$|\boldsymbol{A}_k| = \begin{vmatrix} a_{11} & a_{12} & \cdots & a_{1k} \\ a_{21} & a_{22} & \cdots & a_{2k} \\ \vdots & \vdots & & \vdots \\ a_{k1} & a_{k2} & \cdots & a_{kk} \end{vmatrix} = \begin{vmatrix} a_{11} & a_{12} & \cdots & a_{1k} \\ 0 & b_{22} & \cdots & b_{2k} \\ \vdots & \vdots & & \vdots \\ 0 & b_{k2} & \cdots & b_{kk} \end{vmatrix}$$

$$= a_{11}\begin{vmatrix} b_{22} & \cdots & b_{2k} \\ \vdots & & \vdots \\ b_{k2} & \cdots & b_{kk} \end{vmatrix}.$$

由于 $|\boldsymbol{A}_k| > 0$ 及 $a_{11} > 0$, 所以 $\begin{vmatrix} b_{22} & \cdots & b_{2k} \\ \vdots & & \vdots \\ b_{k2} & \cdots & b_{kk} \end{vmatrix} > 0\ (k = 2, \cdots, n)$.

由归纳假设, $n-1$ 元二次型 $\sum\limits_{i=2}^{n}\sum\limits_{j=2}^{n} b_{ij}x_ix_j$ 是正定的. 从而二次型 $f(x_1, \cdots, x_n)$ 是正定的, 即 $\boldsymbol{A}$ 是正定矩阵. □

例 5.3.4 当 λ 取何值时, 下面二次型是正定的.

$$f(x_1, x_2, x_3) = x_1^2 + 2x_1x_2 + 4x_1x_3 + 2x_2^2 + 6x_2x_3 + \lambda x_3^2.$$

解 二次型的矩阵为 $\boldsymbol{A} = \begin{pmatrix} 1 & 1 & 2 \\ 1 & 2 & 3 \\ 2 & 3 & \lambda \end{pmatrix}$. 由定理 5.3.2, 二次型 f 正定当且

仅当

$$|\boldsymbol{A}_1| = 1 > 0, \quad |\boldsymbol{A}_2| = \begin{vmatrix} 1 & 1 \\ 1 & 2 \end{vmatrix} = 1 > 0, \quad |\boldsymbol{A}_3| = |\boldsymbol{A}| = \lambda - 5 > 0.$$

因此, 当 $\lambda > 5$ 时, $f(x_1, x_2, x_3)$ 是正定的. □

除了正定二次型, 实二次型中还有与正定性平行的概念.

定义 5.3.3 设实二次型 $f(x_1, \cdots, x_n) = \boldsymbol{X}^{\mathrm{T}}\boldsymbol{A}\boldsymbol{X}$ $(\boldsymbol{A}^{\mathrm{T}} = \boldsymbol{A})$. 如果对任意的 $\boldsymbol{X} = (x_1, \cdots, x_n) \neq \boldsymbol{0}$, 都有 $\boldsymbol{X}^{\mathrm{T}}\boldsymbol{A}\boldsymbol{X} < 0$, 则称二次型 $f(x_1, \cdots, x_n)$ **为负定的**, 实对称矩阵 $\boldsymbol{A}$ 称为**负定矩阵**.

如果对任意的 $\boldsymbol{X} = (x_1, \cdots, x_n)$, 都有 $\boldsymbol{X}^{\mathrm{T}}\boldsymbol{A}\boldsymbol{X} \geqslant 0$ $(\leqslant 0)$, 则称二次型 $f(x_1, \cdots, x_n)$ 为**半正定** (**半负定**) 的, 实对称矩阵 $\boldsymbol{A}$ 称为**半正定** (**半负定**) **矩阵**.

如果 $f(x_1, \cdots, x_n)$ 既不是半正定的, 又不是半负定的, 则称该二次型为**不定的**, 实对称矩阵 $\boldsymbol{A}$ 称为**不定的**.

由正定二次型的讨论, 我们不难得到负定二次型判别条件, 这是因为当 $f(x_1, \cdots, x_n)$ 是负定的当且仅当 $-f(x_1, \cdots, x_n)$ 是正定的.

定理 5.3.3 对于实二次型 $f(x_1, \cdots, x_n) = \boldsymbol{X}^{\mathrm{T}}\boldsymbol{A}\boldsymbol{X}$ $(\boldsymbol{A}^{\mathrm{T}} = \boldsymbol{A})$, 下列条件等价.

(1) $f(x_1, \cdots, x_n)$ 为半正定二次型;

(2) 它的正惯性指数与秩相等;

(3) $\boldsymbol{A}$ 合同于 $\begin{pmatrix} \boldsymbol{I}_r & \boldsymbol{0} \\ \boldsymbol{0} & \boldsymbol{0} \end{pmatrix}$, $r = r(\boldsymbol{A})$;

(4) 存在实矩阵 $\boldsymbol{C}$, 使得 $\boldsymbol{A} = \boldsymbol{C}^{\mathrm{T}}\boldsymbol{C}$;

(5) $\boldsymbol{A}$ 的所有主子式都大于或等于零;

(6) $\boldsymbol{A}$ 的所有特征值都大于或等于零.

注 仅有顺序主子式大于或等于零是不能保证半正定性的. 例如

$$f(x_1, x_2) = -x_2^2 = \begin{pmatrix} x_1 & x_2 \end{pmatrix} \begin{pmatrix} 0 & 0 \\ 0 & -1 \end{pmatrix} \begin{pmatrix} x_1 \\ x_2 \end{pmatrix}$$

就是一个反例.

习 题 5.3

1. 判别下列二次型的正定性.

(1) $f(x_1, x_2, x_3) = 10x_1^2 + 2x_2^2 + x_3^2 + 8x_1x_2 + 24x_1x_3 - 28x_2x_3$;

(2) $f(x_1, x_2, x_3) = x_1^2 - x_2^2 + x_3^2 - 2x_1x_3$.

2. 求 a 的值, 使二次型为正定二次型.

(1) $f(x_1,x_2,x_3)=x_1^2+x_2^2+5x_3^2+2ax_1x_2-2x_1x_3+4x_2x_3$;

(2) $f(x_1,x_2,x_3)=5x_1^2+x_2^2+ax_3^2+4x_1x_2-2x_1x_3-2x_2x_3$.

3. 已知 $\begin{pmatrix} 2-a & 1 & 0 \\ 1 & 1 & 0 \\ 0 & 0 & a+3 \end{pmatrix}$ 是正定矩阵, 求 a 的值.

4. 已知 $\boldsymbol{A}$ 是 n 阶正定矩阵, 证明: $\boldsymbol{A}$ 的伴随矩阵 $\boldsymbol{A}^*$ 也是正定矩阵.

5. 如果 $\boldsymbol{A},\boldsymbol{B}$ 都是 n 阶正定矩阵, 证明: $\boldsymbol{A}+\boldsymbol{B}$ 也是正定矩阵.

6. 设 $\boldsymbol{A},\boldsymbol{B}$ 分别是 m,n 阶正定矩阵, 证明: 分块矩阵 $\boldsymbol{C}=\begin{pmatrix} \boldsymbol{A} & \boldsymbol{0} \\ \boldsymbol{0} & \boldsymbol{B} \end{pmatrix}$ 也是正定矩阵.

// 复习题 5 //

1. 设二次型 $f(x_1,x_2,x_3)=x_1^2+x_2^2+ax_3^2+4x_1x_2+6x_2x_3$ 的秩为 2, 求 a 的值.

2. 设 $\boldsymbol{A}$ 是 n 阶矩阵. 若对所有的 n 维向量 $\boldsymbol{X}$, 恒有 $\boldsymbol{X}^{\mathrm{T}}\boldsymbol{A}\boldsymbol{X}=0$. 证明: $\boldsymbol{A}$ 是反对称矩阵.

3. 设矩阵 $\boldsymbol{A}=\begin{pmatrix} 0 & 1 & 0 & 0 \\ 1 & 0 & 0 & 0 \\ 0 & 0 & y & 1 \\ 0 & 0 & 1 & 2 \end{pmatrix}$,

(1) 已知 $\boldsymbol{A}$ 的一个特征值为 3, 试求 y;

(2) 求矩阵 $\boldsymbol{P}$, 使 $(\boldsymbol{A}\boldsymbol{P})^{\mathrm{T}}(\boldsymbol{A}\boldsymbol{P})$ 为对角矩阵.

4. 已知 $(1,-1,0)^{\mathrm{T}}$ 是二次型 $\boldsymbol{X}^{\mathrm{T}}\boldsymbol{A}\boldsymbol{X}=ax_1^2-2x_1x_2+2x_1x_3+2bx_2x_3$ 的矩阵 $\boldsymbol{A}$ 的特征向量, 求正交变换化二次型为标准形, 并求当 $\boldsymbol{X}^{\mathrm{T}}\boldsymbol{X}=2$ 时, $\boldsymbol{X}^{\mathrm{T}}\boldsymbol{A}\boldsymbol{X}$ 的最大值.

5. 二次型 $f(x_1,x_2,x_3)=x_1^2+ax_2^2+x_3^2+2bx_1x_2+2x_1x_3+2x_2x_3$ 经正交线性变换

$$\begin{pmatrix} x_1 \\ x_2 \\ x_3 \end{pmatrix}=\boldsymbol{P}\begin{pmatrix} y_1 \\ y_2 \\ y_3 \end{pmatrix}$$

化为标准形 $y_1^2+4y_2^2$, 求 a,b 的值及正交矩阵 $\boldsymbol{P}$.

6. 判断 n 元二次型 $\sum\limits_{i=1}^{n}x_i^2+\sum\limits_{1\leqslant j<i\leqslant n}x_ix_j$ 的正定性.

7. 设 $\boldsymbol{A}$ 是 n 阶正定矩阵, 证明 $|\boldsymbol{A}+\boldsymbol{I}|>1$.

8. 证明: 正定矩阵主对角线上的元素全为正数.

9. 设 $\boldsymbol{A}$ 为 $n\times m$ 实矩阵, 且 $r(\boldsymbol{A})=m<n$.

证明: (1) $\boldsymbol{A}^{\mathrm{T}}\boldsymbol{A}$ 是 m 阶正定矩阵; (2) $\boldsymbol{A}\boldsymbol{A}^{\mathrm{T}}$ 是 n 阶半正定矩阵.

10. 设 $\boldsymbol{A},\boldsymbol{B}$ 是两个 n 阶实对称阵, 且 $\boldsymbol{B}$ 是正定矩阵. 证明: 存在 n 阶可逆矩阵 $\boldsymbol{P}$, 使得 $\boldsymbol{P}^{\mathrm{T}}\boldsymbol{A}\boldsymbol{P}$ 与 $\boldsymbol{P}^{\mathrm{T}}\boldsymbol{B}\boldsymbol{P}$ 同时为对角矩阵.

第5章测试题

Chapter 6

第6章 线性空间与线性变换

第6章课件

6.1 线性空间

线性空间是线性代数的中心内容和基本概念之一. 线性空间的理论和方法在科学技术的各个领域都有广泛的应用. 本节首先引入线性空间的概念, 并讨论它的一些基本性质.

定义 6.1.1 设 $\mathbb{F}$ 为一个数域, V 是一个非空集合. 在集合 V 上定义一种代数运算, 称为**加法**, 即对于 V 中任意的两个元素 $\boldsymbol{\alpha}$ 和 $\boldsymbol{\beta}$, 在 V 中都有唯一的元素 $\boldsymbol{\gamma}$ 与它们对应, 称为 $\boldsymbol{\alpha}$ 和 $\boldsymbol{\beta}$ 的**和**, 记为 $\boldsymbol{\gamma}=\boldsymbol{\alpha}+\boldsymbol{\beta}$; 在数域 $\mathbb{F}$ 和集合 V 的元素之间还定义一种运算, 叫做**数乘**, 即对数域 $\mathbb{F}$ 中的任意一个数 k 和集合 V 中的任意一个元素 $\boldsymbol{\alpha}$, 在 V 中都有唯一的元素 $\boldsymbol{\eta}$ 与它们对应, 称为 k 与 $\boldsymbol{\alpha}$ 的**数量乘积**, 记为 $\boldsymbol{\eta}=k\boldsymbol{\alpha}$.

如果上述的加法和数乘满足以下运算法则, 则称 V 为数域 $\mathbb{F}$ 上的一个**线性空间**, 称 V 中的元素为**向量**.

(1) $\boldsymbol{\alpha}+\boldsymbol{\beta}=\boldsymbol{\beta}+\boldsymbol{\alpha}$;

(2) $(\boldsymbol{\alpha}+\boldsymbol{\beta})+\boldsymbol{\gamma}=\boldsymbol{\alpha}+(\boldsymbol{\beta}+\boldsymbol{\gamma})$;

(3) 在 V 中存在**零向量** $\mathbf{0}$, 使得对任意的 $\boldsymbol{\alpha}\in V, \boldsymbol{\alpha}+\mathbf{0}=\boldsymbol{\alpha}$;

(4) 对 V 中的任意元素 $\boldsymbol{\alpha}$, 存在**负向量**$\boldsymbol{\beta}\in V$, 使得 $\boldsymbol{\alpha}+\boldsymbol{\beta}=\mathbf{0}$;

(5) $1\boldsymbol{\alpha}=\boldsymbol{\alpha}$;

(6) $k(l\boldsymbol{\alpha})=(kl)\boldsymbol{\alpha}$;

(7) $(k+l)\boldsymbol{\alpha}=k\boldsymbol{\alpha}+l\boldsymbol{\alpha}$;

(8) $k(\boldsymbol{\alpha}+\boldsymbol{\beta})=k\boldsymbol{\alpha}+k\boldsymbol{\beta}$.

其中 $k,l\in\mathbb{F}$, $\boldsymbol{\alpha},\boldsymbol{\beta},\boldsymbol{\gamma}$ 为 V 中元素.

我们通常用小写希腊字母 $\boldsymbol{\alpha},\boldsymbol{\beta},\boldsymbol{\gamma},\cdots$ 表示线性空间 V 中的向量, 用小写的英文字母 $a,b,c,\cdots$ 表示数域 $\mathbb{F}$ 中的数.

一般地, 分量属于数域 $\mathbb{F}$ 的全体 n 元有序数组集合构成的数域 $\mathbb{F}$ 上的一个向量空间, 记为 $\mathbb{F}^n$.

定理 6.1.1 所有 n 维实向量集合 $\mathbb{R}^n$ 以及在其上定义的加法和数乘是 $\mathbb{R}$ 上的一个线性空间称为 n **维实向量空间**.

例 6.1.1 数域 $\mathbb{F}$ 上关于 x 的一元多项式集合 $\mathbb{F}[x]$, 对于多项式加法和数与多项式的乘法, 构成数域 $\mathbb{F}$ 上的一个线性空间, 其中零向量为零多项式.

例 6.1.2 设 n 为正整数, $\mathbb{F}_n[x]$ 是数域 $\mathbb{F}$ 上所有次数小于 n 的多项式集合(包含零多项式). 在多项式加法和数与多项式的乘法下, 集合 $\mathbb{F}_n[x]$ 是数域 $\mathbb{F}$ 上的线性空间.

例 6.1.3 设 $\mathbb{F}^{m\times n}$ 为数域 $\mathbb{F}$ 上所有 $m\times n$ 的矩阵构成的集合. 按矩阵的加法和数乘, 它构成数域 $\mathbb{F}$ 上的一个线性空间.

例 6.1.4 全体实函数, 按函数的加法和数与函数的数乘, 构成了实数域上的一个线性空间.

需要强调的是, 对于同一个集合, 如果选取不同的数域, 则构成不同的线性空间. 利用线性空间的定义, 可以证明线性空间的一些简单性质. 我们在这里只列举一些性质, 具体证明由读者自行完成.

性质 6.1.1 零向量是唯一的.

性质 6.1.2 对于每个向量 $\boldsymbol{\alpha}\in V$, 存在唯一的负向量 $\boldsymbol{\beta}$, 使得 $\boldsymbol{\alpha}+\boldsymbol{\beta}=\mathbf{0}$. 向量 $\boldsymbol{\alpha}$ 的负向量记为 $-\boldsymbol{\alpha}$.

性质 6.1.3 对任意的 $k\in\mathbb{F},\boldsymbol{\alpha}\in V$, $0\boldsymbol{\alpha}=\mathbf{0}$, $k\mathbf{0}=\mathbf{0}$, $(-k)\,\boldsymbol{\alpha}=k\,(-\boldsymbol{\alpha})=-k\boldsymbol{\alpha}$.

性质 6.1.4 设 $k\in\mathbb{F},\boldsymbol{\alpha}\in V$. 则 $k\boldsymbol{\alpha}=\mathbf{0}$ 当且仅当 $k=0$ 或 $\boldsymbol{\alpha}=\mathbf{0}$.

习 题 6.1

1. 设 V 为数域 $\mathbb{F}$ 上的线性空间, $k\in\mathbb{F},\boldsymbol{\alpha},\boldsymbol{\beta}\in V$. 证明:

(1) $-(-\boldsymbol{\alpha})=\boldsymbol{\alpha}$;

(2) $k\,(\boldsymbol{\alpha}-\boldsymbol{\beta})=k\boldsymbol{\alpha}-k\boldsymbol{\beta}$.

2. 证明: 设 V 为 $\mathbb{F}$ 上的线性空间. 如果 V 中有一个非零向量, 则 V 一定有无限多个向量.

3. 检验以下集合 V 对于所定义的运算是否构成线性空间.

(1) 取 V 为平面上全体向量构成的集合, 数域 $\mathbb{F}$ 为实数域 $\mathbb{R}$. V 中的向量加法为通常的向量加法; 数乘定义为: 对任意的 $k\in\mathbb{R},\boldsymbol{\alpha}\in V,k\boldsymbol{\alpha}=\mathbf{0}$;

(2) 取 V 为平面上全体向量构成的集合, 数域 $\mathbb{F}$ 为实数域 $\mathbb{R}$. V 中的向量加法为通常的向量加法; 数乘定义为: 对任意的 $k\in\mathbb{R},\boldsymbol{\alpha}\in V,k\boldsymbol{\alpha}=\boldsymbol{\alpha}$;

(3) 取 V 为所有满足 $f(-1)=0$ 的实函数集合, 数域 $\mathbb{F}$ 为实数域 $\mathbb{R}$. V 中向量的加法为函数的加法; 数乘定义为实数与函数的乘法;

(4) 取 V 为数域 $\mathbb{F}$ 上的全体 n 阶对称 (反对称) 矩阵全体构成的集合. 它上面的运算为通常的矩阵的加法和数乘;

(5) 给定数域 $\mathbb{F}$ 上的 n 维方阵 $\boldsymbol{A}$, 取 V 为所有满足 $\boldsymbol{AB}=\boldsymbol{BA}$ 的数域 $\mathbb{F}$ 上的方阵 $\boldsymbol{B}$ 的集合, 数域为 $\mathbb{F}$. V 中的向量的加法和数乘为通常的矩阵加法和数乘.

6.2 向量组的线性相关性

第 3 章中我们学习了实向量空间 $\mathbb{R}^n$ 的有关性质, 本节我们把这些性质推广到一般线性空间中.

定义 6.2.1　设 V 为数域 $\mathbb{F}$ 上的线性空间, $\boldsymbol{\alpha},\boldsymbol{\alpha}_1,\boldsymbol{\alpha}_2,\cdots,\boldsymbol{\alpha}_r$ $(r\geqslant 1)$ 为 V 中一组向量, $k_1,k_2,\cdots,k_r$ 是数域 $\mathbb{F}$ 中的一组数. 若向量 $\boldsymbol{\alpha}=k_1\boldsymbol{\alpha}_1+k_2\boldsymbol{\alpha}_2+\cdots+k_r\boldsymbol{\alpha}_r$, 则称向量 $\boldsymbol{\alpha}$ 可由向量组 $\boldsymbol{\alpha}_1,\boldsymbol{\alpha}_2,\cdots,\boldsymbol{\alpha}_r$ **线性表示**, 或称 $\boldsymbol{\alpha}$ 为向量组 $\boldsymbol{\alpha}_1,\boldsymbol{\alpha}_2,\cdots,\boldsymbol{\alpha}_r$ 的一个**线性组合**.

由定义易知, 零向量是任一个向量组的线性组合.

例 6.2.1　$\mathbb{F}^{m\times n}$ 为数域 $\mathbb{F}$ 上的一个线性空间. 取一组矩阵 $\boldsymbol{E}_{ij}$ $(i=1,2,\cdots,m;$ $j=1,2,\cdots,n)$, 其第 i 行第 j 列元素为 1, 其余元素均为 0. 对于任意的 $\boldsymbol{A}=(a_{ij})_{m\times n}\in\mathbb{F}^{m\times n}$, 易知

$$\boldsymbol{A}=\sum_{i=1}^{m}\sum_{j=1}^{n}a_{ij}\boldsymbol{E}_{ij}.$$

定义 6.2.2　设 V 为数域 $\mathbb{F}$ 上的线性空间, $\boldsymbol{\alpha}_1,\boldsymbol{\alpha}_2,\cdots,\boldsymbol{\alpha}_r$ $(r\geqslant 1)$ 为 V 中一组向量. 如果在数域 $\mathbb{F}$ 中存在不全为零的 r 个数 $k_1,k_2,\cdots,k_r$, 使得

$$k_1\boldsymbol{\alpha}_1+k_2\boldsymbol{\alpha}_2+\cdots+k_r\boldsymbol{\alpha}_r=\boldsymbol{0} \tag{6.2.1}$$

则称向量组 $\boldsymbol{\alpha}_1,\boldsymbol{\alpha}_2,\cdots,\boldsymbol{\alpha}_r(r\geqslant 1)$ **线性相关**. 反之, 如果式 (6.2.1) 成立当且仅当 $k_1=k_2=\cdots=k_r=0$, 则称向量组 $\boldsymbol{\alpha}_1,\boldsymbol{\alpha}_2,\cdots,\boldsymbol{\alpha}_r$ $(r\geqslant 1)$ **线性无关**.

例 6.2.2　在例 6.2.1 中, 向量组 $\boldsymbol{E}_{ij}$ $(i=1,2,\cdots,m;\ j=1,2,\cdots,n)$ 线性无关; $\boldsymbol{E}_{ij}$ $(i=1,2,\cdots,m;\ j=1,2,\cdots,n)$ 和 $\boldsymbol{A}$ 构成的向量组线性相关.

例 6.2.3　设 $C([a,b])$ 是区间 $[a,b]$ 上所有连续函数构成的集合. 它关于函数的加法, 实数与函数的乘法构成一个实线性空间. 向量组 $1,x,x^2,\cdots,x^{r-1}$ 是线性无关的.

事实上, 假设存在 $k_1,k_2,\cdots,k_r\in\mathbb{R}$ 使得 $k_1 1+k_2x+\cdots+k_rx^{r-1}=0$. 由多项式相等的定义可知, $k_1=k_2=\cdots=k_r=0$. □

以上定义我们在第 3 章已经熟悉, 它们推广了 n 元数组的相关概念. 不仅如此, 在第 3 章中, 关于 n 元数组的相关结论也完全可以平行移到线性空间中. 这里不再重复论证, 列举一些常用结论.

由线性相关的定义可以得到以下性质.

性质 6.2.1 任一个包含零向量的向量组一定是线性相关的.

性质 6.2.2 由一个向量 $\boldsymbol{\alpha}$ 组成的向量组线性相关当且仅当 $\boldsymbol{\alpha}=\mathbf{0}$.

性质 6.2.3 若一个向量组的部分向量组线性相关, 则这个向量组线性相关.

性质 6.2.4 若一个向量组线性无关, 则它的任一部分向量组也线性无关.

下面定理给出线性相关与线性组合的内在联系.

定理 6.2.1 向量组 $\boldsymbol{\alpha}_1,\boldsymbol{\alpha}_2,\cdots,\boldsymbol{\alpha}_r\ (r\geqslant 2)$ 线性相关的充分必要条件是其中一个向量是其余 $r-1$ 个向量的线性组合.

定义 6.2.3 如果向量组 $\boldsymbol{\alpha}_1,\boldsymbol{\alpha}_2,\cdots,\boldsymbol{\alpha}_r$ 中的每个向量 $\boldsymbol{\alpha}_i\ (i=1,2,\cdots,r)$ 都可以由向量组 $\boldsymbol{\beta}_1,\boldsymbol{\beta}_2,\cdots,\boldsymbol{\beta}_s$ 线性表示, 则称向量组 $\boldsymbol{\alpha}_1,\boldsymbol{\alpha}_2,\cdots,\boldsymbol{\alpha}_r$ 可由向量组 $\boldsymbol{\beta}_1,\boldsymbol{\beta}_2,\cdots,\boldsymbol{\beta}_s$ **线性表示**.

性质 6.2.5 若向量组 $\boldsymbol{\alpha}_1,\boldsymbol{\alpha}_2,\cdots,\boldsymbol{\alpha}_r$ 可以由向量组 $\boldsymbol{\beta}_1,\boldsymbol{\beta}_2,\cdots,\boldsymbol{\beta}_s$ 线性表示, 且 $r>s$, 则向量组 $\boldsymbol{\alpha}_1,\boldsymbol{\alpha}_2,\cdots,\boldsymbol{\alpha}_r$ 线性相关.

性质 6.2.6 若向量组 $\boldsymbol{\alpha}_1,\boldsymbol{\alpha}_2,\cdots,\boldsymbol{\alpha}_r$ 可以由向量组 $\boldsymbol{\beta}_1,\boldsymbol{\beta}_2,\cdots,\boldsymbol{\beta}_s$ 线性表示, 且 $\boldsymbol{\alpha}_1,\boldsymbol{\alpha}_2,\cdots,\boldsymbol{\alpha}_r$ 线性无关, 则 $r\leqslant s$.

定义 6.2.4 如果向量组 $\boldsymbol{\alpha}_1,\boldsymbol{\alpha}_2,\cdots,\boldsymbol{\alpha}_r$ 和向量组 $\boldsymbol{\beta}_1,\boldsymbol{\beta}_2,\cdots,\boldsymbol{\beta}_s$ 可以互相线性表示, 则称这两个**向量组等价**.

容易验证, 向量组等价是一种等价关系, 即满足以下三个性质:

(1) 反身性: 每一个向量组都与它自身等价;

(2) 对称性: 若向量组 $\boldsymbol{\alpha}_1,\boldsymbol{\alpha}_2,\cdots,\boldsymbol{\alpha}_r$ 与向量组 $\boldsymbol{\beta}_1,\boldsymbol{\beta}_2,\cdots,\boldsymbol{\beta}_s$ 等价, 则向量组 $\boldsymbol{\beta}_1,\boldsymbol{\beta}_2,\cdots,\boldsymbol{\beta}_s$ 也与向量组 $\boldsymbol{\alpha}_1,\boldsymbol{\alpha}_2,\cdots,\boldsymbol{\alpha}_r$ 等价;

(3) 传递性: 若向量组 $\boldsymbol{\alpha}_1,\boldsymbol{\alpha}_2,\cdots,\boldsymbol{\alpha}_r$ 与向量组 $\boldsymbol{\beta}_1,\boldsymbol{\beta}_2,\cdots,\boldsymbol{\beta}_s$ 等价, 向量组 $\boldsymbol{\beta}_1,\boldsymbol{\beta}_2,\cdots,\boldsymbol{\beta}_s$ 与向量组 $\boldsymbol{\gamma}_1,\boldsymbol{\gamma}_2,\cdots,\boldsymbol{\gamma}_t$ 等价, 则向量组 $\boldsymbol{\alpha}_1,\boldsymbol{\alpha}_2,\cdots,\boldsymbol{\alpha}_r$ 与向量组 $\boldsymbol{\gamma}_1,\boldsymbol{\gamma}_2,\cdots,\boldsymbol{\gamma}_t$ 等价.

定理 6.2.2 如果向量组 $\boldsymbol{\alpha}_1,\boldsymbol{\alpha}_2,\cdots,\boldsymbol{\alpha}_r$ 线性无关, 而向量组 $\boldsymbol{\alpha}_1,\boldsymbol{\alpha}_2,\cdots,\boldsymbol{\alpha}_r,\boldsymbol{\beta}$ 线性相关, 则 $\boldsymbol{\beta}$ 可由 $\boldsymbol{\alpha}_1,\boldsymbol{\alpha}_2,\cdots,\boldsymbol{\alpha}_r$ 线性表示, 且表示是唯一的.

定义 6.2.5 若向量组的一个部分向量组是线性无关的, 且与该向量组等价, 则称这个部分向量组为向量组的一个**极大线性无关组**.

定义 6.2.6 称向量组 $\boldsymbol{\alpha}_1,\boldsymbol{\alpha}_2,\cdots,\boldsymbol{\alpha}_r$ 的极大线性无关组所含向量的个数为向量组 $\boldsymbol{\alpha}_1,\boldsymbol{\alpha}_2,\cdots,\boldsymbol{\alpha}_r$ 的**秩**, 记为 $r(\boldsymbol{\alpha}_1,\boldsymbol{\alpha}_2,\cdots,\boldsymbol{\alpha}_r)$.

性质 6.2.7 若向量组 $\boldsymbol{\alpha}_1,\boldsymbol{\alpha}_2,\cdots,\boldsymbol{\alpha}_r$ 可以被向量组 $\boldsymbol{\beta}_1,\boldsymbol{\beta}_2,\cdots,\boldsymbol{\beta}_s$ 线性表示, 则 $r\big(\boldsymbol{\alpha}_1,\boldsymbol{\alpha}_2,\cdots,\boldsymbol{\alpha}_r\big)\leqslant r(\boldsymbol{\beta}_1,\boldsymbol{\beta}_2,\cdots,\boldsymbol{\beta}_s)$.

性质 6.2.8 若向量组 $\boldsymbol{\alpha}_1,\boldsymbol{\alpha}_2,\cdots,\boldsymbol{\alpha}_r$ 与向量组 $\boldsymbol{\beta}_1,\boldsymbol{\beta}_2,\cdots,\boldsymbol{\beta}_s$ 等价, 则 $r(\boldsymbol{\alpha}_1,\boldsymbol{\alpha}_2,\cdots,\boldsymbol{\alpha}_r)=r(\boldsymbol{\beta}_1,\boldsymbol{\beta}_2,\cdots,\boldsymbol{\beta}_s)$.

习 题 6.2

1. 设 V 为实数域上连续函数全体构成的线性空间. 证明下列函数组线性无关.

(1) $\sin x,\sin 2x,\cdots,\sin nx$;

(2) $1,\cos x,\cos 2x,\cdots,\cos nx$.

2. 设向量组 $\boldsymbol{\alpha}_1,\boldsymbol{\alpha}_2,\cdots,\boldsymbol{\alpha}_s$ 线性无关. 讨论 $\boldsymbol{\alpha}_1+\boldsymbol{\alpha}_2,\boldsymbol{\alpha}_2+\boldsymbol{\alpha}_3,\cdots,\boldsymbol{\alpha}_s+\boldsymbol{\alpha}_1$ 的线性相关性 $(s\geqslant 2)$.

3. 设向量组 $\boldsymbol{\alpha}_1,\boldsymbol{\alpha}_2,\cdots,\boldsymbol{\alpha}_s$ 的秩为 r, $\boldsymbol{\alpha}_{i_1},\boldsymbol{\alpha}_{i_2},\cdots,\boldsymbol{\alpha}_{i_r}$ 是其中的 r 个向量, 使得 $\boldsymbol{\alpha}_1,\boldsymbol{\alpha}_2,\cdots,\boldsymbol{\alpha}_s$ 可由 $\boldsymbol{\alpha}_{i_1},\boldsymbol{\alpha}_{i_2},\cdots,\boldsymbol{\alpha}_{i_r}$ 线性表出. 证明: $\boldsymbol{\alpha}_{i_1},\boldsymbol{\alpha}_{i_2},\cdots,\boldsymbol{\alpha}_{i_r}$ 是 $\boldsymbol{\alpha}_1,\boldsymbol{\alpha}_2,\cdots,\boldsymbol{\alpha}_s$ 的一个极大线性无关组.

4. 已知向量组 $\boldsymbol{\alpha}_1,\boldsymbol{\alpha}_2,\cdots,\boldsymbol{\alpha}_r$ 与 $\boldsymbol{\alpha}_1,\boldsymbol{\alpha}_2,\cdots,\boldsymbol{\alpha}_r,\boldsymbol{\alpha}_{r+1},\boldsymbol{\alpha}_{r+2},\cdots,\boldsymbol{\alpha}_s$ 有相同的秩. 证明: $\boldsymbol{\alpha}_1,\boldsymbol{\alpha}_2,\cdots,\boldsymbol{\alpha}_r$ 与 $\boldsymbol{\alpha}_1,\boldsymbol{\alpha}_2,\cdots,\boldsymbol{\alpha}_r,\boldsymbol{\alpha}_{r+1},\boldsymbol{\alpha}_{r+2},\cdots,\boldsymbol{\alpha}_s$ 等价.

5. 设 $\boldsymbol{\beta}_1=\boldsymbol{\alpha}_2+\boldsymbol{\alpha}_3+\cdots+\boldsymbol{\alpha}_r,\boldsymbol{\beta}_2=\boldsymbol{\alpha}_1+\boldsymbol{\alpha}_3+\cdots+\boldsymbol{\alpha}_r,\cdots,\boldsymbol{\beta}_r=\boldsymbol{\alpha}_1+\boldsymbol{\alpha}_2+\cdots+\boldsymbol{\alpha}_{r-1}$. 证明: 向量组 $\boldsymbol{\beta}_1,\boldsymbol{\beta}_2,\cdots,\boldsymbol{\beta}_r$ 与 $\boldsymbol{\alpha}_1,\boldsymbol{\alpha}_2,\cdots,\boldsymbol{\alpha}_r$ 有相同的秩.

6.3 基与坐标

定义 6.3.1 设 S 为数域 $\mathbb{F}$ 上线性空间 V 的一个子集. 若 S 中的向量是线性无关的, 且 V 与 S 等价, 则称 S 为线性空间 V 的一个**基**. 若 V 有一个基仅含有限个向量, 则称线性空间 V 为**有限维**的; 否则称线性空间 V 为**无限维**的.

如果数域 $\mathbb{F}$ 上线性空间 V 只含一个向量, 则 $V=\{0\}$. 此时, 称 V 为**零维线性空间**. 对于零维线性空间, 上述的向量集合 S 是空集. 因而上述定义是针对非零维向量空间的.

按照上述定义, 不难看出, 单位向量组 $\{\varepsilon_1,\varepsilon_2,\varepsilon_3\}$ 是实向量空间 $\mathbb{R}^3$ 的一个基. 因而, $\mathbb{R}^3$ 是有限维的. 根据例 6.2.1, 矩阵 $\boldsymbol{A}_{ij}(i=1,2,\cdots,m;\ j=1,2,\cdots,n)$ 为线性空间 $\mathbb{F}^{m\times n}$ 的一个基.

对于由实系数多项式构成的实线性空间 $\mathbb{R}[x]$, $S=\{1,x,x^2,\cdots,x^{n-1},\cdots\}$ 是 $\mathbb{R}[x]$ 的一个基, 且 $\mathbb{R}[x]$ 是无限维的实线性空间. 本书中, 我们主要讨论有限维线性空间.

定理 6.3.1 设数域 $\mathbb{F}$ 上有限维线性空间 V 有一个基 $\boldsymbol{\alpha}_1,\boldsymbol{\alpha}_2,\cdots,\boldsymbol{\alpha}_n\,(n\geqslant 1)$, 则 V 中任意一个线性无关向量集合 S 都是有限的, 且 S 中所含的向量个数不超过 n.

推论 6.3.1 有限维线性空间 V 的任意两个基所含的向量个数相等.

根据上述推论, 有如下定义.

定义 6.3.2 称数域 $\mathbb{F}$ 上有限维线性空间 V 的一个基中所含向量的个数 n 为 V 的**维数**, 记为 $\dim V$. 此时, 称 V 为 n **维线性空间**.

不难看出, 线性空间, 基, 维数的概念分别平行于向量组, 极大无关组, 秩的概念. 利用线性空间维数的定义和定理 6.3.1 的结论, 我们有如下推论.

推论 6.3.2 设 V 为数域 $\mathbb{F}$ 上的 n 维线性空间, 则 V 中任意 $n+1$ 个向量都线性相关.

在 $\mathbb{R}^n$ 中, 为了研究空间向量的运算, 特别是向量的加法, 数与向量的数乘, 引入了向量的坐标. 对于有限维的线性空间, 我们同样可以引入坐标的概念.

定义 6.3.3 设 V 为数域 $\mathbb{F}$ 上 n 维线性空间, $\varepsilon_1,\varepsilon_2,\cdots,\varepsilon_n$ 为 V 的一个基, $\boldsymbol{\alpha}$ 为 V 中任一向量, 则 $\boldsymbol{\alpha}$ 可由 $\varepsilon_1,\varepsilon_2,\cdots,\varepsilon_n$ 唯一线性表示:

$$\boldsymbol{\alpha}=a_1\varepsilon_1+a_2\varepsilon_2+\cdots+a_n\varepsilon_n.$$

称 $a_1,a_2\cdots,a_n$ 为向量 $\boldsymbol{\alpha}$ 在基 $\varepsilon_1,\varepsilon_2,\cdots,\varepsilon_n$ 下的**坐标**, 记为 $(a_1,a_2\cdots,a_n)$.

例 6.3.1 在数域 $\mathbb{F}$ 上的线性空间 $\mathbb{F}_n[x]$ 中, $1,x,x^2,\cdots,x^{n-1}$ 是 n 个线性无关的向量. 对任意 $f(x)\in\mathbb{F}_n[x]$, $f(x)=a_0+a_1x+a_2x^2+\cdots+a_{n-1}x^{n-1}$, 其中 $a_0,a_1,a_2,\cdots,a_{n-1}\in\mathbb{F}$. 显然 $f(x)$ 可由 $1,x,x^2,\cdots,x^{n-1}$ 线性表示, 从而 $1,x,x^2,\cdots,x^{n-1}$ 为线性空间 $\mathbb{F}_n[x]$ 的一个基, $\dim_{\mathbb{F}}\mathbb{F}_n[x]=n$. 容易看出 $f(x)$ 在该基下的坐标为 $(a_0,a_1,a_2,\cdots,a_{n-1})$. □

根据推论 6.3.1, 在 n 维线性空间中, 任意 n 个线性无关的向量都可以作为线性空间的基. 同一个向量在不同基下的坐标一般是不同的. 现在我们来讨论同一个向量在不同基下的坐标之间的关系.

设 $\varepsilon_1,\varepsilon_2,\cdots,\varepsilon_n$ 与 $\varepsilon'_1,\varepsilon'_2,\cdots,\varepsilon'_n$ 均为 n 维线性空间 V 的基. 则 $\varepsilon'_1,\varepsilon'_2,\cdots,\varepsilon'_n$ 可由 $\varepsilon_1,\varepsilon_2,\cdots,\varepsilon_n$ 线性表示,

$$\begin{cases}\varepsilon'_1=a_{11}\varepsilon_1+a_{21}\varepsilon_2+\cdots+a_{n1}\varepsilon_n,\\ \varepsilon'_2=a_{12}\varepsilon_1+a_{22}\varepsilon_2+\cdots+a_{n2}\varepsilon_n,\\ \qquad\cdots\cdots\\ \varepsilon'_n=a_{1n}\varepsilon_1+a_{2n}\varepsilon_2+\cdots+a_{nn}\varepsilon_n.\end{cases}\tag{6.3.1}$$

设向量 $\boldsymbol{\alpha}$ 在这两个基下的坐标分别为 $(x_1,x_2,\cdots,x_n)$, $(x'_1,x'_2,\cdots,x'_n)$, 即

$$\boldsymbol{\alpha}=x_1\varepsilon_1+x_2\varepsilon_2+\cdots+x_n\varepsilon_n=x'_1\varepsilon'_1+x'_2\varepsilon'_2+\cdots+x'_n\varepsilon'_n.\tag{6.3.2}$$

下面我们讨论 $(x_1,x_2,\cdots,x_n)$ 与 $(x'_1,x'_2,\cdots,x'_n)$ 之间的关系.

将式 (6.3.1) 写成矩阵的形式, 可得

$$(\boldsymbol{\varepsilon}_1',\boldsymbol{\varepsilon}_2',\cdots,\boldsymbol{\varepsilon}_n')=(\boldsymbol{\varepsilon}_1,\boldsymbol{\varepsilon}_2,\cdots,\boldsymbol{\varepsilon}_n)\begin{pmatrix} a_{11} & a_{12} & \cdots & a_{1n} \\ a_{21} & a_{22} & \cdots & a_{2n} \\ \vdots & \vdots & & \vdots \\ a_{n1} & a_{n2} & \cdots & a_{nn} \end{pmatrix}.$$

记 $\boldsymbol{A}=(a_{ij})_{n\times n}$, 则上式可写成

$$(\boldsymbol{\varepsilon}_1',\boldsymbol{\varepsilon}_2',\cdots,\boldsymbol{\varepsilon}_n')=(\boldsymbol{\varepsilon}_1,\boldsymbol{\varepsilon}_2,\cdots,\boldsymbol{\varepsilon}_n)\boldsymbol{A}. \tag{6.3.3}$$

式 (6.3.3) 称为由基 $\varepsilon_1,\varepsilon_2,\cdots,\varepsilon_n$ 到基 $\varepsilon_1',\varepsilon_2',\cdots,\varepsilon_n'$ 的**基变换公式**, 矩阵 $\boldsymbol{A}$ 称为由基 $\varepsilon_1,\varepsilon_2,\cdots,\varepsilon_n$ 到基 $\varepsilon_1',\varepsilon_2',\cdots,\varepsilon_n'$ 的**过渡矩阵**.

例 6.3.2 求 $\mathbb{R}^3$ 中由基 $\varepsilon_1=(1,0,0),\varepsilon_2=(1,1,0),\varepsilon_3=(1,1,1)$ 到基 $\varepsilon_1'=(1,0,-1),\varepsilon_2'=(0,1,1),\varepsilon_3'=(0,1,0)$ 的过渡矩阵.

解 显然, $\boldsymbol{\alpha}_1=(1,0,0),\boldsymbol{\alpha}_2=(0,1,0),\boldsymbol{\alpha}_3=(0,0,1)$ 为 $\mathbb{R}^3$ 的一组基, 且

$$(\boldsymbol{\varepsilon}_1,\boldsymbol{\varepsilon}_2,\boldsymbol{\varepsilon}_3)=(\boldsymbol{\alpha}_1,\boldsymbol{\alpha}_2,\boldsymbol{\alpha}_3)\boldsymbol{A}=(\boldsymbol{\alpha}_1,\boldsymbol{\alpha}_2,\boldsymbol{\alpha}_3)\begin{pmatrix} 1 & 1 & 1 \\ 0 & 1 & 1 \\ 0 & 0 & 1 \end{pmatrix},$$

$$\begin{aligned}(\boldsymbol{\varepsilon}_1',\boldsymbol{\varepsilon}_2',\boldsymbol{\varepsilon}_3')&=(\boldsymbol{\alpha}_1,\boldsymbol{\alpha}_2,\boldsymbol{\alpha}_3)\boldsymbol{B}=(\boldsymbol{\alpha}_1,\boldsymbol{\alpha}_2,\boldsymbol{\alpha}_3)\begin{pmatrix} 1 & 0 & 0 \\ 0 & 1 & 1 \\ -1 & 1 & 0 \end{pmatrix}\\ &=(\boldsymbol{\varepsilon}_1,\boldsymbol{\varepsilon}_2,\boldsymbol{\varepsilon}_3)\boldsymbol{A}^{-1}\boldsymbol{B}\\ &=(\boldsymbol{\varepsilon}_1,\boldsymbol{\varepsilon}_2,\boldsymbol{\varepsilon}_3)\begin{pmatrix} 1 & 1 & 1 \\ 0 & 1 & 1 \\ 0 & 0 & 1 \end{pmatrix}^{-1}\begin{pmatrix} 1 & 0 & 0 \\ 0 & 1 & 1 \\ -1 & 1 & 0 \end{pmatrix},\end{aligned}$$

即由 $\varepsilon_1,\varepsilon_2,\varepsilon_3$ 到 $\varepsilon_1',\varepsilon_2',\varepsilon_3'$ 的过渡矩阵为

$$\begin{aligned}\boldsymbol{A}^{-1}\boldsymbol{B}&=\begin{pmatrix} 1 & 1 & 1 \\ 0 & 1 & 1 \\ 0 & 0 & 1 \end{pmatrix}^{-1}\begin{pmatrix} 1 & 0 & 0 \\ 0 & 1 & 1 \\ -1 & 1 & 0 \end{pmatrix}\\ &=\begin{pmatrix} 1 & -1 & 0 \\ 0 & 1 & -1 \\ 0 & 0 & 1 \end{pmatrix}\begin{pmatrix} 1 & 0 & 0 \\ 0 & 1 & 1 \\ -1 & 1 & 0 \end{pmatrix}=\begin{pmatrix} 1 & -1 & -1 \\ 1 & 0 & 1 \\ -1 & 1 & 0 \end{pmatrix}.\end{aligned}$$ □

定理 6.3.2 设 $\varepsilon_1,\varepsilon_2,\cdots,\varepsilon_n$ 与 $\varepsilon_1',\varepsilon_2',\cdots,\varepsilon_n'$ 均为数域 $\mathbb{F}$ 上 n 维线性空间 V 的基. 设 $\boldsymbol{A}=(a_{ij})_{n\times n}$ 是由基 $\varepsilon_1,\varepsilon_2,\cdots,\varepsilon_n$ 到基 $\varepsilon_1',\varepsilon_2',\cdots,\varepsilon_n'$ 的过渡矩阵. 则 $\boldsymbol{A}$ 可逆, 且由基 $\varepsilon_1',\varepsilon_2',\cdots,\varepsilon_n'$ 到基 $\varepsilon_1,\varepsilon_2,\cdots,\varepsilon_n$ 的过渡矩阵为 $\boldsymbol{A}^{-1}$.

证明 由于矩阵 $\boldsymbol{A}$ 为基 $\varepsilon_1,\varepsilon_2,\cdots,\varepsilon_n$ 到基 $\varepsilon_1',\varepsilon_2',\cdots,\varepsilon_n'$ 的过渡矩阵, 则

$$(\varepsilon_1',\varepsilon_2',\cdots,\varepsilon_n')=(\varepsilon_1,\varepsilon_2,\cdots,\varepsilon_n)\boldsymbol{A}.$$

设由基 $\varepsilon_1',\varepsilon_2',\cdots,\varepsilon_n'$ 到基 $\varepsilon_1,\varepsilon_2,\cdots,\varepsilon_n$ 的过渡矩阵为 $\boldsymbol{B}=(b_{ij})_{n\times n}$, 则

$$\begin{aligned}(\varepsilon_1,\varepsilon_2,\cdots,\varepsilon_n)&=(\varepsilon_1',\varepsilon_2',\cdots,\varepsilon_n')\boldsymbol{B}=(\varepsilon_1,\varepsilon_2,\cdots,\varepsilon_n)\boldsymbol{AB},\\&=(\varepsilon_1,\varepsilon_2,\cdots,\varepsilon_n)\begin{pmatrix}c_{11}&c_{12}&\cdots&c_{1n}\\c_{21}&c_{22}&\cdots&c_{2n}\\\vdots&\vdots&&\vdots\\c_{n1}&c_{n2}&\cdots&c_{nn}\end{pmatrix},\end{aligned}$$

即

$$\begin{cases}\varepsilon_1=c_{11}\varepsilon_1+c_{21}\varepsilon_2+\cdots+c_{n1}\varepsilon_n,\\\varepsilon_2=c_{12}\varepsilon_1+c_{22}\varepsilon_2+\cdots+c_{n2}\varepsilon_n,\\\qquad\cdots\cdots\\\varepsilon_n=c_{1n}\varepsilon_1+c_{2n}\varepsilon_2+\cdots+c_{nn}\varepsilon_n.\end{cases}$$

因此,

$$\begin{cases}(c_{11}-1)\varepsilon_1+c_{21}\varepsilon_2+\cdots+c_{n1}\varepsilon_n=0,\\c_{12}\varepsilon_1+(c_{22}-1)\varepsilon_2+\cdots+c_{n2}\varepsilon_n=0,\\\qquad\cdots\cdots\\c_{1n}\varepsilon_1+c_{2n}\varepsilon_2+\cdots+(c_{nn}-1)\varepsilon_n=0.\end{cases}$$

由于向量组 $\varepsilon_1,\varepsilon_2,\cdots,\varepsilon_n$ 是线性无关的, 所以 $c_{ij}=\begin{cases}1,&i=j,\\0,&i\neq j.\end{cases}$ 由此可知, $\boldsymbol{AB}=\boldsymbol{I}_n$. 从而方阵 $\boldsymbol{A}$ 可逆, 且 $\boldsymbol{A}^{-1}=\boldsymbol{B}$. □

现在给出向量在不同基下的坐标间的关系.

定理 6.3.3 设 $\varepsilon_1,\varepsilon_2,\cdots,\varepsilon_n$ 与 $\varepsilon_1',\varepsilon_2',\cdots,\varepsilon_n'$ 均为数域 $\mathbb{F}$ 上 n 维线性空间 V 的基. 设 $\boldsymbol{A}=(a_{ij})_{n\times n}$ 是由基 $\varepsilon_1,\varepsilon_2,\cdots,\varepsilon_n$ 到基 $\varepsilon_1',\varepsilon_2',\cdots,\varepsilon_n'$ 的过渡矩阵. 设向量 $\boldsymbol{\alpha}\in V$ 在基 $\varepsilon_1,\varepsilon_2,\cdots,\varepsilon_n$ 与 $\varepsilon_1',\varepsilon_2',\cdots,\varepsilon_n'$ 下的坐标分别为 $(x_1,x_2,\cdots,x_n)$

与 $(x_1', x_2', \cdots, x_n')$, 则

$$\begin{pmatrix} x_1 \\ x_2 \\ \vdots \\ x_n \end{pmatrix} = \boldsymbol{A} \begin{pmatrix} x_1' \\ x_2' \\ \vdots \\ x_n' \end{pmatrix}. \tag{6.3.4}$$

式 (6.3.4) 为同一个向量在不同基下的**坐标变换公式**.

证明　由条件可知

$$\boldsymbol{\alpha} = (\boldsymbol{\varepsilon}_1, \boldsymbol{\varepsilon}_2, \cdots, \boldsymbol{\varepsilon}_n) \begin{pmatrix} x_1 \\ x_2 \\ \vdots \\ x_n \end{pmatrix} = (\boldsymbol{\varepsilon}_1', \boldsymbol{\varepsilon}_2', \cdots, \boldsymbol{\varepsilon}_n') \begin{pmatrix} x_1' \\ x_2' \\ \vdots \\ x_n' \end{pmatrix},$$

且

$$(\boldsymbol{\varepsilon}_1', \boldsymbol{\varepsilon}_2', \cdots, \boldsymbol{\varepsilon}_n') = (\boldsymbol{\varepsilon}_1, \boldsymbol{\varepsilon}_2, \cdots, \boldsymbol{\varepsilon}_n) \boldsymbol{A}.$$

因此,

$$\boldsymbol{\alpha} = (\boldsymbol{\varepsilon}_1, \boldsymbol{\varepsilon}_2, \cdots, \boldsymbol{\varepsilon}_n) \boldsymbol{A} \begin{pmatrix} x_1' \\ x_2' \\ \vdots \\ x_n' \end{pmatrix}.$$

根据向量 $\boldsymbol{\alpha}$ 在基 $\boldsymbol{\varepsilon}_1, \boldsymbol{\varepsilon}_2, \cdots, \boldsymbol{\varepsilon}_n$ 下坐标的唯一性,

$$\begin{pmatrix} x_1 \\ x_2 \\ \vdots \\ x_n \end{pmatrix} = \boldsymbol{A} \begin{pmatrix} x_1' \\ x_2' \\ \vdots \\ x_n' \end{pmatrix}.$$

□

习　题　6.3

1. 求线性空间 $\mathbb{F}^{n\times n}$ 的维数与一个基.

2. 设 $\boldsymbol{\alpha}_1, \boldsymbol{\alpha}_2, \cdots, \boldsymbol{\alpha}_n$ 是数域 $\mathbb{F}$ 上 n 维线性空间 V 的一个基. 证明: $\boldsymbol{\alpha}_1, \boldsymbol{\alpha}_1+\boldsymbol{\alpha}_2, \cdots, \boldsymbol{\alpha}_1+\boldsymbol{\alpha}_2+\cdots+\boldsymbol{\alpha}_n$ 仍是 V 的一个基.

若向量 $\boldsymbol{\alpha}$ 在 $\boldsymbol{\alpha}_1, \boldsymbol{\alpha}_2, \cdots, \boldsymbol{\alpha}_n$ 下的坐标为 $(n, n-1, \cdots, 2, 1)$, 求 $\boldsymbol{\alpha}$ 在后一个基下的坐标.

3. 证明: 在数域 $\mathbb{F}$ 上所有次数小于 n 的多项式构成的线性空间 $\mathbb{F}_n[x]$ 中, 向量 $1, (x+a), (x+a)^2, \cdots, (x+a)^{n-1}$ 构成一个基, 其中 $a \in \mathbb{F}$. 并求 $f(x) = a_0 + a_1x + a_2x^2 + \cdots + a_{n-1}x^{n-1}$ 在这个基下的坐标.

6.4 线性子空间

在空间解析几何中, 对于一个过原点的平面, 它是三维几何空间的子集, 而且它对于原来的加法和数乘又构成一个线性空间. 本节将这一情形推广到一般线性空间中, 引入线性子空间的概念.

定义 6.4.1 若线性空间 V 的非空子集 W 关于 V 的两种运算是封闭的, 则称 W 为 V 的一个**子空间**.

例 6.4.1 显然, 线性空间 V 本身是 V 的一个子空间; 仅有零向量构成的集合 $\{0\}$ 也是 V 的子空间, 称为**零子空间**. 这两个子空间称为 V 的**平凡子空间**, 而 V 的其他子空间称为**非平凡子空间**.

例 6.4.2 由定义不难验证, 在全体实函数构成的实线性空间中, 所有实系数多项式集合构成它的一个子空间.

例 6.4.3 设 $\mathbb{F}[x]$ 为数域 $\mathbb{F}$ 上关于 x 的一元多项式构成的线性空间. 则所有满足 $f(-x)=f(x)$ 的多项式 $f(x)$ 的集合 W 是 $\mathbb{F}[x]$ 的一个子空间.

证明 首先, 零多项式 $0\in W$. 其次, 对任意 $f,g\in W$,

$$(f+g)(-x)=f(-x)+g(-x)=f(x)+g(x)=(f+g)(x).$$

因此, $f+g\in W$. 对任意 $k\in\mathbb{F}, f\in W$. $(kf)(-x)=kf(-x)=kf(x)=(kf)(x)$, 因此 $kf\in W$. 所以 W 是 $\mathbb{F}[x]$ 的一个子空间. □

例 6.4.4 设齐次线性方程组 $\boldsymbol{AX}=\mathbf{0}$, 其中 $\boldsymbol{A}\in\mathbb{R}^{m\times n}$. 由定义不难验证, 方程组在 $\mathbb{R}$ 上所有的解构成的集合构成 $\mathbb{R}^n$ 的线性子空间, 称之为方程组的**解空间**. 特别地, 矩阵 $\boldsymbol{A}\in\mathbb{R}^{n\times n}$ 的属于某个特征值 λ 的特征向量以及零向量构成的集合, 称为矩阵 $\boldsymbol{A}$ 的属于特征值 λ 的**特征子空间**.

设 $\boldsymbol{\alpha}_1,\boldsymbol{\alpha}_2,\cdots,\boldsymbol{\alpha}_r$ 是数域 $\mathbb{F}$ 上线性空间 V 的一组向量, 则这组向量所有可能的线性组合 $k_1\boldsymbol{\alpha}_1+k_2\boldsymbol{\alpha}_2+\cdots+k_r\boldsymbol{\alpha}_r\ (k_1,k_2,\cdots,k_r\in\mathbb{F})$ 构成的集合是非空的, 且关于 V 的两种运算是封闭的, 因而是 V 的一个线性子空间, 称为由 $\boldsymbol{\alpha}_1,\boldsymbol{\alpha}_2,\cdots,\boldsymbol{\alpha}_r$ **生成的子空间**, 记为 $L(\boldsymbol{\alpha}_1,\boldsymbol{\alpha}_2,\cdots,\boldsymbol{\alpha}_r)$.

定理 6.4.1 由 $\boldsymbol{\alpha}_1,\boldsymbol{\alpha}_2,\cdots,\boldsymbol{\alpha}_r$ 生成的子空间 $L(\boldsymbol{\alpha}_1,\boldsymbol{\alpha}_2,\cdots,\boldsymbol{\alpha}_r)$ 是 V 的包含 $\boldsymbol{\alpha}_1,\boldsymbol{\alpha}_2,\cdots,\boldsymbol{\alpha}_r$ 的最小子空间.

在有限维线性空间中, 任何一个子空间都可以由有限个向量生成. 事实上, 设 W 是线性空间 V 的一个子空间, 则 W 显然也是有限维的. 取 W 一个基 $\boldsymbol{\alpha}_1,\boldsymbol{\alpha}_2,\cdots,\boldsymbol{\alpha}_r$, 则 $W=L(\boldsymbol{\alpha}_1,\boldsymbol{\alpha}_2,\cdots,\boldsymbol{\alpha}_r)$. 特别地, V 本身就可以由它的基向量生成.

定理 6.4.2 (1) 两个向量组生成相同子空间等价于这两个向量组等价;

(2) 向量组 $\boldsymbol{\alpha}_1,\boldsymbol{\alpha}_2,\cdots,\boldsymbol{\alpha}_r$ 的极大线性无关组就是 $L(\boldsymbol{\alpha}_1,\boldsymbol{\alpha}_2,\cdots,\boldsymbol{\alpha}_r)$ 的一个基, 因此 $L(\boldsymbol{\alpha}_1,\boldsymbol{\alpha}_2,\cdots,\boldsymbol{\alpha}_r)$ 的维数等于向量组 $\boldsymbol{\alpha}_1,\boldsymbol{\alpha}_2,\cdots,\boldsymbol{\alpha}_r$ 的秩.

证明　(1) 设 $\boldsymbol{\alpha}_1,\boldsymbol{\alpha}_2,\cdots,\boldsymbol{\alpha}_r$ 与 $\boldsymbol{\beta}_1,\boldsymbol{\beta}_2,\cdots,\boldsymbol{\beta}_s$ 为两个向量组. 如果

$$L(\boldsymbol{\alpha}_1,\boldsymbol{\alpha}_2,\cdots,\boldsymbol{\alpha}_r)=L(\boldsymbol{\beta}_1,\boldsymbol{\beta}_2,\cdots,\boldsymbol{\beta}_s),$$

则对任意 $i=1,2,\cdots,r$, 向量 $\boldsymbol{\alpha}_i\in L(\boldsymbol{\beta}_1,\boldsymbol{\beta}_2,\cdots,\boldsymbol{\beta}_s)$, 即 $\boldsymbol{\alpha}_i$ 是 $\boldsymbol{\beta}_1,\boldsymbol{\beta}_2,\cdots,\boldsymbol{\beta}_s$ 的线性组合, 因此向量组 $\boldsymbol{\alpha}_1,\boldsymbol{\alpha}_2,\cdots,\boldsymbol{\alpha}_r$ 可由向量组 $\boldsymbol{\beta}_1,\boldsymbol{\beta}_2,\cdots,\boldsymbol{\beta}_s$ 线性表示. 类似地, 向量组 $\boldsymbol{\beta}_1,\boldsymbol{\beta}_2,\cdots,\boldsymbol{\beta}_s$ 也可由向量组 $\boldsymbol{\alpha}_1,\boldsymbol{\alpha}_2,\cdots,\boldsymbol{\alpha}_r$ 线性表示, 因此这两个向量组等价.

反之, 如果向量组 $\boldsymbol{\alpha}_1,\boldsymbol{\alpha}_2,\cdots,\boldsymbol{\alpha}_r$ 与 $\boldsymbol{\beta}_1,\boldsymbol{\beta}_2,\cdots,\boldsymbol{\beta}_s$ 等价, 则任一个 $\boldsymbol{\alpha}_1,\boldsymbol{\alpha}_2,\cdots,\boldsymbol{\alpha}_r$ 的线性组合都可以由 $\boldsymbol{\beta}_1,\boldsymbol{\beta}_2,\cdots,\boldsymbol{\beta}_s$ 线性表示. 因此

$$L(\boldsymbol{\alpha}_1,\boldsymbol{\alpha}_2,\cdots,\boldsymbol{\alpha}_r)\subseteq L(\boldsymbol{\beta}_1,\boldsymbol{\beta}_2,\cdots,\boldsymbol{\beta}_s).$$

类似可证 $L(\boldsymbol{\beta}_1,\boldsymbol{\beta}_2,\cdots,\boldsymbol{\beta}_s)\subseteq L(\boldsymbol{\alpha}_1,\boldsymbol{\alpha}_2,\cdots,\boldsymbol{\alpha}_r)$. 故

$$L(\boldsymbol{\alpha}_1,\boldsymbol{\alpha}_2,\cdots,\boldsymbol{\alpha}_r)=L(\boldsymbol{\beta}_1,\boldsymbol{\beta}_2,\cdots,\boldsymbol{\beta}_s).$$

(2) 设向量组 $\boldsymbol{\alpha}_1,\boldsymbol{\alpha}_2,\cdots,\boldsymbol{\alpha}_r$ 的秩为 s, 且不妨设 $\boldsymbol{\alpha}_1,\boldsymbol{\alpha}_2,\cdots,\boldsymbol{\alpha}_s$ $(s\leqslant r)$ 是它的一个极大线性无关组. 因为 $\boldsymbol{\alpha}_1,\boldsymbol{\alpha}_2,\cdots,\boldsymbol{\alpha}_s$ 与 $\boldsymbol{\alpha}_1,\boldsymbol{\alpha}_2,\cdots,\boldsymbol{\alpha}_r$ 等价, 由 (1) 可知, $L(\boldsymbol{\alpha}_1,\boldsymbol{\alpha}_2,\cdots,\boldsymbol{\alpha}_s)=L(\boldsymbol{\alpha}_1,\boldsymbol{\alpha}_2,\cdots,\boldsymbol{\alpha}_r)$, $\boldsymbol{\alpha}_1,\boldsymbol{\alpha}_2,\cdots,\boldsymbol{\alpha}_s$ 就是 $L(\boldsymbol{\alpha}_1,\boldsymbol{\alpha}_2,\cdots,\boldsymbol{\alpha}_r)$ 的一组基, 因此, $L(\boldsymbol{\alpha}_1,\boldsymbol{\alpha}_2,\cdots,\boldsymbol{\alpha}_r)$ 的维数就是向量组 $\boldsymbol{\alpha}_1,\boldsymbol{\alpha}_2,\cdots,\boldsymbol{\alpha}_r$ 的秩 s. □

定理 6.4.3　数域 $\mathbb{F}$ 上 n 维线性空间 V 的任一个线性无关的向量组都可扩充成为 V 的一个基, 也就是说, 若 $\boldsymbol{\alpha}_1,\boldsymbol{\alpha}_2,\cdots,\boldsymbol{\alpha}_r$ $(r\leqslant n)$ 是 V 的一个线性无关的向量组, 则存在 $\boldsymbol{\alpha}_{r+1},\boldsymbol{\alpha}_{r+2},\cdots,\boldsymbol{\alpha}_n\in V$, 使得 $\boldsymbol{\alpha}_1,\boldsymbol{\alpha}_2,\cdots,\boldsymbol{\alpha}_r,\boldsymbol{\alpha}_{r+1},\boldsymbol{\alpha}_{r+2},\cdots,\boldsymbol{\alpha}_n$ 是 V 的一个基.

推论 6.4.1　设 V 为数域 $\mathbb{F}$ 上的线性空间, W 为 V 的一个 m 维的子空间, 且 $\boldsymbol{\alpha}_1,\boldsymbol{\alpha}_2,\cdots,\boldsymbol{\alpha}_m$ 为 W 的一个基. 则存在 $n-m$ 个向量 $\boldsymbol{\alpha}_{m+1},\boldsymbol{\alpha}_{m+2},\cdots,\boldsymbol{\alpha}_n\in V$, 使得 $\boldsymbol{\alpha}_1,\boldsymbol{\alpha}_2,\cdots,\boldsymbol{\alpha}_m,\boldsymbol{\alpha}_{m+1},\boldsymbol{\alpha}_{m+2},\cdots,\boldsymbol{\alpha}_n$ 是 V 的一个基.

习　题　6.4

1. 设 $\mathbb{R}^3$ 的两个子集

$$W_1=\left\{(x_1,x_2,x_3)\,|\,x_1-2x_2+2x_3=0\right\},$$

$$W_2=\left\{(x_1,x_2,x_3)\,\middle|\,x_1+\frac{1}{2}x_2+x_3=1\right\}.$$

证明: W_1 是 $\mathbb{R}^3$ 的一个子空间, W_2 不是 $\mathbb{R}^3$ 的一个子空间.

2. 在 $\mathbb{R}^4$ 中, 求由 $\boldsymbol{\alpha}_1,\boldsymbol{\alpha}_2,\boldsymbol{\alpha}_3,\boldsymbol{\alpha}_4,\boldsymbol{\alpha}_5$ 生成的子空间维数和一个基, 其中

$$\boldsymbol{\alpha}_1=(1,3,0,5),\quad \boldsymbol{\alpha}_2=(1,2,1,4),\quad \boldsymbol{\alpha}_3=(1,1,2,3),\quad \boldsymbol{\alpha}_4=(0,1,2,4),\quad \boldsymbol{\alpha}_5=(1,-3,0,-7).$$

3. 在 $\mathbb{R}^3$ 中, 求由基 $\boldsymbol{\alpha}_1,\boldsymbol{\alpha}_2,\boldsymbol{\alpha}_3$ 到基 $\boldsymbol{\beta}_1,\boldsymbol{\beta}_2,\boldsymbol{\beta}_3$ 的过渡矩阵, 其中

$$\boldsymbol{\alpha}_1=(1,2,1),\quad \boldsymbol{\alpha}_2=(2,3,3),\quad \boldsymbol{\alpha}_3=(3,7,1);$$
$$\boldsymbol{\beta}_1=(3,1,4),\quad \boldsymbol{\beta}_2=(5,2,1),\quad \boldsymbol{\beta}_3=(1,1,-6).$$

6.5 线性映射与矩阵

线性映射是研究两个线性空间之间的关系或同一线性空间中向量间内在联系的一种重要映射, 是线性代数研究的中心内容.

定义 6.5.1 设 V 和 W 均为数域 $\mathbb{F}$ 上的线性空间. 如果映射 $\varphi: V\to W$ 满足:

(1) 对任意 $\boldsymbol{\alpha},\boldsymbol{\beta}\in V$, $\varphi(\boldsymbol{\alpha}+\boldsymbol{\beta})=\varphi(\boldsymbol{\alpha})+\varphi(\boldsymbol{\beta})$,

(2) 对任意 $k\in\mathbb{F},\boldsymbol{\alpha}\in V$, $\varphi(k\boldsymbol{\alpha})=k\varphi(\boldsymbol{\alpha})$.

则映射 φ 称为线性空间 V 到 W 的**线性映射**.

当 $V=W$ 时, 则称 φ 为 V 上的**线性变换**. 当 $W=\mathbb{F}$ 时, 则称 φ 为 V 上的**线性函数**. 记 $\mathrm{Hom}(V,W)$ 为 V 到 W 的所有线性映射构成的集合.

例 6.5.1 设 V 和 W 均为数域 $\mathbb{F}$ 上的线性空间. 对任意 $\boldsymbol{\alpha}\in V$, 定义 $\varphi(\boldsymbol{\alpha})=\mathbf{0}$. 显然 φ 是 V 到 W 的一个线性映射, 称为**零映射**.

例 6.5.2 设 V 为数域 $\mathbb{F}$ 上的线性空间, 定义 $I_V: V\to V, I_V(\boldsymbol{\alpha})=\boldsymbol{\alpha}$. 显然, I_V 为 V 上的线性变换, 称为 V 上的**恒等变换**, 简记为 I.

例 6.5.3 设 V 为数域 $\mathbb{F}$ 上 n 维线性空间, $\varepsilon_1,\varepsilon_2,\cdots,\varepsilon_n$ 为 V 的一个基. 对任意的 $\boldsymbol{\alpha}\in V$, 若它在基 $\varepsilon_1,\varepsilon_2,\cdots,\varepsilon_n$ 下的坐标为 $(a_1,a_2,\cdots,a_n)$, 定义 $\varphi(\boldsymbol{\alpha})=(a_1,a_2,\cdots,a_n)$. 则映射 φ 为 V 到 n 维向量空间 $\mathbb{F}^n$ 的一个线性映射.

证明 设 $\boldsymbol{\alpha},\boldsymbol{\beta}$ 在基 $\varepsilon_1,\varepsilon_2,\cdots,\varepsilon_n$ 下的坐标分别为 $(a_1,a_2,\cdots,a_n)$, $(b_1,b_2,\cdots,b_n)$, 则

$$\varphi(\boldsymbol{\alpha})=(a_1,a_2,\cdots,a_n),\quad \varphi(\boldsymbol{\beta})=(b_1,b_2,\cdots,b_n).$$

显然, $\boldsymbol{\alpha}+\boldsymbol{\beta}$ 与 $k\boldsymbol{\alpha}$ 的坐标分别为 $(a_1+b_1,a_2+b_2,\cdots,a_n+b_n)$ 与 $(ka_1,ka_2,\cdots,ka_n)$, 其中 $k\in\mathbb{F}$. 因此,

$$\varphi(\boldsymbol{\alpha}+\boldsymbol{\beta})=(a_1+b_1,a_2+b_2,\cdots,a_n+b_n)=\varphi(\boldsymbol{\alpha})+\varphi(\boldsymbol{\beta}),$$
$$\varphi(k\boldsymbol{\alpha})=(ka_1,ka_2,\cdots,ka_n)=k\varphi(\boldsymbol{\alpha}).$$

由定义可知, 映射 $\varphi: V\to\mathbb{F}^n$ 是线性映射. □

设 V,W 均为 $\mathbb{F}$ 上线性空间, φ 为 V 到 W 上的一个线性映射. 由定义, 不难得到 φ 具有以下性质.

性质 6.5.1 $\varphi(\mathbf{0})=\mathbf{0}$.

性质 6.5.2 设 $k_1,k_2,\cdots,k_m\in\mathbb{F}$, $\boldsymbol{\alpha}_1,\boldsymbol{\alpha}_2,\cdots,\boldsymbol{\alpha}_m\in V$, 则

$$\varphi(k_1\boldsymbol{\alpha}_1+k_2\boldsymbol{\alpha}_2+\cdots+k_m\boldsymbol{\alpha}_m)=k_1\varphi(\boldsymbol{\alpha}_1)+k_2\varphi(\boldsymbol{\alpha}_2)+\cdots+k_m\varphi(\boldsymbol{\alpha}_m).$$

性质 6.5.3 设 V' 为 V 的子空间, W' 为 W 的子空间, V' 在 φ 下的象 $\varphi(V')=\{\varphi(\boldsymbol{\alpha})\in W|\boldsymbol{\alpha}\in V'\}$ 为 W 的一个子空间. W' 在 φ 下的原象 $\varphi^{-1}(W')=\{\boldsymbol{\alpha}\in V|\varphi(\boldsymbol{\alpha})\in W'\}$ 为 V 的一个子空间.

设 φ 为 $\mathbb{F}^n$ 到 $\mathbb{F}^m$ 的一个映射, $\boldsymbol{\alpha}=(a_1,a_2,\cdots,a_n)\in\mathbb{F}^n$, $\varphi(\boldsymbol{\alpha})=(b_1,b_2,\cdots,b_m)\in\mathbb{F}^m$. 定义 $\varphi_i(\boldsymbol{\alpha})=b_i, i=1,2,\cdots,m$, 则 $\varphi_i\,(i=1,2,\cdots,m)$ 为 $\mathbb{F}^n$ 到 $\mathbb{F}$ 的映射, 且 $\varphi(\boldsymbol{\alpha})=(\varphi_1(\boldsymbol{\alpha}),\varphi_2(\boldsymbol{\alpha}),\cdots,\varphi_m(\boldsymbol{\alpha}))$. 记 $\varphi=(\varphi_1,\varphi_2,\cdots,\varphi_m)$, $\varphi_i\,(i=1,2,\cdots,m)$ 称为映射 φ 的第 i 个**分量映射**.

定理 6.5.1 设 V 与 W 分别为数域 $\mathbb{F}$ 上 n 维与 m 维线性空间, $\boldsymbol{\varepsilon}_1,\boldsymbol{\varepsilon}_2,\cdots,\boldsymbol{\varepsilon}_n$ 为 V 的一个基. 则对于 W 中任意给定的 n 个向量 $\boldsymbol{\eta}_1,\boldsymbol{\eta}_2,\cdots,\boldsymbol{\eta}_n$, 存在唯一线性映射 $\varphi: V\to W$, 使得 $\varphi(\boldsymbol{\varepsilon}_i)=\boldsymbol{\eta}_i, i=1,2,\cdots,n$.

定理 6.5.1 表明, 线性映射是由它在基向量上的作用唯一确定的.

设 φ 为 V 到 W 的线性映射, 其中 V 与 W 分别为数域 $\mathbb{F}$ 上 n 维与 m 维线性空间. 设 $\boldsymbol{\varepsilon}_1,\boldsymbol{\varepsilon}_2,\cdots,\boldsymbol{\varepsilon}_n$ 和 $\boldsymbol{\eta}_1,\boldsymbol{\eta}_2,\cdots,\boldsymbol{\eta}_m$ 分别为 V 与 W 的基. 若

$$\begin{aligned}
\varphi(\boldsymbol{\varepsilon}_1)&=a_{11}\boldsymbol{\eta}_1+a_{21}\boldsymbol{\eta}_2+\cdots+a_{m1}\boldsymbol{\eta}_m,\\
\varphi(\boldsymbol{\varepsilon}_2)&=a_{12}\boldsymbol{\eta}_1+a_{22}\boldsymbol{\eta}_2+\cdots+a_{m2}\boldsymbol{\eta}_m,\\
&\cdots\cdots\\
\varphi(\boldsymbol{\varepsilon}_n)&=a_{1n}\boldsymbol{\eta}_1+a_{2n}\boldsymbol{\eta}_2+\cdots+a_{mn}\boldsymbol{\eta}_m,
\end{aligned}$$

则

$$\begin{aligned}
(\varphi(\boldsymbol{\varepsilon}_1),\varphi(\boldsymbol{\varepsilon}_2),\cdots,\varphi(\boldsymbol{\varepsilon}_n))&=(\boldsymbol{\eta}_1,\boldsymbol{\eta}_2,\cdots,\boldsymbol{\eta}_m)\begin{pmatrix}a_{11}&a_{12}&\cdots&a_{1n}\\a_{21}&a_{22}&\cdots&a_{2n}\\\vdots&\vdots&&\vdots\\a_{m1}&a_{m2}&\cdots&a_{mn}\end{pmatrix}\\
&=(\boldsymbol{\eta}_1,\boldsymbol{\eta}_2,\cdots,\boldsymbol{\eta}_m)\boldsymbol{A},
\end{aligned}$$

其中

$$\boldsymbol{A}=\begin{pmatrix}a_{11}&a_{12}&\cdots&a_{1n}\\a_{21}&a_{22}&\cdots&a_{2n}\\\vdots&\vdots&&\vdots\\a_{m1}&a_{m2}&\cdots&a_{mn}\end{pmatrix}$$

称为 φ 在基 $\boldsymbol{\varepsilon}_1,\boldsymbol{\varepsilon}_2,\cdots,\boldsymbol{\varepsilon}_n$ 和 $\boldsymbol{\eta}_1,\boldsymbol{\eta}_2,\cdots,\boldsymbol{\eta}_m$ 下的矩阵.

定理 6.5.2 设 φ 为线性空间 V 到 W 的线性映射, $\varepsilon_1,\varepsilon_2,\cdots,\varepsilon_n$ 和 $\boldsymbol{\eta}_1,\boldsymbol{\eta}_2,\cdots,\boldsymbol{\eta}_m$ 分别为 V 与 W 的基, 且 φ 在这两个基下的矩阵为 $\boldsymbol{A}$. 若 $\boldsymbol{\alpha}\in V$ 在基 $\varepsilon_1,\varepsilon_2,\cdots,\varepsilon_n$ 下的坐标为 $(x_1,x_2,\cdots,x_n)$, $\varphi(\boldsymbol{\alpha})$ 在基 $\boldsymbol{\eta}_1,\boldsymbol{\eta}_2,\cdots,\boldsymbol{\eta}_m$ 下的坐标为 $(y_1,y_2,\cdots,y_m)$, 则

$$\begin{pmatrix} y_1\\ y_2\\ \vdots\\ y_m \end{pmatrix}=\boldsymbol{A}\begin{pmatrix} x_1\\ x_2\\ \vdots\\ x_n \end{pmatrix}.$$

定理 6.5.3 设 φ 为线性空间 V 到 W 的线性映射, $\varepsilon_1,\varepsilon_2,\cdots,\varepsilon_n$ 与 $\varepsilon_1',\varepsilon_2',\cdots,\varepsilon_n'$ 为 V 的两个基, 且 $\varepsilon_1,\varepsilon_2,\cdots,\varepsilon_n$ 到 $\varepsilon_1',\varepsilon_2',\cdots,\varepsilon_n'$ 的过渡矩阵为 $\boldsymbol{P}$. 设 $\boldsymbol{\eta}_1,\boldsymbol{\eta}_2,\cdots,\boldsymbol{\eta}_m$ 与 $\boldsymbol{\eta}_1',\boldsymbol{\eta}_2',\cdots,\boldsymbol{\eta}_m'$ 为 W 的两个基, 且 $\boldsymbol{\eta}_1,\boldsymbol{\eta}_2,\cdots,\boldsymbol{\eta}_m$ 到 $\boldsymbol{\eta}_1',\boldsymbol{\eta}_2',\cdots,\boldsymbol{\eta}_m'$ 的过渡矩阵为 $\boldsymbol{Q}$. 若线性映射 φ 在基 $\varepsilon_1,\varepsilon_2,\cdots,\varepsilon_n$ 和基 $\boldsymbol{\eta}_1,\boldsymbol{\eta}_2,\cdots,\boldsymbol{\eta}_m$ 下的矩阵为 $\boldsymbol{A}$, 在基 $\varepsilon_1',\varepsilon_2',\cdots,\varepsilon_n'$ 和基 $\boldsymbol{\eta}_1',\boldsymbol{\eta}_2',\cdots,\boldsymbol{\eta}_m'$ 下的矩阵为 $\boldsymbol{B}$, 则 $\boldsymbol{B}=\boldsymbol{Q}^{-1}\boldsymbol{A}\boldsymbol{P}$.

定理 6.5.4 设 φ 为线性空间 V 到 W 的线性映射, 则存在 V 的一个基 $\varepsilon_1,\varepsilon_2,\cdots,\varepsilon_n$ 以及 W 的一个基 $\boldsymbol{\eta}_1,\boldsymbol{\eta}_2,\cdots,\boldsymbol{\eta}_m$, 使得 φ 在这两个基下的矩阵为 $\begin{pmatrix} \boldsymbol{I}_r & \boldsymbol{0}\\ \boldsymbol{0} & \boldsymbol{0} \end{pmatrix}$.

下面我们来讨论线性映射之间的运算.

设 V 与 W 分别为数域 $\mathbb{F}$ 上 n 维与 m 维线性空间, φ,ψ 为 V 到 W 的两个线性映射, $k\in\mathbb{F}$. 分别定义 φ 与 ψ 的加法以及 k 与 φ 的数乘如下: 对任意 $\boldsymbol{\alpha}\in U$,

$$(\varphi+\psi)(\boldsymbol{\alpha})=\varphi(\boldsymbol{\alpha})+\psi(\boldsymbol{\alpha}),$$
$$(k\varphi)(\boldsymbol{\alpha})=k\varphi(\boldsymbol{\alpha}).$$

容易验证, $\varphi+\psi$ 与 $k\varphi$ 仍为 V 到 W 的线性映射, 且所有 V 到 W 的线性映射构成集合 $\mathrm{Hom}(V,W)$, 在上述映射的加法与数乘运算下构成数域 $\mathbb{F}$ 上线性空间.

定理 6.5.5 设 φ,ψ 均为 V 到 W 上的线性映射, 设 $\varepsilon_1,\varepsilon_2,\cdots,\varepsilon_n$ 和 $\boldsymbol{\eta}_1,\boldsymbol{\eta}_2,\cdots,\boldsymbol{\eta}_m$ 分别为 V 和 W 的基, 且 φ,ψ 在这两个基下的矩阵分别为 $\boldsymbol{A}$ 和 $\boldsymbol{B}$, 则 $\varphi+\psi$ 与 $k\varphi$ 在这两个基下的矩阵分别为 $\boldsymbol{A}+\boldsymbol{B}$, $k\boldsymbol{A}$, 其中 $k\in\mathbb{F}$.

设 φ,ψ 分别为 V 到 W, W 到 U 的线性映射. 考虑映射 φ 与 ψ 的复合 $\psi\circ\varphi: V\to U$, 即对任意 $\boldsymbol{\alpha}\in V, (\psi\circ\varphi)(\boldsymbol{\alpha})=\psi(\varphi(\boldsymbol{\alpha}))$. 容易验证, $\psi\circ\varphi$ 为 V 到 U 的线性映射.

定理 6.5.6 设 φ,ψ 分别为 V 到 W, W 到 U 的线性映射. 设 $\varepsilon_1,\varepsilon_2,\cdots,\varepsilon_n$, $\boldsymbol{\eta}_1,\boldsymbol{\eta}_2,\cdots,\boldsymbol{\eta}_m$, $\boldsymbol{\xi}_1,\boldsymbol{\xi}_2,\cdots,\boldsymbol{\xi}_l$ 分别为V,W,U的基, 且 φ 在基 $\varepsilon_1,\varepsilon_2,\cdots,\varepsilon_n$ 与 $\boldsymbol{\eta}_1,\boldsymbol{\eta}_2,\cdots,\boldsymbol{\eta}_m$ 下的矩阵为 $\boldsymbol{A}$, ψ 在基 $\boldsymbol{\eta}_1,\boldsymbol{\eta}_2,\cdots,\boldsymbol{\eta}_m$ 与 $\boldsymbol{\xi}_1,\boldsymbol{\xi}_2,\cdots,\boldsymbol{\xi}_l$ 下的矩阵为 $\boldsymbol{B}$, 则 $\psi\circ\varphi$ 在基 $\varepsilon_1,\varepsilon_2,\cdots,\varepsilon_n$, $\boldsymbol{\xi}_1,\boldsymbol{\xi}_2,\cdots,\boldsymbol{\xi}_l$ 下的矩阵为 $\boldsymbol{B}\boldsymbol{A}$.

习 题 6.5

1. 证明: 存在一个线性映射 $\varphi:\mathbb{R}^2\to\mathbb{R}^3$ 使得 $\varphi(1,1)=(1,0,2)$, $\varphi(2,3)=(1,-1,4)$, 并求 $\varphi(8,11)$.

2. 是否存在线性映射 $\varphi:\mathbb{R}^3\to\mathbb{R}^2$ 使得 $(1,0,3)=\varphi^{-1}(1,1)$, $(-2,0,-6)=\varphi^{-1}(2,1)$.

3. 证明: 映射 $\varphi:V\to W$ 为线性映射当且仅当对任意 $\lambda,\mu\in\mathbb{F}$, $\boldsymbol{\alpha},\boldsymbol{\beta}\in V$, 均有 $\varphi(\lambda\boldsymbol{\alpha}+\mu\boldsymbol{\beta})=\lambda\varphi(\boldsymbol{\alpha})+\mu\varphi(\boldsymbol{\beta})$.

6.6 线性空间的同构

前面我们利用线性映射建立了同一数域上线性空间之间的联系, 进一步地, 本节将讨论线性空间的分类问题.

定义 6.6.1 设 φ 为线性空间 V 到 W 的线性映射. 若 φ 是单射, 则称 φ 为 V 到 W 的一个**单线性映射**. 若 φ 是满射, 则称 φ 是 V 到 W 的一个**满线性映射**. 若 φ 是双射, 则称 φ 是 V 到 W 的一个**同构映射**, 并称线性空间 V 与 W 同构, 记作 $V\cong W$.

在数域 $\mathbb{F}$ 上的 n 维线性空间 V 中取定一个基 $\boldsymbol{\varepsilon}_1,\boldsymbol{\varepsilon}_2,\cdots,\boldsymbol{\varepsilon}_n$, V 中每个向量 $\boldsymbol{\alpha}$ 在该基下都有唯一的坐标 $(a_1,a_2,\cdots,a_n)$, 即 $\boldsymbol{\alpha}=a_1\boldsymbol{\varepsilon}_1+a_2\boldsymbol{\varepsilon}_2+\cdots+a_n\boldsymbol{\varepsilon}_n$.

定理 6.6.1 数域 $\mathbb{F}$ 上任一 n $(n\geqslant 1)$ 维线性空间都与 $\mathbb{F}^n$ 同构.

下面我们来讨论同构映射的性质.

性质 6.6.1 同构映射的逆映射是同构映射.

性质 6.6.2 两个同构映射的复合是同构映射.

由上述性质可知, 线性空间之间的同构关系具有以下性质, 对数域 $\mathbb{F}$ 上任意线性空间 V,W,U,

(1) 反身性: $V\cong V$;

(2) 对称性: 若 $V\cong W$, 则 $W\cong V$;

(3) 传递性: 若 $V\cong W$, $W\cong U$, 则 $V\cong U$.

即同构关系是数域 $\mathbb{F}$ 上所有线性空间的一种等价关系. 由此可以给出 $\mathbb{F}$ 上线性空间的分类, 使得同一类中的任意两个线性空间是同构的.

定理 6.6.2 设 φ 为 V 到 W 的同构映射. 则

(1) V 中向量组 $\boldsymbol{\alpha}_1,\boldsymbol{\alpha}_2,\cdots,\boldsymbol{\alpha}_r$ 线性相关 (或线性无关) 的充分必要条件是 $\varphi(\boldsymbol{\alpha}_1),\varphi(\boldsymbol{\alpha}_2),\cdots,\varphi(\boldsymbol{\alpha}_r)$ 线性相关 (或线性无关).

(2) 若 U 为 V 的子空间, 则 $\dim U=\dim\varphi(U)$.

定理 6.6.3 设 V_1,V_2 均为数域 $\mathbb{F}$ 上线性空间. 则 $V_1\cong V_2$ 当且仅当 $\dim V_1=\dim V_2$.

在对线性空间的讨论中, 我们并没有涉及线性空间中的向量的具体特征, 也没有涉及其中的具体运算, 而只是关注线性空间在所定义的运算下的代数性质. 从这个观点来看, 同构的线性空间是可以不加区别的. 定理 6.6.3 表明维数是有限维线性空间的唯一本质特征. 因此从结构上看, 对数域 $\mathbb{F}$ 上任一 n 维线性空间而言, 总可以选取 n 维向量空间 $\mathbb{F}^n$ 作为其所在同构类的代表元, 也就是说可以用 $\mathbb{F}^n$ 来理解一般的 $\mathbb{F}$ 上的 n 维线性空间.

习 题 6.6

1. 设 φ 为 V 到 W 的线性映射. 证明: φ 为同构映射当且仅当 φ 在 V 到 W 的任两个基下的矩阵可逆.

2. 设 φ 为 V 到 W 的线性映射. 证明:

(1) 若 $\dim V < \dim W$, 则 φ 不可能是满射;

(2) 若 $\dim V > \dim W$, 则 φ 不可能是单射.

6.7 线性映射的像与核

本节介绍线性映射的像和核. 在今后的代数学习中, 常用到这两个概念.

定义 6.7.1 设 φ 为 V 到 W 的线性映射. 集合 $\operatorname{Im}\varphi=\{\varphi(\boldsymbol{\alpha})\in W|\boldsymbol{\alpha}\in V\}$ 称为 φ 的**像**, 记为 $\varphi(V)$. 集合 $\operatorname{Ker}\varphi=\{\boldsymbol{\alpha}\in V|\varphi(\boldsymbol{\alpha})=\mathbf{0}\}$ 称为 φ 的**核**, 记为 $\varphi^{-1}(\mathbf{0})$.

例 6.7.1 考虑 $\mathbb{R}^n$ 上的线性函数 $f(a_1,a_2,\cdots,a_n)=\sum\limits_{i=1}^{n}a_i$. 显然, $\operatorname{Im}f(\mathbb{R}^n)=\mathbb{R}$, f 的核为 $\operatorname{Ker}f=\left\{(a_1,a_2,\cdots,a_n)\,|a_i\in\mathbb{R},\sum\limits_{i=1}^{n}a_i=0\right\}$.

定理 6.7.1 设 φ 为 V 到 W 的线性映射. 则 φ 为单射的充分必要条件是 $\operatorname{Ker}\varphi=0$.

定理 6.7.2 设 φ 为 V 到 W 的线性映射. 则 $\operatorname{Ker}\varphi$ 为 V 的子空间, $\operatorname{Im}\varphi$ 为 W 的子空间.

例 6.7.2 设 $\mathbb{F}^n$ 为数域 $\mathbb{F}$ 上 n 维列向量空间, $\boldsymbol{A}$ 为 $\mathbb{F}$ 上一个给定的 $m\times n$ 矩阵. 定义线性映射 $\varphi:\mathbb{F}^n\to\mathbb{F}^m, \boldsymbol{X}\mapsto\boldsymbol{AX}$, 记 $\boldsymbol{A}=(\boldsymbol{\alpha}_1,\boldsymbol{\alpha}_2,\cdots,\boldsymbol{\alpha}_n)$, 则 $\operatorname{Ker}\varphi$ 即为 $\boldsymbol{AX}=0$ 的解空间, $\operatorname{Im}\varphi$ 为 $\boldsymbol{A}$ 的列向量组生成的子空间 $L(\boldsymbol{\alpha}_1,\boldsymbol{\alpha}_2,\cdots,\boldsymbol{\alpha}_n)$.

关于像与核的关系, 我们有如下非常重要的定理.

定理 6.7.3 设 φ 为 V 到 W 的线性映射. 则 $\dim V=\dim(\operatorname{Im}\varphi)+\dim(\operatorname{Ker}\varphi)$.

定义 6.7.2 设 φ 为 V 到 W 的线性映射, 则 $\dim(\operatorname{Im}\varphi)$ 称为 φ 的**秩**, 记为 $r(\varphi)$; $\dim(\operatorname{Ker}\varphi)$ 称为 φ 的**零度**, 记为 $v(\varphi)$.

推论 6.7.1 设 φ 为 V 到 W 的线性映射, 且 φ 在 V 的基 $\varepsilon_1, \varepsilon_2, \cdots, \varepsilon_n$ 与 W 的基 $\boldsymbol{\eta}_1, \boldsymbol{\eta}_2, \cdots, \boldsymbol{\eta}_m$ 下的矩阵为 $\boldsymbol{A}$. 则 $r(\varphi) = r(\boldsymbol{A}), \upsilon(\varphi) = n - r(\boldsymbol{A})$.

习 题 6.7

1. 证明: 映射 $\varphi: \mathbb{R}^2 \to \mathbb{R}^1, (x, y) \mapsto x - y$ 是线性映射; 并求其值域与核.

2. 设 φ 为 V 到 U 的线性映射, 且 $\dim V > \dim W$. 证明: $\operatorname{Ker} \varphi \neq \{0\}$.

// 复习题 6 //

1. 设 $\mathbb{F}$ 为数域. 证明:

(1) $f_r(x) = (x - a_1) \cdots (x - a_{r-1})(x - a_{r+1}) \cdots (x - a_n) \; (r = 1, 2, \cdots, n)$ 是 $\mathbb{F}_n[x]$ 的一个基, 其中 $a_1, a_2, \cdots, a_n$ 为互不相同的数.

(2) 在 (1) 中, 取 $a_1, a_2, \cdots, a_n$ 为全体 n 次单位根, 求基 $1, x, x^2, \cdots, x^{n-1}$ 到 $f_1, f_2, \cdots, f_n$ 的过渡矩阵.

2. 设向量组 $\boldsymbol{\alpha}_1, \boldsymbol{\alpha}_2, \cdots, \boldsymbol{\alpha}_r$; $\boldsymbol{\beta}_1, \boldsymbol{\beta}_2, \cdots, \boldsymbol{\beta}_s$; $\boldsymbol{\alpha}_1, \boldsymbol{\alpha}_2, \cdots, \boldsymbol{\alpha}_r, \boldsymbol{\beta}_1, \boldsymbol{\beta}_2, \cdots, \boldsymbol{\beta}_s$ 的秩分别为 r_1, r_2, r_3. 证明: $\max\{r_1, r_2\} \leqslant r_3 \leqslant r_1 + r_2$.

3. 设 $\boldsymbol{\alpha}_i = (a_{i1}, a_{i2}, \cdots, a_{in}), i = 1, 2, \cdots, m, \boldsymbol{\beta} = (b_1, b_2, \cdots, b_n)$. 证明: 如果线性方程组

$$\begin{cases} a_{11}x_1 + a_{12}x_2 + \cdots + a_{1n}x_n = 0, \\ a_{21}x_1 + a_{22}x_2 + \cdots + a_{2n}x_n = 0, \\ \cdots\cdots \\ a_{m1}x_1 + a_{m2}x_2 + \cdots + a_{mn}x_n = 0 \end{cases}$$

的解全是方程 $b_1x_1 + b_2x_2 + \cdots + b_nx_n = 0$ 的解, 则 $\boldsymbol{\beta}$ 可以由 $\boldsymbol{\alpha}_1, \boldsymbol{\alpha}_2, \cdots, \boldsymbol{\alpha}_m$ 线性表出.

4. 设 $\boldsymbol{\eta}_0$ 为非齐次线性方程组 $\boldsymbol{AX} = \boldsymbol{b}$ 的一个解, $\boldsymbol{\eta}_1, \boldsymbol{\eta}_2, \cdots, \boldsymbol{\eta}_t$ 是它的导出组 $\boldsymbol{AX} = \boldsymbol{0}$ 的一个基础解系. 设 $\boldsymbol{\gamma}_1 = \boldsymbol{\eta}_0, \boldsymbol{\gamma}_2 = \boldsymbol{\eta}_1 + \boldsymbol{\eta}_0, \cdots, \boldsymbol{\gamma}_{t+1} = \boldsymbol{\eta}_t + \boldsymbol{\eta}_0$. 证明: 线性方程组的任一个解 $\boldsymbol{\gamma}$ 都可表示成 $\boldsymbol{\gamma} = u_1\boldsymbol{\gamma}_1 + u_2\boldsymbol{\gamma}_2 + \cdots + u_{t+1}\boldsymbol{\gamma}_{t+1}$, 其中 $u_1 + u_2 + \cdots + u_{t+1} = 1$.

5. 设 $\boldsymbol{\alpha}_1, \boldsymbol{\alpha}_2, \cdots, \boldsymbol{\alpha}_n$ 为数域 $\mathbb{F}$ 上 n 维线性空间 V 的一个基, $\boldsymbol{A}$ 是一个 $n \times s$ 矩阵, 且

$$(\boldsymbol{\beta}_1, \boldsymbol{\beta}_2, \cdots, \boldsymbol{\beta}_s) = (\boldsymbol{\alpha}_1, \boldsymbol{\alpha}_2, \cdots, \boldsymbol{\alpha}_n)\boldsymbol{A},$$

证明: $L(\boldsymbol{\beta}_1, \boldsymbol{\beta}_2, \cdots, \boldsymbol{\beta}_s)$ 的维数等于 $\boldsymbol{A}$ 的秩.

6. 设 $\boldsymbol{A}$ 和 $\boldsymbol{B}$ 均为数域 $\mathbb{F}$ 上的 $m \times n$ 矩阵. 证明: $r(\boldsymbol{A} + \boldsymbol{B}) \leqslant r(\boldsymbol{A}) + r(\boldsymbol{B})$.

7. 设 $\boldsymbol{A}$ 和 $\boldsymbol{B}$ 分别为数域 F 上 $n \times m$ 和 $m \times n$ 矩阵. 设 $V = \{\boldsymbol{B\alpha} | \boldsymbol{AB\alpha} = \boldsymbol{0}, \boldsymbol{\alpha} \in \mathbb{F}^n\}$. 证明: V 是数域 $\mathbb{F}$ 上的一个线性空间, 且 $\dim V = r(\boldsymbol{A}) - r(\boldsymbol{AB})$.

第6章测试题

习题参考答案

习 题 1.1

1.

	1	2	3	4	5	6
1	0	1	−1	1	1	1
2	−1	0	−1	1	1	1
3	1	1	0	1	−1	−1
4	−1	−1	−1	0	1	1
5	−1	−1	1	−1	0	1
6	−1	−1	1	−1	−1	0

, 排序为 1, 3, 2, 4, 5, 6.

2.

	石头	剪刀	布
石头	0	1	−1
剪刀	−1	0	1
布	1	−1	0

.

习 题 1.2

1. (1) $\begin{pmatrix} 7 & 9 & 5 & 7 \\ 4 & 4 & 4 & 7 \\ 3 & 5 & 9 & 11 \end{pmatrix}$; (2) $\begin{pmatrix} 3 & 1 & 1 & -1 \\ -4 & 0 & -4 & -1 \\ -1 & -3 & -3 & -5 \end{pmatrix}$.

2. (1) (10); (2) $\begin{pmatrix} 3 & 6 & 9 \\ 2 & 4 & 6 \\ 1 & 2 & 3 \end{pmatrix}$; (3) $\begin{pmatrix} 4 & 6 \\ 7 & -1 \end{pmatrix}$; (4) $\begin{pmatrix} 2 & -3 & 9 \\ -2 & 0 & 6 \\ 8 & -5 & 1 \end{pmatrix}$;

   (5) $a_{11}x_1^2 + a_{22}x_2^2 + a_{33}x_3^2 + 2a_{12}x_1x_2 + 2a_{13}x_1x_3 + 2a_{23}x_2x_3$.

3. $\begin{pmatrix} 10 & 3 & 3 \\ 0 & 4 & 0 \\ 3 & 3 & 1 \end{pmatrix}$.

4. (1) $\begin{pmatrix} 2 & -23 \\ 0 & 8 \end{pmatrix}$; (2) $\begin{pmatrix} -5 & 4 & -2 \\ -4 & 5 & -2 \\ -9 & 7 & -4 \end{pmatrix}$.

5. $\boldsymbol{B} = \begin{pmatrix} a & b \\ 0 & a \end{pmatrix}$, 其中 a, b 为任意常数.

6. (1) $\begin{pmatrix} 1 & n \\ 0 & 1 \end{pmatrix}$; (2) $\begin{pmatrix} 1 & n & \dfrac{n(n-1)}{2} \\ 0 & 1 & n \\ 0 & 0 & 1 \end{pmatrix}$.

习　题　1.3

1. $(\boldsymbol{I}_3 \quad \boldsymbol{0})$.

2. (1) $\begin{pmatrix} 1 & 0 & 0 \\ -\dfrac{1}{2} & \dfrac{1}{2} & 0 \\ 0 & -\dfrac{1}{3} & \dfrac{1}{3} \end{pmatrix}$; (2) $\begin{pmatrix} \dfrac{2}{3} & \dfrac{2}{9} & -\dfrac{1}{9} \\ -\dfrac{1}{3} & -\dfrac{1}{6} & \dfrac{1}{6} \\ -\dfrac{1}{3} & \dfrac{1}{9} & \dfrac{1}{9} \end{pmatrix}$; (3) $\begin{pmatrix} 0 & 0 & -1 & 1 \\ 0 & -1 & 1 & 0 \\ -1 & 1 & 0 & 0 \\ 1 & 0 & 0 & 0 \end{pmatrix}$;

(4) $\begin{pmatrix} 0 & 0 & \cdots & 0 & \dfrac{1}{a_n} \\ \dfrac{1}{a_1} & 0 & \cdots & 0 & 0 \\ 0 & \dfrac{1}{a_2} & \cdots & 0 & 0 \\ \vdots & \vdots & & \vdots & \vdots \\ 0 & 0 & \cdots & \dfrac{1}{a_{n-1}} & 0 \end{pmatrix}$.

3. $\begin{pmatrix} 0 & 1 & 1 \\ -2 & 2 & 8 \\ 0 & 0 & 3 \end{pmatrix}$.

4. (1) $\begin{pmatrix} 10 & 2 \\ -15 & -3 \\ 12 & 4 \end{pmatrix}$; (2) $\begin{pmatrix} 2 & -1 & -1 \\ -4 & 7 & 4 \end{pmatrix}$;

(3) $\begin{pmatrix} 0 & 1 & -1 \\ -1 & 0 & 1 \\ 1 & -1 & 0 \end{pmatrix}$; (4) $\begin{pmatrix} 2 & 0 & -1 \\ -7 & -4 & 3 \\ -4 & -2 & 1 \end{pmatrix}$.

5. 证明: 略. $\boldsymbol{A}^{-1} = \dfrac{1}{2}(\boldsymbol{A} - 3\boldsymbol{I})$.

习　题　1.4

1. (1) $\begin{pmatrix} a & 0 & ac & 0 \\ 0 & a & 0 & ac \\ 1 & 0 & c+bd & 0 \\ 0 & 1 & 0 & c+bd \end{pmatrix}$; (2) $\begin{pmatrix} 1 & 2 & 5 & 1 \\ 0 & 1 & 2 & -4 \\ 0 & 0 & -4 & 3 \\ 0 & 0 & 0 & -9 \end{pmatrix}$.

2. $\begin{pmatrix} \boldsymbol{0} & \boldsymbol{B}^{-1} \\ \boldsymbol{A}^{-1} & \boldsymbol{0} \end{pmatrix}$.

3. (1) $\begin{pmatrix} 0 & -2 & 1 \\ 0 & \frac{3}{2} & -\frac{1}{2} \\ \frac{1}{2} & 0 & 0 \end{pmatrix}$;

(2) $\begin{pmatrix} 1 & -2 & 0 & 0 \\ -2 & 5 & 0 & 0 \\ 0 & 0 & 2 & -3 \\ 0 & 0 & -5 & 8 \end{pmatrix}$;

(3) $\begin{pmatrix} 0 & 0 & \cdots & 0 & \frac{1}{a_n} \\ \frac{1}{a_1} & 0 & \cdots & 0 & 0 \\ 0 & \frac{1}{a_2} & \cdots & 0 & 0 \\ \vdots & \vdots & & \vdots & \vdots \\ 0 & 0 & \cdots & \frac{1}{a_{n-1}} & 0 \end{pmatrix}$.

4. $\boldsymbol{X} = (\boldsymbol{C}^{-1} \quad \boldsymbol{B})$, $\boldsymbol{B}$ 的第一列元素全为零且其余元素均任意.

复习题 1

4. $(-4)^5\boldsymbol{A}$.

5. $\begin{pmatrix} 3^n & C_n^1 3^{n-1} & C_n^2 3^{n-2} & & \\ & 3^n & C_n^1 3^{n-1} & & \\ & & 3^n & & \\ & & & 3\cdot 6^{n-1} & -6^{n-1} \\ & & & -9\cdot 6^{n-1} & 3\cdot 6^{n-1} \end{pmatrix}$.

6. 0.

8. $\begin{pmatrix} -\frac{1}{2} & \frac{1}{6} & -\frac{5}{6} \\ \frac{1}{2} & \frac{1}{6} & \frac{1}{6} \\ 0 & \frac{1}{3} & \frac{1}{3} \end{pmatrix}$.

9. $\begin{pmatrix} 3 & 4 \\ -1 & -2 \end{pmatrix}$.

10. $\begin{pmatrix} \frac{3}{4} & -\frac{1}{4} & & & \\ \frac{1}{4} & \frac{1}{4} & & & \\ & & -\frac{1}{2} & 0 & 0 \\ & & 0 & 1 & -2 \\ & & 0 & 0 & 1 \end{pmatrix}$.

11. $\boldsymbol{I}(i,j)$.

12. (1) $\boldsymbol{I}+\boldsymbol{A}$; (2) $\begin{pmatrix} \frac{1}{2} & 0 & 0 \\ 0 & \frac{7}{2} & -\frac{3}{2} \\ 0 & 9 & -4 \end{pmatrix}$.

13. $\begin{pmatrix} 1 & 0 & 0 & 0 \\ -2 & 1 & 0 & 0 \\ 1 & -2 & 1 & 0 \\ 0 & 1 & -2 & 1 \end{pmatrix}$.

14. $\begin{pmatrix} 3 & & \\ & 2 & \\ & & 1 \end{pmatrix}$.

习 题 2.1

1. (1) 0; (2) λ^{2n}.

2. $x_1=1, x_2=-\frac{1}{2}, x_3=-1$.

3. $|a|>\frac{3}{2}$.

习 题 2.2

1. (1) 27; (2) $\frac{n(n+1)}{2}$; (3) $i=6, j=2$.

2. $\frac{n(n-1)}{2}-k$.

3. $a_{11}a_{23}a_{34}a_{42}$.

4. (1) $(-1)^{n-1}n!$; (2) $(-1)^{\frac{(n-1)(n-2)}{2}}n!$.

习 题 2.3

1. (1) 1; (2) x^2y^2; (3) $x^n+(-1)^{n+1}y^n$;

(4) $(-1)^{n-1}m^{n-1}\left(\sum_{i=1}^{n}x_i-m\right)$; (5) $-2(n-2)!$;

(6) $x^n + a_{n-1}x^{n-1} + \cdots + a_1x + a_0$; (7) 2^{n-1}.

3. -12.

4. -15.

6. 0.

7. $2700 - 100Q + Q^2$.

习 题 2.4

1. $|\boldsymbol{A}| = 2 \neq 0,\ \boldsymbol{A}^{-1} = \begin{pmatrix} 1 & -\frac{1}{2} & \frac{1}{2} \\ 1 & -\frac{1}{2} & -\frac{1}{2} \\ -2 & \frac{3}{2} & -\frac{1}{2} \end{pmatrix}$.

2. $|\boldsymbol{A}|^{(n-1)^3}$.

3. 32.

习 题 2.5

1. $x_1 = 1, x_2 = -1, x_3 = 1, x_4 = -1, x_5 = 1$.

4. (1) $\lambda \neq \pm 1$; (2) $\lambda = \pm 1$.

5. $2x^2 - 3x + 1$.

习 题 2.6

1. $\begin{pmatrix} -2 & 1 & -\frac{9}{10} & \frac{7}{10} \\ \frac{3}{2} & -\frac{1}{2} & \frac{13}{20} & -\frac{9}{20} \\ 0 & 0 & \frac{4}{10} & -\frac{1}{5} \\ 0 & 0 & -\frac{1}{10} & \frac{3}{10} \end{pmatrix}$.

2. $\begin{pmatrix} -C^{-1}DA^{-1} & C^{-1} \\ A^{-1} & 0 \end{pmatrix}$.

复 习 题 2

2. 2.

3. 324.

4. $\begin{pmatrix} -\frac{1}{3} & -\frac{2}{3} & 0 \\ -\frac{2}{3} & -\frac{1}{3} & 0 \\ 0 & 0 & 2 \end{pmatrix}$.

5. $x_1 = a_1, x_2 = a_2, \cdots, x_{n-1} = a_{n-1}$.

6. (1) $n!$;

(2) $\prod_{i=1}^{n} a_i - \prod_{i=2}^{n} a_i \sum_{k=2}^{n} \frac{1}{a_k}$;

(3) $a^{n-2}(a^2-b^2)$;

(4) $\prod_{1\leqslant j<i\leqslant n} (x_i-x_j) \sum_{k=1}^{n} x_k$;

(5) 当 $y\neq z$ 时, 为 $\frac{y(x-z)^n - z(x-y)^n}{y-z}$;

当 $y=z$ 时, 为 $[x+(n-1)y](x-y)^{n-1}$.

8. $(n+1)!x^n$.

9~15. 略.

习　题　3.1

1. 设 $x_1=a+b\mathrm{i}, x_2=c+d\mathrm{i}$ 是集合 $\mathbb{Q}(\mathrm{i})$ 中的任意两个元素, 则 $x_1+x_2=(a+c)+(b+d)\mathrm{i}$ 属于集合 $\mathbb{Q}(\mathrm{i})$, 同理易知 x_1, x_2 的差、商、积仍属于集合 $\mathbb{Q}(\mathrm{i})$, 故 $\mathbb{Q}(\mathrm{i})$ 是数域.

2. 设 A, B 是两个数域, a, b 是数域 A, B 交集中的任意两个元素. 由数域的定义易知 $a+b\in A, a+b\in B$ 故 $a+b\in A\bigcap B$. 同理易知 a, b 的差、商、积仍属于 $A\bigcap B$.

习　题　3.2

1. (1) 无解;

(2) 无解;

(3) $\begin{cases} x_1=2c_1-c_2, \\ x_2=c_1, \\ x_3=c_2, \\ x_4=1 \end{cases}$ $(c_1, c_2$ 为任意实数$)$.

2. 当 $\lambda=1$ 时, 有无穷多解 $\begin{cases} x_1=1-c_1-c_2, \\ x_2=c_1, \\ x_3=c_2 \end{cases}$ $(c_1, c_2$ 为任意实数$)$.

当 $\lambda\neq 1$ 且 $\lambda\neq -2$ 时, 有唯一解 $\begin{cases} x_1=\dfrac{-\lambda-1}{2+\lambda}, \\ x_2=\dfrac{1}{2+\lambda}, \\ x_3=\dfrac{(\lambda+1)^2}{2+\lambda}. \end{cases}$

当 $\lambda=-2$ 时, 无解.

习　题　3.3

1. $\boldsymbol{\alpha}_1,\boldsymbol{\alpha}_2,\boldsymbol{\alpha}_3$ 线性无关, $\boldsymbol{\alpha}_4=\boldsymbol{\alpha}_1-\boldsymbol{\alpha}_2+2\boldsymbol{\alpha}_3$.

2. $\boldsymbol{\alpha}_1,\boldsymbol{\alpha}_2,\boldsymbol{\alpha}_3$ 线性相关.

3. $\boldsymbol{\alpha}_1,\boldsymbol{\alpha}_2,\boldsymbol{\alpha}_3$ 线性无关, $\boldsymbol{\alpha}_1,\boldsymbol{\alpha}_2,\boldsymbol{\alpha}_3,\boldsymbol{\alpha}_4$ 线性相关, $\boldsymbol{\alpha}_4=\dfrac{5}{2}\boldsymbol{\alpha}_1-\dfrac{1}{2}\boldsymbol{\alpha}_2+0\boldsymbol{\alpha}_3$.

4. 设 $k_1(\boldsymbol{\alpha}_1+\boldsymbol{\alpha}_2)+k_2(\boldsymbol{\alpha}_2+\boldsymbol{\alpha}_3)+k_3(\boldsymbol{\alpha}_3+\boldsymbol{\alpha}_1)=0$, 展开有 $(k_1+k_3)\boldsymbol{\alpha}_1+(k_1+k_2)\boldsymbol{\alpha}_2+(k_2+k_3)\boldsymbol{\alpha}_3=0$, 因为 $\boldsymbol{\alpha}_1,\boldsymbol{\alpha}_2,\boldsymbol{\alpha}_3$ 线性无关, 可解得 $k_1=k_2=k_3=0$, 故 $\boldsymbol{\alpha}_1+\boldsymbol{\alpha}_2,\boldsymbol{\alpha}_2+\boldsymbol{\alpha}_3,\boldsymbol{\alpha}_3+\boldsymbol{\alpha}_1$ 线性无关.

5. 秩为 3, 极大线性无关组为 $\boldsymbol{\alpha}_1,\boldsymbol{\alpha}_2,\boldsymbol{\alpha}_4$.

习　题　3.4

1. (1) $\begin{vmatrix} 0 & -1 & 4 \\ 3 & 1 & 6 \\ 9 & 12 & 4 \end{vmatrix}$; (2) $\begin{vmatrix} 3 & 3 & 6 \\ 1 & 5 & 1 \\ 4 & 3 & 6 \end{vmatrix}$.

2. (1) 3; (2) 3; (3) 5.

3. (4) 成立.

4. 充分性: 因为 $r(\boldsymbol{A})<n$, 则齐次线性方程组 $\boldsymbol{Ax}=\mathbf{0}$ 有非零解, 即存在非零矩阵 $\boldsymbol{B}$ 使 $\boldsymbol{AB}=\mathbf{0}$.

必要性: 因为存在非零矩阵 $\boldsymbol{B}$ 使 $\boldsymbol{AB}=\mathbf{0}$, 此即齐次线性方程组 $\boldsymbol{Ax}=\mathbf{0}$ 有非零解, 则 $r(\boldsymbol{A})<n$.

5. 充分性: 设 $\boldsymbol{A}$ 是系数矩阵, 因为 $|\boldsymbol{A}|\neq 0$, 则秩 $r(\boldsymbol{A})=n$, 即满秩. 又增广矩阵的秩 $r(\boldsymbol{A},\boldsymbol{b})=n$, 于是有 $r(\boldsymbol{A})=r(\boldsymbol{A},\boldsymbol{b})=n$. 故线性方程组对任何 $\boldsymbol{b}$ 都有解.

必要性 (反证法): 设系数矩阵 $\boldsymbol{A}$ 的行列式 $|\boldsymbol{A}|=0$, 即 $r(\boldsymbol{A})<n$, 则在 n 维向量空间中存在向量 $\boldsymbol{b}$ 无法由 $\boldsymbol{A}$ 的列向量线性表示, 即增广矩阵 $r(\boldsymbol{A},\boldsymbol{b})>r(\boldsymbol{A})$. 此即与线性方程组对任何 $\boldsymbol{b}$ 都有解矛盾. 故必要性成立.

习　题　3.5

1. $\boldsymbol{\eta}_1=\begin{pmatrix} -\frac{1}{2} \\ \frac{1}{2} \\ 0 \\ 0 \\ 1 \end{pmatrix}$, $\boldsymbol{\eta}_2=\begin{pmatrix} \frac{3}{8} \\ -\frac{25}{8} \\ 0 \\ 1 \\ 0 \end{pmatrix}$, $\boldsymbol{\eta}_3=\begin{pmatrix} \frac{19}{8} \\ \frac{7}{8} \\ 1 \\ 0 \\ 0 \end{pmatrix}$ 为方程组的一个基础解系, 一般解为 $\boldsymbol{\eta}=c_1\boldsymbol{\eta}_1+c_2\boldsymbol{\eta}_2+c_3\boldsymbol{\eta}_3$, 其中 c_1,c_2,c_3 为任意常数.

2. $\boldsymbol{\eta}_1=\begin{pmatrix}1\\0\\-3\\-1\\1\end{pmatrix}, \boldsymbol{\eta}_2=\begin{pmatrix}-1\\1\\0\\0\\0\end{pmatrix}$ 为方程组的一个基础解系，一般解为 $\boldsymbol{\eta}=c_1\boldsymbol{\eta}_1+c_2\boldsymbol{\eta}_2$，其中 c_1,c_2 为任意常数.

3. a,b,c 互不相等.

4. 一般解为 $\boldsymbol{\eta}=c_1\begin{pmatrix}-2\\0\\1\\0\\1\end{pmatrix}+c_2\begin{pmatrix}-2\\1\\0\\0\\0\end{pmatrix}$，其中 c_1,c_2 为任意常数.

5.(1) 一般解为 $\boldsymbol{\eta}=c_1\begin{pmatrix}-9\\1\\0\\11\end{pmatrix}+c_2\begin{pmatrix}-4\\0\\1\\5\end{pmatrix}+\begin{pmatrix}-1\\1\\0\\1\end{pmatrix}$，其中 c_1,c_2 为任意常数.

(2) 一般解为 $\boldsymbol{\eta}=c_1\begin{pmatrix}5\\-6\\0\\0\\1\end{pmatrix}+c_2\begin{pmatrix}1\\-2\\0\\1\\0\end{pmatrix}+\begin{pmatrix}\frac{19}{6}\\0\\0\\0\\\frac{23}{6}\end{pmatrix}$，其中 c_1,c_2 为任意常数.

复习题 3

1. $\boldsymbol{\beta}=(-7,4,7,-1)$, $\boldsymbol{\alpha}=(10,-5,-9,2)$.

2. $\boldsymbol{\beta}=\frac{1}{2}\boldsymbol{\alpha}_1+\frac{1}{2}\boldsymbol{\alpha}_2+\frac{1}{2}\boldsymbol{\alpha}_3$.

3. (1) $t\neq 5$; (2) $t=5$.

7. $\begin{cases} x_1-2x_2+x_3=0, \\ 6x_1-3x_2+x_4=0. \end{cases}$

10. $\lambda=-1$, 全部解为 $(6,-1,0,0)+k_1(5,-2,1,0)+k_2(-7,2,0,1)$, 其中 k_1,k_2 为任意常数.

11. $k_1+k_2+\cdots+k_s=1$.

12. $\lambda=-2$ 时无解; $\lambda=-2$ 且 $\lambda\neq 1$ 时有唯一解; $\lambda=1$ 时有无穷多解, 其全部解为 $(-2,0,0)+k_1(-1,1,0)+k_2(-1,0,1)$, 其中 k_1,k_2 为任意常数.

习　题　4.1

1. (1) $\lambda_1=\lambda_2=3,\ \lambda_3=1$.

属于 $\lambda_1=\lambda_2=3$ 的特征向量为 $k\,(1,1,-1)^{\mathrm{T}},\ k\neq 0$;

属于 $\lambda_3=1$ 的特征向量为 $k\,(3,1,-3)^{\mathrm{T}},\ k\neq 0$.

(2) $\lambda_1=\lambda_2=2,\ \lambda_3=6$.

属于 $\lambda_1=\lambda_2=2$ 的特征向量为 $k_1\,(1,-1,0)^{\mathrm{T}}+k_2\,(1,0,-1)^{\mathrm{T}},\ k_1,k_2$ 不全为零;

属于 $\lambda_3=6$ 的特征向量为 $k_3\,(1,2,1)^{\mathrm{T}},\ k_3\neq 0$.

(3) $\lambda_1=\lambda_2=-1,\ \lambda_3=8$.

属于 $\lambda_1=\lambda_2=-1$ 的特征向量为 $k_1\,(1,0,-1)^{\mathrm{T}}+k_2\,(1,-2,0)^{\mathrm{T}},\ k_1,k_2$ 不全为零;

属于 $\lambda_3=8$ 的特征向量为 $k_3\,(2,1,2)^{\mathrm{T}},\ k_3\neq 0$.

(4) $\lambda_1=1,\ \lambda_2=-1,\ \lambda_3=\lambda_4=2$.

属于 $\lambda_1=1$ 的特征向量为 $k_1\,(1,0,0,0)^{\mathrm{T}},\ k_1\neq 0$;

属于 $\lambda_2=-1$ 的特征向量为 $k_2\left(-\dfrac{3}{2},1,0,0\right)^{\mathrm{T}},\ k_2\neq 0$;

属于 $\lambda_3=\lambda_4=2$ 的特征向量为 $k_3\left(2,\dfrac{1}{3},1,0\right)^{\mathrm{T}},\ k_3\neq 0$.

2. 一个特征值为 3, 相应的一个特征向量为 $(1,1,\cdots,1)^{\mathrm{T}}$.

3. 2.

4. (1) $t=8$; (2) $k\,(0,1,-2)^{\mathrm{T}},\ k\neq 0$.

5. $0,2,-1$.

习　题　4.2

3. (1) 能对角化, $\boldsymbol{P}=\begin{pmatrix}1&-1&1\\1&0&1\\0&1&2\end{pmatrix}$;

(2) 不能对角化;

(3) 能对角化, $\boldsymbol{P}=\begin{pmatrix}1&1&1\\-1&0&-2\\0&1&3\end{pmatrix}$.

4. $x+y=0$.

5. (1) $a=0,b=1$;

(2) $\boldsymbol{P}=\begin{pmatrix}1&0&0\\0&1&1\\0&1&-1\end{pmatrix}$.

6. $\boldsymbol{A}^n=\begin{pmatrix}2^n&2^n-1&2^n-1\\0&2^n&0\\0&1-2^n&1\end{pmatrix}$.

7. $\boldsymbol{P}=\begin{pmatrix}-1&1&1\\2&0&0\\0&2&1\end{pmatrix}$.

习　题　4.3

1. $\dfrac{\pi}{4}$.

2. (1) $\boldsymbol{\eta}_1=\left(\dfrac{1}{\sqrt{2}},0,\dfrac{1}{\sqrt{2}}\right)$, $\boldsymbol{\eta}_2=\left(\dfrac{1}{\sqrt{6}},\dfrac{2}{\sqrt{6}},-\dfrac{1}{\sqrt{6}}\right)$, $\boldsymbol{\eta}_3=\left(-\dfrac{1}{\sqrt{3}},\dfrac{1}{\sqrt{3}},\dfrac{1}{\sqrt{3}}\right)$;

(2) $\boldsymbol{\eta}_1=\left(\dfrac{1}{2},\dfrac{1}{2},\dfrac{1}{2},\dfrac{1}{2}\right)$, $\boldsymbol{\eta}_2=\left(\dfrac{3}{\sqrt{14}},0,\dfrac{-1}{\sqrt{14}},\dfrac{-2}{\sqrt{14}}\right)$, $\boldsymbol{\eta}_3=\left(\dfrac{1}{\sqrt{42}},0,\dfrac{-5}{\sqrt{42}},\dfrac{4}{\sqrt{42}}\right)$.

3. $\boldsymbol{\alpha}_2=(1,0,-1)$, $\boldsymbol{\alpha}_3=\left(-\dfrac{1}{2},1,-\dfrac{1}{2}\right)$.

4. (1) 不是;　(2) 是.

习　题　4.4

1. (1) $\boldsymbol{Q}=\begin{pmatrix}-\dfrac{1}{\sqrt{2}}&-\dfrac{1}{\sqrt{6}}&\dfrac{1}{\sqrt{3}}\\\dfrac{1}{\sqrt{2}}&-\dfrac{1}{\sqrt{6}}&\dfrac{1}{\sqrt{3}}\\0&\dfrac{2}{\sqrt{6}}&\dfrac{1}{\sqrt{3}}\end{pmatrix}$;

(2) $\boldsymbol{Q}=\begin{pmatrix}\dfrac{1}{\sqrt{2}}&\dfrac{1}{3\sqrt{2}}&\dfrac{2}{3}\\\dfrac{1}{\sqrt{2}}&-\dfrac{1}{3\sqrt{2}}&-\dfrac{2}{3}\\0&-\dfrac{4}{3\sqrt{2}}&\dfrac{1}{3}\end{pmatrix}$;

(3) $\boldsymbol{Q}=\begin{pmatrix} \frac{\sqrt{2}}{2} & 0 & \frac{1}{2} & -\frac{1}{2} \\ 0 & \frac{\sqrt{2}}{2} & \frac{1}{2} & \frac{1}{2} \\ \frac{\sqrt{2}}{2} & 0 & -\frac{1}{2} & \frac{1}{2} \\ 0 & \frac{\sqrt{2}}{2} & -\frac{1}{2} & -\frac{1}{2} \end{pmatrix}$.

2. $\boldsymbol{A}=\begin{pmatrix} 0 & 1 & 0 \\ 1 & 0 & 0 \\ 0 & 0 & 1 \end{pmatrix}$.

3. (1) $\lambda_1=3$, 相应的特征向量为 $k_1\begin{pmatrix} 1 \\ 1 \\ 1 \end{pmatrix}$, $k_1\neq 0$;

$\lambda_2=\lambda_3=0$, 相应的特征向量为 $k_2\begin{pmatrix} -1 \\ 2 \\ -1 \end{pmatrix}+k_3\begin{pmatrix} 0 \\ -1 \\ 1 \end{pmatrix}$, k_2,k_3 不全为零.

(2) $\boldsymbol{Q}=\begin{pmatrix} \frac{1}{\sqrt{6}} & -\frac{1}{\sqrt{2}} & \frac{1}{\sqrt{3}} \\ \frac{2}{\sqrt{6}} & 0 & \frac{1}{\sqrt{3}} \\ -\frac{1}{\sqrt{6}} & \frac{1}{\sqrt{2}} & \frac{1}{\sqrt{3}} \end{pmatrix}$.

复 习 题 4

1. (1) $\lambda_1=1$, 对应特征向量 $k_1\begin{pmatrix} -1 \\ 0 \\ 1 \end{pmatrix}$, 其中 k_1 非零常数;

$\lambda_2=\lambda_3=2$, 对应特征向量 $k_2\begin{pmatrix} 1 \\ 0 \\ 0 \end{pmatrix}+k_3\begin{pmatrix} 0 \\ -1 \\ 1 \end{pmatrix}$, 其中 k_2,k_3 是不全为零的常数.

(2) $\lambda_1=\lambda_2=9$, 对应特征向量 $k_1\begin{pmatrix} -2 \\ 1 \\ 0 \end{pmatrix}+k_2\begin{pmatrix} -1 \\ 0 \\ 1 \end{pmatrix}$, 其中 k_1,k_2 是不全为零的常数;

$\lambda_3=1$, 对应特征向量 $k_3\begin{pmatrix} 1 \\ 2 \\ 3 \end{pmatrix}$, 其中 k_3 是非零常数.

2. 2.

3. (1) $\lambda_0=-1,\ a=-3,\ b=0$;　(2) 不能相似于对角阵.

4. $a=-2$, $\boldsymbol{A}$ 可相似对角化; $a=-\dfrac{2}{3}$, $\boldsymbol{A}$ 不可相似对角化.

5. $\begin{pmatrix} 1 & 1 & 1 \\ 0 & 2 & 0 \\ 1 & -1 & 1 \end{pmatrix}$.

6. (1) $a=-2$;　(2) $\boldsymbol{Q}=\begin{pmatrix} \frac{1}{\sqrt{2}} & \frac{1}{\sqrt{6}} & \frac{1}{\sqrt{3}} \\ 0 & -\frac{2}{\sqrt{6}} & \frac{1}{\sqrt{3}} \\ -\frac{1}{\sqrt{2}} & \frac{1}{\sqrt{6}} & \frac{1}{\sqrt{3}} \end{pmatrix}$.

习　题　5.1

1. (1) $\begin{pmatrix} 1 & \frac{1}{2} & 0 \\ \frac{1}{2} & 2 & -1 \\ 0 & -1 & 0 \end{pmatrix}$, 3;　(2) $\begin{pmatrix} 1 & 1 & 0 \\ 1 & 2 & 2 \\ 0 & 2 & 4 \end{pmatrix}$, 2;

(3) $\begin{pmatrix} 0 & \frac{1}{2} & 0 & 0 \\ \frac{1}{2} & 0 & -1 & 0 \\ 0 & -1 & 0 & \frac{3}{2} \\ 0 & 0 & \frac{3}{2} & 0 \end{pmatrix}$, 4;　(4) $\begin{pmatrix} 1 & 2 & 2 & 1 \\ 2 & 2 & 1 & 1 \\ 2 & 1 & 0 & 1 \\ 1 & 1 & 1 & 1 \end{pmatrix}$, 3.

2. $f(x_1,x_2,x_3)=x_1^2+x_3^2-4x_1x_2+2x_1x_3+2x_2x_3$.

3. $\begin{pmatrix} 1 & 3 & 5 \\ 3 & 5 & 7 \\ 5 & 7 & 9 \end{pmatrix}$.

4. $\begin{pmatrix} 0 & 1 & 0 \\ 1 & 0 & 0 \\ 0 & 0 & 1 \end{pmatrix}$.

5. (1) $f=2y_1^2-y_2^2+4y_3^2$;　(2) $f=y_1^2-y_2^2+3y_3^2-2\sqrt{2}y_1y_3$.

习　题　5.2

1. (1) $y_1^2+y_2^2$;　(2) $-y_1^2+y_2^2-17y_3^2$;　(3) $2y_1^2-2y_2^2$;　(4) $y_1^2-4y_2^2+y_3^2$.

2. (1) $\begin{pmatrix} 0 & 1 & 0 \\ \frac{1}{\sqrt{2}} & 0 & \frac{1}{\sqrt{2}} \\ -\frac{1}{\sqrt{2}} & 0 & \frac{1}{\sqrt{2}} \end{pmatrix}$, $y_1^2+2y_2^2+5y_3^2$;

(2) $\begin{pmatrix} -\dfrac{2}{\sqrt{5}} & \dfrac{2}{3\sqrt{5}} & -\dfrac{1}{3} \\ \dfrac{1}{\sqrt{5}} & \dfrac{4}{3\sqrt{5}} & -\dfrac{2}{3} \\ 0 & \dfrac{5}{3\sqrt{5}} & \dfrac{2}{3} \end{pmatrix}$, $2y_1^2+2y_2^2-7y_3^2$.

3. (1) 规范形为 $y_1^2+y_2^2-y_3^2$, 正惯性指数为 2, 秩为 3;

(2) 规范形为 $y_1^2-y_2^2$, 正惯性指数为 1, 秩为 2.

习　题　5.3

1. (1) 是正定的;　(2) 不是正定的.

2. (1) $-\dfrac{4}{5}<a<0$;　(2) $a>2$.

3. $-3<a<1$.

复习题 5

1. -3.

3. (1) 2;

(2) $\begin{pmatrix} 1 & 0 & 0 & 0 \\ 0 & 1 & 0 & 0 \\ 0 & 0 & 1 & -\dfrac{4}{5} \\ 0 & 0 & 0 & 1 \end{pmatrix}$.

4. $a=0, b=1, \boldsymbol{X}=\begin{pmatrix} \dfrac{1}{\sqrt{2}} & \dfrac{1}{\sqrt{6}} & \dfrac{1}{\sqrt{3}} \\ 0 & -\dfrac{2}{\sqrt{6}} & \dfrac{1}{\sqrt{3}} \\ \dfrac{1}{\sqrt{2}} & -\dfrac{1}{\sqrt{6}} & -\dfrac{1}{\sqrt{3}} \end{pmatrix}\boldsymbol{Y}$.

5. $a=3, b=1, \boldsymbol{P}=\begin{pmatrix} \dfrac{1}{\sqrt{2}} & \dfrac{1}{\sqrt{3}} & \dfrac{1}{\sqrt{6}} \\ 0 & -\dfrac{1}{\sqrt{3}} & \dfrac{2}{\sqrt{6}} \\ -\dfrac{1}{\sqrt{2}} & \dfrac{1}{\sqrt{3}} & \dfrac{1}{\sqrt{6}} \end{pmatrix}$.

6. 正定.

习　题　6.2

2. s 为奇数时, 向量组线性无关; s 为偶数时, 向量组线性相关.

习　题　6.3

1. $\dim \mathbb{F}^{n\times n} = n^2$.

习　题　6.4

3. $\begin{pmatrix} -27 & -71 & -41 \\ 9 & 20 & 9 \\ 4 & 12 & 8 \end{pmatrix}$.